Anna Dollinger

Change-Trainings erfolgreich leiten

Der Seminarfahrplan

managerSeminare Verlags GmbH – Edition Training aktuell

Anna Dollinger
Change-Trainings erfolgreich leiten
Der Seminarfahrplan

Endenicher Str. 41, D-53115 Bonn
Tel: 0228-977910, Fax: 0228-9779199
info@managerseminare.de
www.managerseminare.de/shop

Printed in Germany

ISBN: 978-3-941965-70-6

Herausgeber der Edition Training aktuell:
Ralf Muskatewitz, Jürgen Graf, Nicole Bußmann

Lektorat: Ralf Muskatewitz
Cover: „Weiche Stühle in drei Hautfarben“ von Annett Janowiak,
Fotografin: Victoria Huber
Druck: Kösel GmbH und Co. KG, Krugzell

Inhalt

Ihr Reiseantritt – Worum geht es?

Der Seminarfahrplan

Der zweite Seminartag

Der dritte Seminartag

Weitere Methoden und Planspiele zum Thema „Change-Kompetenz ausbauen"

I. Analyse ohne Paralyse: Den Wandel starten!

Analysemethoden für individuelle Belange

Analysemethoden auf taktischer (Gruppen-)Ebene

Analysemethoden auf strategischer Managementebene

II. Mobile perpetuum: Den Wandel vorantreiben!

Motivationsmethoden für individuelle Belange

Motivationsmethoden auf taktischer (Gruppen-)Ebene

Motivationsmethoden auf strategischer Managementebene

III. Business Cases

IV. Einstreu-Geschichten

Anhang

Ihr Reiseantritt – Worum geht es?

Vorweg

Noch eine Veröffentlichung zum Thema Change! Ist die wirklich notwendig und sinnvoll? Diese Frage ist in der Tat berechtigt. Und ja, es gibt bereits jede Menge sehr guter Veröffentlichungen zum Thema Veränderungsmanagement. Von den exzellenten Büchern und den hervorragenden Artikeln diverser Kollegen (auf die auch wir uns in unseren Quellennachweisen beziehen) haben mein Team und ich in unserer Arbeit profitiert. Dieses gegenseitige Setzen von Impulsen möchte ich gerne weiterführen. Das ist der Grund, warum wir uns entschieden haben, unsere Erfahrungen beim Thema Training von Veränderungskompetenzen in Form eines Konzeptes zur Verfügung zu stellen. Wir glauben, dass die inzwischen über zwanzigjährige Beratungs- und Seminarpraxis, die noesis in diesem Themenbereich gesammelt hat, für Berater- und Trainerkollegen sehr nützlich sein kann.

Nach meiner Kenntnis gibt es bisher keine vollständigen Veröffentlichungen zur Durchführung von Trainings rund um das Thema Veränderungsmanagement, obwohl die Nachfrage nach entsprechenden Veranstaltungen weiter ansteigt. Hier setzt das vorliegende Curriculum an. Dieses Buch hat nicht den Anspruch, wissenschaftstheoretischen Definitionen und Diskussionen zu genügen. Es stellt pragmatisch und auch eklektisch Konzepte, Methoden und Werkzeuge für die Praxis zur Verfügung, die sich in der Anwendung im Arbeitsalltag bewährt und zu erfolgreichen Veränderungsprojekten beigetragen haben. Sie kommen aus systemischen, gestaltpsychologischen sowie organisationsentwicklungsspezifischen Werkzeugkisten. Das Trainingscurriculum bzw. Bausteine daraus können zum Ausbau der Veränderungskompetenz von Führungskräften, Change-Agents, internen Fachberatern, Projektleitern und auch Betriebsräten beitragen. Bewährt haben sie sich bereits: Es liegen zahlreiche digitale Protokolle von Arbeitsergebnissen verschiedenster Teilnehmergruppen und Checklisten vor, die dies anschaulich zeigen. Die Veränderungskompetenz der jeweiligen Teilnehmer auszubauen bedeutet aus meiner Sicht, zu wissen und zu verstehen, wie bei einem selbst und bei anderen die Bereitschaft geweckt und verstärkt werden kann, sich für Veränderungen einzusetzen. Es bedeutet auch, wie möglicher Widerstand konstruktiv genutzt und wie Bewahrenswertes erkannt und erhalten werden kann. Ich spreche von „ausbauen", weil ich davon ausgehe, dass jeder Erwachsene in seinem Leben bereits eine Reihe von Fähigkeiten zum Thema „Umgang mit Veränderungen" aufgebaut hat.

Die vorliegende Veröffentlichung gäbe es nicht, ohne ...

- unsere Auftraggeber! Die Möglichkeit, an ihren konkreten Veränderungsprojekten mitzuarbeiten, ihr Vertrauen in uns, bestimmte innovative Methoden mit uns auszuprobieren und ihr kritisches Fordern haben die vorliegende Seminarreihe ins Leben gerufen.
- meine Kolleginnen, vor allem Dipl.-Psych. Katharina Fehse und Dipl.-Psych. Carola Müller, die als fachliche Sparringspartner, Trainer, kritische Korrekturleser und engagierte Abrundungsexperten dafür gesorgt haben, dass das Werk fertiggestellt wurde.
- meine Praktikantin Laura von Oppenheim, die nimmermüde Literaturquellen recherchiert, Flipscharts gemalt und fotografiert und Formatierungen gesichert hat.
- all die Autoren, auf deren „Schultern" wir stehen dürfen!
- Jürgen Graf und Ralf Muskatewitz vom Verlag managerSeminare! Deren humorvolle, professionelle, geduldige Zusammenarbeit und Unterstützung hat mich sehr ermutigt.

Herzlichen Dank an Sie alle!

Ich wünsche allen Trainer- und Beraterkolleginnen und -kollegen viel Erfolg und viel Spaß beim Umsetzen und beim Vermehren der gewonnenen Erkenntnisse! Wir freuen uns und bedanken uns im Voraus für Anregungen, Ergänzungen und Feedback.

Anna Dollinger

Was dieses Konzept Ihnen bietet – und was Sie Ihren Teilnehmern damit bieten

Mit diesem Trainingskonzept erhalten Sie ein dreitägiges Curriculum zu den unterschiedlichsten Facetten der Thematik „Change-Kompetenz ausbauen". Das Konzept ist hinsichtlich seines Trainingsdesigns und seiner Dramaturgie „gebrauchsfertig" und bietet Ihnen neben detaillierten Übungs- und Methodenbeschreibungen sowie ausführlichen Trainer-Inputs, Briefings und Debriefings alle notwendigen Unterlagen, um sofort starten zu können. Am Ende des Buches finden Sie weitere Methoden, Übungen und Planspiele, die Ihnen Alternativen bieten, um das Curriculum an die Rahmenbedingungen, die Sie vorfinden, anzupassen.

Im Sinne eines gelungenen Lernmethoden-Mix gewährleistet jedes Modul für sich den Wechsel von Theorie-Inputs, praktischer Methodenvermittlung, aktiven Übungseinheiten und Reflexionsphasen. Mit der entsprechenden Trainingserfahrung ist es selbstverständlich auch möglich, einzelne Elemente und Übungen der Module neu zu verknüpfen. Dieses Trainingskonzept ist branchenübergreifend einsetzbar und lässt sich als offene ebenso wie als firmeninterne Maßnahme durchführen. Es eignet sich für Führungskräfte aller Ebenen, für Vorstände (auch das haben wir bereits erprobt), die Veränderungsvorhaben initiieren, ebenso wie für Betriebsräte, Change-Agents und interne Fachberater, die von Umstrukturierungen, Fusionen, Outsourcing oder anderen Veränderungsprozessen betroffen sind und sich hierfür praxiserprobte Werkzeuge und wirksame Unterstützungsmaßnahmen wünschen.

Die Teilnehmer werden geschult, bei sich und bei anderen die Bereitschaft zur Veränderung zu erwecken und auszubauen, Widerstand konstruktiv zu nutzen, Bewahrenswertes zu erhalten – und natürlich den Change-Prozess initiativ zu begleiten, ihm Dynamik zu verleihen und ihn in eine Erfolg versprechende Richtung zu lenken. Konzept und Trainingsablauf sind auf zwölf Teilnehmer ausgelegt, diese Gruppengröße sollte auch nicht überschritten werden. Ideal hinsichtlich Arbeitsintensität und Gruppendynamik ist erfahrungsgemäß eine Gruppengröße von acht bis zwölf Teilnehmern.

Die Bausteine des Konzepts

Das Trainingskonzept enthält folgende Bausteine:

▶ Der ausführliche Trainingsablauf
Der Ablaufplan ist unser zentrales Arbeitsmittel. Er liefert – ausgelegt auf das dreitägige Curriculum – in tabellarischer Form einen schnellen Überblick über das Trainingsdesign. Hier sind die inhaltlichen Schwerpunkte inkl. Zielsetzungen und Tipps für den Trainer vermerkt.

▶ Übungen/Methoden
In den „Orientierungskästen" finden Sie Instruktionen und Arbeitsmaterialien zur Durchführung von Übungen, Gruppenarbeiten und Methoden. Es ist hilfreich, sich vorab mit den Arbeitsmitteln vertraut zu machen, um zu sehen, was es jeweils vorzubereiten gibt.

▶ Trainer-Inputs – Briefings/Debriefings
Für besonders wichtige Passagen des Trainings sind konkrete Vorgehensvorschläge dargestellt. Vorschläge für wortwörtliche Ausführungen und Anmoderationen sind in den Texten kursiv gedruckt. Drei Punkte (...) sollen dabei verdeutlichen, dass eine Pause gemacht werden soll, um Inhalte nachklingen zu lassen und den Teilnehmern eine Gelegenheit des kritischen Hinterfragens zu bieten. Zudem kann der Trainer an diesen Stellen gut weitere persönliche Ergänzungen einbringen. Die Ausführungen folgen jeweils dem Ablaufplan für das dreitägige Curriculum.

▶ Flipcharts/Pinnwände
In diesem Buch finden Sie ausgewählte Beispiele respektive Vorschläge, wie sich einige zentrale Themenpunkte, Inhalte oder Ergebnisse visualisieren lassen.

Ab jetzt wird nur noch von „dem Trainer" gesprochen; selbstverständlich beziehen sich die Inhalte auch auf alle Trainerinnen. Zudem kann die Veranstaltung auch sehr gut von zwei Trainern gemeinsam durchgeführt werden.

Mit dem Begriff „Trainer" sind, je nach Kontext, gleichermaßen Berater oder auch Moderatoren gemeint.

Der Seminarfahrplan: Veränderungskompetenz ausbauen

Zeitkalkulation für drei Seminartage

Auf einen Blick

Erster Tag	Zweiter Tag
▶ Begrüßung, Vorstellung Trainer, Blick auf die Spielregeln, die Agenda und weitere Themenwünsche ▶ Zauberformel der Veränderungsmotivation ▶ Check-in: Sprungbrett-Rede und mehr ▶ SMARTIE Sprungbrett-Rede ▶ Wissen, was wir glauben: Wie unsere Glaubenssätzen uns leiten ▶ Meine Changeability	▶ Das glaube, wer will ▶ Planspiel Solarflight AG ▶ Durchführung und Auswertung des Planspiels ▶ Wandel garantiert Widerstand
▶ Energizer „Schlaufenspiel" ▶ Arbeit mit dem Impuls-Reaktions-Zeitstrahl ▶ Sich wandeln oder gewandelt werden: Blick auf das Change-Portfolio ▶ SMARTIE zum Thema „Impuls-Reaktions-Zeitstrahl" und „Change-Portfolio" ▶ Wer immer der Gleiche bleiben will, muss sich ändern: Meine persönliche Change-Strategie ▶ Ende des Tages	▶ Energizer „Tanz der Kommunikation" ▶ Wandel garantiert Widerstand: Präsentation der Gruppenarbeiten & Diskussion ▶ 8 Regeln für den totalen Stillstand des Unternehmens und ... ▶ Der Sanddünen-Effekt im Change-Management ▶ Erfolgsfaktoren für gelingende Veränderungsprozesse ▶ Energizer: Autogramm-Jäger ▶ Die Klima-Kurve im Veränderungsprozess & SMARTIE ▶ Abschluss-Blitzlicht: Bodenarbeit ▶ Ende des Tages

Dritter Tag	Start/Stopp
▶ Stille Post – eine kleine Lesung ▶ Die Kommunikationskollision umgehen: Professionelle Information und Kommunikation im Veränderungsprozess ▶ Kommunikationskonzept, Kommunikationsskyline & Co. ▶ Leitfaden zur Erstellung eines Kommunikationskonzepts ▶ Der Business Case „Kundenservice“: Ein Kommunikationskonzept entwerfen	**9.00** **13.00**
▶ Vorstandspräsentation: „Kommunikationskonzept Kundenservice“ ▶ Gedankenspiele zum Thema „Keine Maßnahme ohne Nebenwirkungen“ ▶ Interessengruppen in Veränderungsprozessen: von Schnell- und Langsam-Adaptern ▶ Bearbeiten der offenen Fragen, Lernziele und Themenwünsche ▶ Abschluss-Runde „5-Finger-Blitzlicht“ ▶ Ende der Veranstaltung	**14.00** **18.00** (3. Tag bis 17.30 Uhr)

Vor dem Seminarbeginn

Inhalte

Thema/Übung	Zeit	max.	Seite
Vorbereitungstext zum Training „Veränderungskompetenz ausbauen“			16
1. Rund um das Thema Sprungbrett-Geschichten			17
2. Über den Nutzen von Sprungbrett-Geschichten			20
3. Die „Wohin wir gehen“-Geschichte			21
Leitfragen zum Erstellen einer Sprungbrett-Geschichte			22
Zeitbedarf der Teilnehmer in Minuten	10	60	

Die Vorbereitung einer Sprungbrett-Rede

Das Seminar ist so konzipiert, dass die Teilnehmer ca. 14 Tage vor Beginn des Trainings den Auftrag zum Entwurf einer Sprungbrett-Rede erhalten. Diese Arbeitsunterlage (siehe unten) wird üblicherweise per E-Mail versendet.

Für die Teilnehmer sollte zusätzlich ein Ansprechpartner definiert sein, der bei auftauchenden Fragen kontaktiert werden kann. Man kann bei der Durchführung einer unternehmensinternen Veranstaltung die Teilnehmer auch zu einer entsprechenden Informationsrunde vorab einladen, bei der gleich Themenwünsche abgefragt werden können.

Die Bitte zur Vorbereitung einer Sprungbrett-Rede hat meiner Erfahrung nach viele Vorteile: Sie setzt die Teilnehmer weniger unter Druck, als wenn sie dies während des Trainings tun müssten. Die Teilnehmer können sich bereits vor dem Training mit zentralen Inhalten (etwa der Veränderungsformel) der Veranstaltung auseinandersetzen. Sie starten dadurch häufig auch schon mit weiteren gezielten Fragestellungen und kritischen Reflexionen in das Thema. Last but not least bringt uns diese Vorgehensweise auch einen echten Zeitgewinn, der bei knapper werdenden Zeitbudgets der Auftraggeber immer entscheidender wird. Was zudem vor dem Training vom Trainer vorbereitet werden sollte, ist dem jeweiligen Tagesablauf zu entnehmen.

Download-Link in der Buchklappe

Auf den folgenden Seiten finden Sie den Vorschlag für einen Einführungstext an die Teilnehmer, Hintergrundinformationen zum Thema sowie die Leitfragen für eine gezielte Vorbereitung einer Sprungbrett-Rede. Die Texte finden Sie als Kopiervorlage in den Download-Ressourcen.

Vorbereitungstext zum Training „Veränderungskompetenz ausbauen"

Thema: Sprungbrett-Geschichten & Sprungbrett-Reden („Transformation Stories")

Sehr geehrte Teilnehmerin, sehr geehrter Teilnehmer,

Sie haben sich für das dreitägige Training „Veränderungskompetenz ausbauen" angemeldet. Wir freuen uns auf Sie und sind schon heute sehr gespannt, welche Themen, Fragen und Erkenntnisse wir miteinander bewegen werden.

Damit wir die uns im Rahmen dieser Veranstaltung zur Verfügung stehende Zeit möglichst effizient und effektiv nutzen, bitten wir Sie schon heute, sich anhand der nachfolgenden Unterlagen vorzubereiten: Sie sollen eine sogenannte Sprungbrett-Rede zu einem von Ihnen gewählten Thema entwerfen. Diese Sprungbrett-Rede soll 3 Minuten dauern, und Ihre Zuhörer dazu motivieren, Ihnen bei diesem Thema zu folgen. Etwa in der Rolle als Teammitglied, Change-Agent oder Führungskraft.

Erfahrungsgemäß werden Sie für diese Vorbereitung zwischen zehn Minuten bis etwa eine Stunde Zeit benötigen. Wir bitten Sie, Ihre vorbereitete Sprungbrett-Rede dann zum Einstieg in unser Seminar zu halten. Hierfür haben Sie drei Minuten Zeit zur Verfügung. Wenn Sie Fragen haben, bitte rufen Sie uns einfach an.

Wir wünschen Ihnen viel Spaß beim Entwerfen, bis zum ...

Ihre
Personalabteilung / Personalentwicklung / Trainer

Einige ergänzende Informationen zur Vorbereitung Ihrer Sprungbrett-Rede finden Sie anbei.

Rund um das Thema Sprungbrett-Geschichten („Storytelling“)

Zu allen Zeiten haben Menschen Geschichten erzählt: wahre, erfundene und solche, die, wenn sie nicht wahr wären, dringend hätten erfunden werden müssen. Märchen, Dramen, Horror- und Erfolgsgeschichten. Sie bieten den Menschen Orientierung, weil sie komplexe Zusammenhänge einfach verständlich machen, weil Erkenntnisse, Lebensweisheiten und Ratschläge in Geschichten besser akzeptiert werden und gute Geschichten den Menschen in Erinnerung bleiben.

Geschichten formen beim Zuhörer ein Bild des Gegenübers.

Auch Führungskräfte erzählen (Geschichten) über sich und sie tun dies oft wenig bewusst. Gleichwohl formen diese Geschichten bei den Zuhörern stets ein Bild des Gegenübers nach dem Motto: „Was Hans über Hänschen erzählt, sagt mehr über Hans aus als über Hänschen.“

Führungskräfte, die beispielsweise neu in ein Unternehmen kommen, erzählen von ihrem alten Unternehmen und was dort wie gemacht wurde. Was können solche Geschichten bei den Mitarbeitern bewirken? „Wenn alles dort anscheinend besser war“, fragen sich die Mitarbeiter (untereinander) sofort, „warum ist sie/er dann überhaupt weggegangen?“ Wenn Führungskräfte Negatives über ihren alten Arbeitgeber erzählen, werden sich die Zuhörer fragen: „... und was wird er über uns erzählen?“ Führungskräfte sollten sich also darüber im Klaren sein, welche Botschaften sie durch ihre „Geschichten“ in die Welt setzen (wollen). Sie sollten als Führungskraft ihre Geschichten bewusst gestalten und sie in ihrer Wirkung sehr bewusst reflektieren (N. Tichy, 1999).

Mit Geschichten können Werte mit „Aufforderungscharakter“ kommuniziert werden.

Mit der Art, wie die Führungskraft bestimmte Informationen sendet und hinzufügt, wie sie diese bewertet, indem sie über eigene Erfahrungen bei Veränderungsprozessen berichtet und was sie aus diesen gelernt hat, etwa indem sie darstellt, wie sie mit Fehlern, kritischem Feedback und Rückschlägen umgegangen ist, macht sie deutlich und transparent, welche Werte sie leiten und welche Werte damit auch das Handeln ihrer Mitarbeiter leiten sollen. Indem die Führungskraft dies erzählt, erzeugt sie „Aufforderungscharakter“, sich ebenso wie sie zu verhalten. Diese Art von Vorbild erhöht die Einflussakzeptanz auf die Mitarbeiter, sofern sich das sonstige Handeln der Führungskraft mit diesen Werten deckt. Wort und Tat müssen im Einklang stehen.

Gleichzeitig fokussiert die Führungskraft mit diesen „Geschichten" die Aufmerksamkeit ihrer Mitarbeiter im Sinne einer gewünschten Bedeutungsgebung: „Energy flows, where attention goes" (vgl. G. Schmidt, 2008).

Geschichten können sehr motivierend wirken.

Das „Geschichtenerzählen", Storytelling, wurde als Methode im Management-Kontext in den vergangenen Jahren verstärkt wiederentdeckt. Als sogenannte Sprungbrett-Reden oder „Wandel-Geschichten" im Veränderungskontext können diese sehr motivierend wirken. Denn in Veränderungskontexten bietet die Arbeit mit Sprungbrett-Geschichten die Möglichkeit, bestimmte Maßnahmen im Bereich von Veränderungen mit Sinn zu hinterlegen, sie zu erklären und verständlich zu machen und damit Reibungsverluste zu minimieren (vgl. M. Loebbert, 2005).

Dimensionen von Wandel-Geschichten

Solche „Wandel-Geschichten" sollen vor allem auf die nachfolgend dargestellten Dimensionen (vgl. N. Tichy, 2008) zielen:

A) Sie bilden Brücken zwischen den Standpunkten von Führungskräften bzw. Change-Agents und Mitarbeitern.
B) Sie bauen auf nachhaltig in Erinnerung bleibende Metaphern und Analogien, um zu erklären, worum es geht.
C) Sie fokussieren auf die drei Kernelemente, die Veränderungsmotivation grundsätzlich braucht:
   1) Deutlich machen, weswegen die Veränderung unumstößlich notwendig ist
   2) Zeigen, was Ziel, Vision, Chancen und Nutzen der Veränderung sein werden
   3) Den Weg vermitteln, beziehungsweise die Ressourcen und Taten (vor allem auch der Mitarbeiter), mithilfe derer man den Wandel vollziehen wird
D) Sie bieten Momente, um Emotionen wie Schmerz, Trauer, Abschied vom Alten Raum zu geben sowie Hoffnung und Freude zu teilen.
E) Sie knüpfen an gemeinsame Erlebnisse, Anekdoten und die Werte (Geschichte) des Unternehmens an, die auf die spezifischen Fähigkeiten und Ressourcen hinweisen, über die das Unternehmen verfügt.

Chip Heath (in McKinsey Quaterly, November 2007), Professor für Organizational Behavior an der Universität Standford, unterstreicht diese Dimensionen und betont ergänzend, dass die folgenden aufgeführten Kriterien gegeben sein sollten, damit die Sprungbrett-Rede Mitarbeitern, Kunden und Shareholdern nachhaltig in Erinnerung bleibt:

Kriterien, damit Geschichten in Erinnerung bleiben

- *Einfach*: Eine nachhaltige Botschaft muss kurz und glasklar sein und mehrfach wiederholt werden.
- *Überraschend*: Die Botschaft sollte auch ein überraschendes Element beinhalten. So werden Neugierde und Interesse geweckt.
- *Glaubwürdig*: Die Botschaft sollte an konkreten Daten und Fakten orientiert sein oder etwas transportieren, was die Teilnehmer selbst erlebt haben und so nachvollziehen können. Auch Aussagen von anerkannten Experten sind hilfreich.
- *Emotional*: Menschen werden am meisten von Menschen bewegt und natürlich von deren Emotionen. Trauer, Freude, Ärger, Wut, Glück, Stolz, Begeisterung, Hoffnung dürfen und sollen in den Geschichten Raum finden

Über den Nutzen von Sprungbrett-Geschichten

Geschichten bieten Orientierung

Führungskräfte und in Veränderungsprozessen handelnde Change-Agents sind in besonderer Weise die Protagonisten von Kulturbotschaften. Nicht nur, aber ganz besonders auch bei Veränderungen. Auf das, was sie tun und auf das, was sie sagen, wird besonders genau „hingehört" und „hingeschaut". Schließlich erwarten wir von diesen Personen in besonderer Weise Sinn und Orientierung. Dabei wird genauestens überprüft, ob die Botschaften, die jemand sendet, mit dem übereinstimmen, was er tut.

Eine gute Kommunikation lässt weniger von Ängsten geprägte Interpretationsspielräume zu.

Je weniger Führungskräfte Botschaften senden, das heißt, je weniger sie kommunizieren und je weniger sie über sich sowie ihre Erwartungen, Werte und Ziele berichten, desto mehr wird das Handeln des Vorgesetzten auf dem Hintergrund einer jeweils individuell persönlichen Bedeutungsgebung (vgl. G. Schmidt, 2008) durch die Mitarbeiter interpretiert. Diese individuelle Bedeutungsgebung hängt in großem Maße von persönlichen Ängsten, von vor allem negativen Erfahrungen und von der gesamten aktuellen Einstellung des Mitarbeiters zum Unternehmen ab. Gerade im Rahmen von Veränderungsprozessen geht Nichtkommunikation daher häufig mit Missverständnissen, Irritation, Demotivation und entsprechend sinkender Produktivität einher. Georg Schreyögg, Professor für Management an der FU Berlin (2000) schreibt: „Es gilt fast als Regel, dass die Produktivität in Veränderungsprozessen um bis zu 75% sinken kann."

Auch im Rahmen des Modells der Transformationalen Führung (Bass/Avolio, 1990/2005) weisen die Autoren ausdrücklich darauf hin, dass Menschen, die Einfluss nehmen wollen, ihre Ausstrahlung (Wirkung/Charisma) bewusst gestalten und überprüfen sollten, um die Motivation der Kollegen zu sichern beziehungsweise zu steigern. Als ein entsprechendes Instrument empfiehlt sich die „Sprungbrett-Geschichte": Sie liefert das Momentum, um das, was gerade geschieht oder geschehen soll, mit Nachdruck zu versehen beziehungsweise zu beschleunigen; sie koloriert die Bedeutungsgebung zum aktuellen Geschehen im Sinne des Senders.

Die „Wohin wir gehen"-Geschichte

Die „Wohin wir gehen"-Geschichte erzählt von einer wünschenswerten Zukunft.

Nun geht es an die Erstellung von Sprungbrett-Geschichten und -Reden zur Unterstützung von Veränderungsvorhaben. Dabei ist die „Wohin wir gehen"-Geschichte (= Sprungbrett-Geschichte) die wichtigste aller Geschichten. Sie erzählt von der Zukunft, von Hoffnungen und Träumen, von Möglichkeiten und Chancen. Die berühmte Rede von Martin Luther King „Ich habe einen Traum ..." liefert ein wundervolles Beispiel für eine „Wohin wir gehen"-Geschichte. Sprungbrett-Geschichten sorgen für eine emotionale Verbindung zwischen allen Beteiligten bzw. Betroffenen, für Energie und Motivation zum Erreichen der gewünschten Ziele und verdeutlichen die Notwenigkeit des Wandels. Entsprechend sollte eine solche Vorstellung der „wunderbaren Zukunft" unbedingt visionären Charakter haben: Sie sollte emotional berühren und den Nutzen, den sie für die Betroffenen birgt, aufzeigen. Denn „es ist klar, dass Menschen und Unternehmen Visionen brauchen, um Schwierigkeiten zu überwinden und erfolgreich zu sein" (vgl. P. M. Senge, 1994).

Mit attraktiven Gefühlen aufgeladen, entfaltet die Geschichte Anziehungskraft.

Doch welche Art von Vision ist motivierend? Die Vorstellung, in drei Jahren den aktuellen Umsatz von XX Millionen Euro zu verdoppeln, ist für die wenigsten Menschen eine und schon gar nicht eine motivierende Vision. Allenfalls wäre dies für einige Menschen ein motivierendes Ziel. Erst wenn Menschen eine plastische, umfassende, emotionale und nicht nur eine abstrakte und farblose Vorstellung von ihrem Ziel haben, ergeben sich daraus wichtige Folgewirkungen (vgl. M. zur Bonsen, 2000). Die wunderbare, erwünschte Zukunft sollte farbig, konkret und mit eindringlicher Symbolik belegt sein. Dann wird sie mit attraktiven Gefühlen aufgeladen und entfaltet echte Anziehungskraft. Als solche bleibt sie im Gedächtnis haften und leitet tatsächlich das eigene Handeln (vgl. P. M. Senge, 1994).

Ihr bevorzugter Einsatz: an bestimmten Wendepunkten des Veränderungsprozesses

Sprungbrett-Geschichten sollten regelmäßig (in leichten Variationen) vom Management (möglichst abgestimmt) erzählt und damit systematisch verbreitet werden. Sprungbrett-Reden eignen sich zum Beispiel besonders gut für Großgruppenveranstaltungen: An bestimmten Wendepunkten des Veränderungsprozesses helfen sie, verschiedenste Interessen zu integrieren, sich zu synchronisieren und eine gemeinsame Wahrnehmung der Notwendigkeit der Veränderungen und der Herausforderung zu bekommen.

Zur Entwicklung solcher Sprungbrett-Geschichten ist es durchaus möglich, die Mitarbeiter einzubeziehen: Zum Beispiel kann das Management gemeinsam mit Mitarbeitern die nun aufgeführten Fragen beantworten. Oder die Mitarbeiter können sowohl positive Erfolgsgeschichten als auch negative ironisch-zynische Geschichten berichten, die man sich im Unternehmen (gerade) erzählt. Diese Rückmeldung, wie die (Veränderung in der) Organisation gerade wahrgenommen wird, kann gute Impulse für eine Sprungbrett-Geschichte/-Rede liefern: Für die negativen Geschichten werden Anknüpfungspunkte und Neubewertungen gesucht, die helfen, negative Aspekte in Richtung eines gewünschten Wandels umzuformulieren.

Leitfragen zum Erstellen einer Sprungbrett-Geschichte bzw. einer Sprungbrett-Rede

Bitte entwerfen Sie Ihre Sprungbrett-Rede zum Start in unsere Veranstaltung anhand der nachfolgend aufgeführten Fragen. Diese orientieren sich an den dargestellten Dimensionen, die für die entsprechende Bedeutungsgebung, die Akzeptanz und die Motivation der Betroffenen und somit für das Gelingen des Veränderungsvorhabens notwendig sind.

A) Brücken zwischen den Standpunkten von Führungskräften/ Change-Agents und Mitarbeitern bauen

- Wo stehen die Mitarbeiter aktuell? Wo steht das Management?
- Was sind aktuelle Befindlichkeiten, Sorgen und Ängste der Mitarbeiter? Was sind aktuelle Befindlichkeiten, Sorgen und Ängste des Managements?
- Was sind bestehende Überzeugungen (Glaubenshaltungen), Einstellungen und Werte, die in Bezug auf die gewünschten Veränderungen eher dysfunktional sind (aus Sicht des Managements)?
- Durch welche neuen Überzeugungen (Glaubenshaltungen), Einstellungen sollten sie ersetzt werden (aus Sicht des Managements)?
- Was sind bestehende Überzeugungen (Glaubenshaltungen), Einstellungen und Werte, die hilfreich in Richtung des gewünschten Wandels sind (aus Sicht des Managements)?

B) Metaphern, Analogien und Symbole die wir nutzen könnten, um zu erklären, worum es uns geht

- Welche Metaphern, Analogien und Symbole könnten sich eignen, um zu erklären, worum es uns in unserem Veränderungsprozess geht?
- Welche Märchen, Science Fiction Stories, Filme oder historischen Ereignisse (Go West, Mondlandung ...) könnten uns geeignete Hintergrundfolien liefern?
- Welche (vergleichbaren) Geschichten kennen wir aus der eigenen Organisation, die hilfreich sein könnten?

C) Die drei Kernelemente der Veränderungsmotivation

1) Notwendigkeiten, die verdeutlichen, weswegen die Veränderung unumstößlich notwendig ist ...

- Welches sind die Fakten, die zeigen, dass eine Veränderung unumstößlich notwendig ist: Kontextentwicklungen, marktwirtschaftliche Entwicklungen, Wettbewerberaktivitäten, Kennzahlenentwicklungen ...?
- Welches sind die (negativen) Konsequenzen, die wir (mittelfristig/langfristig) tragen müssen, wenn wir auf diese Entwicklungen nicht reagieren?
- Welches sind die Folgekosten (nicht nur monetärer Art), die wir (mittelfristig/langfristig) tragen müssen, wenn wir auf diese Entwicklungen nicht reagieren?
- Was werden Konsequenzen sein, wenn wir noch länger damit warten zu handeln?
- Welche zwingende Notwendigkeit drängt zum Handeln?
- Was wurde bereits getan, um möglichen negativen Entwicklungen entgegenzuwirken? Mit welchen Auswirkungen?

Was Sie keinesfalls tun sollten ...

- Keinesfalls mit Vorwürfen, Vorhaltungen oder persönlichen Drohungen agieren!
- Keinesfalls auf persönliches Fehlverhalten von Mitarbeitern hinweisen!
- Keinesfalls irgendeine Zielgruppe (Betriebsrat) an den Pranger stellen!

Im besten Fall kann und sollte man die Notwendigkeit zur Veränderung hauptsächlich aus den aktuellen Kontextentwicklungen ableiten. Wenn man zum Beispiel mit Vorwürfen, dass in der Vergangenheit einiges falsch gemacht wurde, agieren würde, können die sich angesprochen fühlenden Mitarbeiter die Vergangenheit nur schwer loslassen. Mitarbeiter würden vermutlich dann „beweisen" wollen, dass „es" nicht anders ging, dass sie doch Recht hatten beziehungsweise „dass das Neue auch nicht hilft". Sollte man der Meinung sein, dass auf Mitarbeiterebene einiges falsch oder schlecht läuft, sollte man dies in Sprungbrett-Reden bzw. -Geschichten (also Gruppensituationen) einfach weglassen. Außer, wenn eine größere Zahl von Mitarbeitern dies aktiv selbst beklagt. Aber auch dann sollte man ein entlastendes Reframing (eine Umdeutung) anbieten. Wenn Management-Entscheidungen sich im Nachhinein als verbesserungswürdig herausstellen, so sollte man dies offen ansprechen.

2) Eine wunderbare Zukunft entwerfen, die viele Vorteile, attraktive Elemente und persönlichen Nutzen für die Mitarbeiter aufzeigt ...

- Was wird das wunderbare, ersehnte Ergebnis sein, wenn wir den Wandel vollzogen haben?
- Was werden wir dann erleben und erfahren, das uns begeistert, uns nutzt, uns zufrieden und glücklich macht?
- Woran konkret werden wir erkennen, dass wir unser ersehntes Ziel erreicht haben?
- Was wird dann alles besser sein?
- Was ist der Nutzen, wenn wir das Ziel erreicht haben
  - ... für die Mitarbeiter?
  - ... für die Kunden?
  - ... für das Unternehmen als solches?
- Was konkret bringt das?
- Welchen Vorsprung werden wir dann gegenüber unseren Wettbewerbern haben?

In der Tat ist es manchmal äußerst schwierig, eine „wunderbare Zukunft" und einen konkreten Nutzen zu formulieren. Besonders im Rahmen von Restrukturierungen oder gar Mitarbeiterabbau. Hier muss man sehr darauf achten, zu welchem Zeitpunkt man welchen Fokus der Sprungbrett-Rede in den Vordergrund stellt. Gleichwohl ist es zum Beispiel gerade im Rahmen von Mitarbeiterabbaumaßnahmen enorm wichtig, (ab einem bestimmten Zeitpunkt verstärkt) auch wieder eine attraktive Zukunftsvorstellung auszumalen. Führungskräfte müssen die Trauer der „Survivors" sowohl angemessen begleiten als auch zielgerichtet aus einem „Stuck State" (einem blockierten Zustand) herauslotsen (vgl. C. Krebsbach-Gnath, 1992).

3) Einen Weg aufzeigen beziehungsweise auf die Ressourcen, Fähigkeiten, Erfahrungen, Taten (vor allem auch auf die der Mitarbeiter) und Werte hinweisen, mithilfe derer man den Wandel vollziehen und die Vision realisieren wird ...

- Was werden die Ressourcen (Wissen, Erfahrungen, Know-how ...) sein, die uns beim Wandel helfen werden?
- Welche unserer (auch schon bisher gezeigten) Fähigkeiten, Werte und Überzeugungen werden uns besonders dabei helfen, die Vision zu realisieren?
- Was hat sich in der Vergangenheit in ähnlichen Fällen schon gezeigt?
- Was hat in der Vergangenheit in ähnlichen Fällen schon geholfen?
- Was wird uns also (siehe oben) Kraft, Energie und Mut geben?
- Worauf können wir also (siehe oben) bei uns immer bauen, worauf können wir uns immer verlassen?
- Was wird das Management jetzt konkret anders bzw. mehr bzw. weniger tun?
- Was wird jetzt konkret von jedem Einzelnen erwartet, was dieser anders bzw. mehr bzw. weniger tun soll?
- Was soll unbedingt beibehalten werden?
- Welche Erwartungen haben wir jetzt an die Mitarbeiter?
- Was werden die nächsten konkreten Schritte sein?

D) Momente bieten, um Emotionen wie Schmerz, Trauer, Abschied vom Alten und Hoffnung und Freude zu teilen

- Was müssen wir jetzt loslassen, hinter uns lassen?
- Was ist/wird traurig und schmerzlich für mich/für uns sein?
- Was bereitet mir/uns Kummer?
- Was macht mich wütend?
- Was bietet mir/uns Hoffnung?

- Worauf können wir vertrauen?
- Worauf können wir weiterhin stolz sein?
- Worüber können wir uns (trotz allem) freuen?
- Worauf sollten wir uns freuen?

E) An gemeinsame Geschichte, Erfahrungen, Erlebnisse und Anekdoten des Unternehmens anknüpfen

- Welche Geschichte, welche Unternehmensentwicklungen im Unternehmen gibt es, an die wir positiv anknüpfen können?
- Auf welche gemeinsamen früheren Erlebnisse und Ereignisse können wir aufbauen?
- Wo im Verlauf der Unternehmensgeschichte gibt es Erfahrungen, die wir brauchen, die uns nutzen können?
- Welche Anekdoten könnten wir brauchen?

Conclusio

- Was sollen hier meine fünf Hauptbotschaften sein – mit jeweils welcher Metapher/Symbolik bzw. Detailgeschichte versehen?

Trainerhinweise

Alle diese Fragen für eine Sprungbrett-Geschichte oder -Rede könnten auch gemeinsam mit (ausgewählten) Mitarbeitern be- bzw. erarbeitet werden. Das sollte allerdings nur in einigermaßen gut funktionierenden Teams geschehen (nicht in hoch konfliktträchtigen). Dann ergeben sich daraus „gemeinsam geteilte" Geschichten. Wenn man dies tut, sollte man vorher Ziele und Sinn dieser Arbeit gut verdeutlichen, um die Ernsthaftigkeit und die Wirksamkeit zu erhalten.

Mit der Aufforderung, nun eine Sprungbrett-Geschichte beziehungsweise -Rede zu entwerfen, sollten die Teilnehmer auch darüber aufgeklärt werden, dass sie dies aus der Perspektive eines Mitarbeiters, eines Change-Agents oder auch einer Führungskraft tun können. Sie sollten ein persönliches oder auch offiziell aktuelles Thema wählen, das ihnen wichtig ist und bei dem sie etwas ändern möchten.

Wie schon aus dem Einführungstext zu entnehmen ist, ist es empfehlenswert, die Teilnehmer darüber zu informieren, dass sie diese Rede im Seminar präsentieren werden. Zur Präsentation werden ihnen je drei Minuten Zeit zur Verfügung stehen. Die Teilnehmer können ergänzend zu ihrer Rede jedes von ihnen gewünschte Medium (Flipchart, PowerPoint-Präsentation etc.) einsetzen.

Quellen/Literaturempfehlungen

- Denning, S. (2001): The Springboard. Woburn (MA): 2001.
- Heath C., in Mendonca, L. & Miller, M. (2007): McKinsey Quaterly November 2007.
- Isern, J. & Pung, C. (2007): Driving Radical Change.
- Krebsbach-Gnath, C. (1992): Den Wandel im Unternehmen steuern.
- Loebbert, M. (2003): Storymanagement. Frankfurt am Main.
- Loebbert, M. (2005): Lernende Organisation, Heft 28, November/Dezember 2005.
- Merton, R. (1948): Social Theory und Social Structure .
- Tichy, N. (1999): The Mark of the Winner – Leading for High Performance, in: Perspektiven (2008): Zeitschrift für Organisationsentwicklung Nr.3/2008.
- Schmidt, G. (2008): Ausbildungscurriculum Heidelberg.
- Schreyögg, G.(2000): Vortrag an der FU in Berlin.
- Senge, P. M., Kleiner, A. & Smith, B. (Hrsg.) (1994): Das Fieldbook zur „Fünften Disziplin". Stuttgart: Klett-Cotta.
- Werdt, E. & Schmitz, W. (1978): Brecht, Berthold, Gesammelte Werke.
- zur Bonsen, M. (2000), Eine neue Geschichte erzählen: Spirit, Mythen, Großgruppen-Interventionen und liturgische Systeme, in: Königswieser, R., Keil, M. (Hrsg.): Das Feuer großer Gruppen.

Inhalte

Thema/Übung	Dauer	Uhrzeit	Seite
Ankommen und Einchecken Begrüßung/Vorstellung Trainer	10 Min.	9.00 bis 9.10 Uhr	30
Eröffnungsrede durch den Trainer Blick auf die Spielregeln/Agenda/weitere Themenwünsche	20 Min.	9.10 bis 9.30 Uhr	32
Zauberformel der Veränderungsmotivation Check-in: Die Sprungbrett-Rede Durchführung und Debriefing	10 Min. Intro 80 Min. Sprungbrett-Rede und Feedback	9.30 bis 11.00 Uhr	38
Pause	15 Min.	11.00 bis 11.15 Uhr	
SMARTIE Sprungbrett-Rede	15 Min.	11.15 bis 11.30 Uhr	45
Rund um das Thema Glaubenssätze	45 Min.	11.30 bis 12.15 Uhr	46
Meine Changeability Erste Ernte	15 Min. 15 Min.	12.15 bis 12.45 Uhr	51
Mittagspause	60 Min.	12.45 bis 13.45 Uhr	

Der erste Seminartag

Energizer: Schlaufenspiel	30 Min.	13.45 bis 14.15 Uhr	55
Arbeit mit dem Impuls-Reaktions-Zeitstrahl	15 Min. Intro 45 Min. Gruppenarbeit 15 Min. Präsentation & Diskussion 15 Min. Überleitung	14.15 bis 15.45 Uhr	59
Pause	15 Min.	15.45 bis 16.00 Uhr	
Sich wandeln oder gewandelt werden: Blick auf das Change-Portfolio Das Change-Portfolio und Klassifikation von Veränderungsvorhaben SMARTIE zum Thema „Impuls-Reaktions-Zeitstrahl" und „Change-Portfolio"	30 Min. 30 Min. 20 Min.	16.00 bis 16.30 Uhr 16.30 bis 17.00 Uhr 17.00 bis 17.20 Uhr	65
Meine persönliche Change-Strategie	30 Min. Ausarbeitung 10 Min. Präsentation	17.20 bis 18.00 Uhr	69
Streichholz-Blitzlicht	15 Min.	18.00 bis 18.15 Uhr	72
Ende des Tages		18.15 Uhr	

Ankommen und Einchecken

Orientierung

Ziele:

- Einstimmen der Teilnehmer und diese willkommen heißen
- Darstellen: „Wie kam es zu diesem Thema/dieser Veranstaltung?"
- Bekanntmachen der Veranstaltungsziele
- Vorstellen des Trainers

Zeit:

10 Minuten

Material:

Keines

Überblick/Hinweise:

Dieses Vorgehen muss ggf. stark individualisiert werden, je nach Zielgruppe (Inhouse-Veranstaltung oder nicht), Anlass und Ausgangssituation.

Die Eröffnung der Veranstaltung durch den Auftraggeber

Die Eröffnung der Veranstaltung wird im Idealfall vom Auftraggeber vorgenommen. Dieser sollte vor allem betonen, was Anlass und Ausgangssituation der Veranstaltung sind, woran er die konkrete Erreichung des Veranstaltungsziels festmacht und welche Ergebnisse er sich von der Veranstaltung wünscht. Dies sollte selbstverständlich mit einer positiven und vertrauensvollen Konnotation geschehen.

Wenn es ein konkretes Change-Projekt sowie anschauliches Zahlenmaterial und eine entsprechende Vision gibt, so sollten diese an dieser Stelle durchaus (noch mal) vorgestellt werden (max. Redezeit: 20 Minuten).

Anschließend kann der Auftraggeber den/die Trainer vorstellen, ggf. erklären, wieso er sich für diese(n) entschieden hat und was er sich von diesem/diesen erwartet. Falls der Auftraggeber nicht eröffnen kann oder will, sollte der Trainer sich selbst kurz vorstellen und selbst erklären, wie es zu dem Training gekommen ist und was generelle Zielsetzungen sind.

Die Eröffnung durch den Trainer, der Blick auf die Agenda, Spielregeln und Organisatorisches

Der Trainer hat nunmehr das Ziel, die Aufmerksamkeit der Teilnehmer auf sich zu ziehen und ihnen zu signalisieren, dass es für sie sinnvoll und nützlich sein kann, sich hier zu engagieren. Hilfreich ist es, sich zu diesem Zweck auf ganz konkrete Erfahrungen zu beziehen, die man etwa als Prozessbegleiter in (vielleicht sogar dem betreffenden) Unternehmen sowie zu dem aktuellen Thema gemacht hat, um zu verdeutlichen, was diese Erfahrungen für die Teilnehmer bringen können. Auch sollte hervorgehoben werden, was die Teilnehmer von diesem Training erwarten können (siehe unten).

Im weiteren Verlauf wird die Agenda durch den Trainer vorgestellt, wobei ebenso auf Pausenzeiten, Organisatorisches (wo findet das Mittagessen statt etc.) und die gemeinsam zu verabschiedenden Spielregeln eingegangen werden soll.

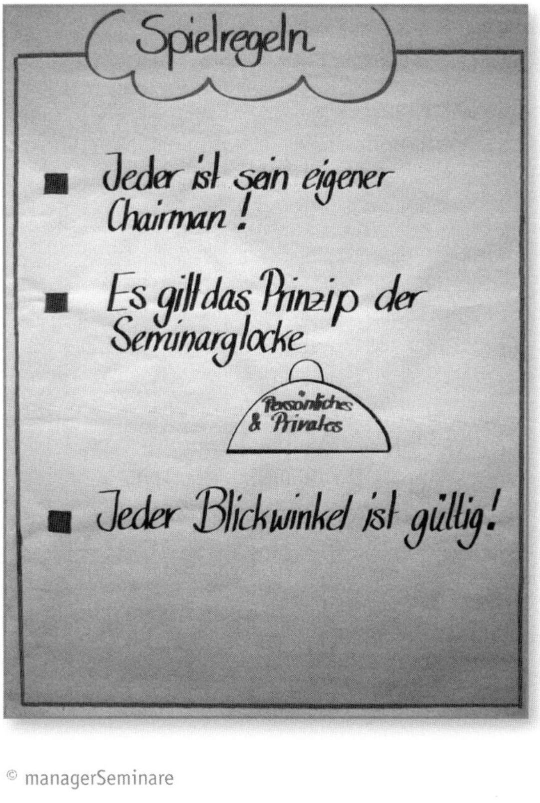

Abb.: Spielregeln

Eröffnungsrede durch den Trainer

Orientierung

Ziele:

- Die Teilnehmer ermutigen, Erfahrungen und Wissen zu teilen und auch Trainer-Input kritisch zu hinterfragen
- Die Teilnehmer kennen die Spielregeln, ergänzen diese gegebenenfalls und „committen" diese Regeln
- Die Teilnehmer kennen die Agenda und können Themenwünsche/Fragen ergänzen
- Themenpunkte werden gegebenenfalls priorisiert
- Organisatorisches klären

Zeit:

20 Minuten

Material:

- Flipcharts mit Spielregeln
- Pinnwand mit Agenda

Überblick/Hinweise:

Gerne nochmals auf die aktuelle Situation bzgl. des Seminars eingehen. Wichtig ist, dass die Teilnehmer umfassend Orientierung bekommen und sich gut einfinden können.

Vorgehen Der Trainer setzt zu einer Eröffnungsrede an:

„Jeder von Ihnen, jeder der hier an dieser Veranstaltung teilnimmt, hat bereits in seinem Leben zahlreiche Veränderungsprozesse durchlaufen: Wir alle hier sind keine unbeschriebenen Blätter mehr. Jeder von uns hat zu diesem Thema seine Erfahrungen gemacht und seine Erkenntnisse gewonnen. Sei es zum Beispiel bei einem Umzug in die erste eigene Wohnung, beim Wechsel von Schulen oder beim Eintritt in eine Universität oder in die Arbeitswelt. Oder bei der Entscheidung für einen bestimmten Arbeitgeber oder eine bestimmte Aufgabe ... Bei der Entscheidung, Single zu bleiben, verheiratet zu sein oder Eltern zu werden. Alle diese Schritte im Leben sind mit Veränderungen verbunden. Der bekannte Hyp-

notherapeut Gunther Schmidt drückte dies vor einigen Jahren treffend so aus: ‚Wer immer der Gleiche bleiben will, muss sich ändern' ... Weil sich Kontexte ändern, etwa weil sich Singles anders verhalten als Väter, Auszubildende anders als Geschäftsführer... Was dabei von jedem als Veränderung empfunden wird, was als Kleinigkeit oder als einschneidend erlebt wird, ist für jeden Menschen anders. Menschen, die in ihrem Leben bereits unzählige Male umgezogen sind, werden Umzüge als relative Routine erleben. Wenn jemand bereits einige Vorgesetzte erlebt hat, wird er dem nächsten Wechsel vermutlich eher gelassen entgegensehen.

Insofern können wir bei dem Thema ‚Change' sehr gut voneinander lernen. Und ich zähle hier sehr auf Sie. Wenn wir hier unsere Erkenntnisse und Erfahrungen teilen, so kann dies großen Mehrwert für uns alle schaffen und eine richtig gute, wertvolle Veranstaltung werden ...

Möglicherweise fragen Sie sich jetzt, was Sie dazu beitragen können, was ich dazu beitragen kann, damit dies gelingt. Aus meiner Sicht sind gemeinsame Spielregeln hierbei sehr hilfreich. Daher habe ich einige Spielregeln mitgebracht, die sich bewährt haben und zu denen ich Ihre Zustimmung erbitte ...“

An dieser Stelle können nun gut die Spielregeln eingeführt werden. Gerade beim Thema „Veränderung“ sind erfahrungsgemäß die beiden Regeln (die selbstverständlich auch für den Trainer gelten, dies sollte der Trainer unbedingt ansprechen) „Es gilt das Prinzip der Seminarglocke“ und „Jeder Blickwinkel ist gültig“ sehr notwendig zu benennen. Zum Beispiel, weil wir Offenheit und Ehrlichkeit unbedingt brauchen, wenn wir Kompetenzen ausbauen (vielleicht auch Sichtweisen verändern) wollen. Oder weil bei diesem Thema oft auch Ängste vorherrschen, etwa dahin gehend, dass kritische Sichtweisen an Dritte weitergegeben und als Bumerang wirksam werden könnten. Der Trainer sollte darauf achten, hier wirklich jeweils die Zustimmung aller Teilnehmer zu bekommen (wenigstens durch Augenkontakt oder Nicken). Kritische Haltungen können auch gerne aktiv vom Trainer selbst eingebracht werden. Beispielsweise so:

„Vielleicht haben Sie die Erfahrung gemacht, dass bisher bei der XXXX AG wenig vertraulich geblieben ist und denken, das glauben Sie doch selbst nicht, lieber Trainer. Dann würde ich darauf antworten: Doch, das glaube ich schon. Weil ich das schon oft erlebt habe, dass das gut funktioniert und zum absoluten Vorteil von allen Beteiligten ist. Wenn das nicht funktionieren würde, und zum Beispiel ich an Dritte berichten würde, dann würde sich das schnellstens herumsprechen und ich hätte

schnell meinen guten Ruf und das Vertrauen verloren, und das würde ich merken ...“

Wenn vonseiten der Teilnehmer weiter Zweifel signalisiert werden, dann fragt der Trainer aktiv weiter: *„Was brauchen Sie ..., was kann ich, was können wir tun, damit Sie Sicherheit gewinnen, dass die Regeln tragen werden? ...“* Und verfährt entsprechend weiter.

Selbstverständlich sollten weitere Regeln, die der Trainer oder die Teilnehmer brauchen, um gut arbeiten zu können, ergänzt werden. Wenn Teilnehmer auch dann noch nicht für diese Regeln gewonnen werden können, dann sind die Regeln „Jeder Blickwinkel ist gültig“ und „Jeder ist sein eigener Chairman“ sehr zu empfehlen – und damit sollte es der Trainer gut sein lassen. Gleichwohl hat es sich bewährt, in solchen eher schwierigen Situationen später, während des Seminars, immer mal wieder persönlich anzusprechen und nachzufragen, inwieweit „die Dinge“ noch passen.

Agenda vorstellen und Themenwünsche und Fragen ergänzen

Wenn die Spielregeln vereinbart sind, dann kann der Trainer die Agenda vorstellen. Nach der Präsentation der Agenda sollte unbedingt gefragt werden, ob alle wichtigen, für die Teilnehmer relevanten Themen auftauchen beziehungsweise welche Themenwünsche und Fragestellungen ergänzt werden sollen. Diese sollte er dann selbst auf Kärtchen mitschreiben und anpinnen. Falls (zu) viele Themenwünsche genannt werden, weist der Trainer darauf hin, dass gegebenenfalls aus zeitlichen Gründen andere Themen wegfallen werden. Er vereinbart mit den Teilnehmern, wie er und die Gruppe gemeinsam hier priorisieren sollen (pragmatisch: die genannten Themen per Punkteabfrage priorisieren). Für mich persönlich haben die aktuellen Themen beziehungsweise Fragestellungen der Teilnehmer stets Priorität. Sie sind wichtiger (und die Teilnehmer sind stets motivierter, diese zu bearbeiten) als vorher abgestimmte Agendapunkte. Ich hole mir im Vorfeld daher das Okay des Auftraggebers für ein solches Vorgehen ein. Notfalls kann man nicht bearbeitete Themen schriftlich nachreichen und mit den Teilnehmern einen Zeitpunkt vereinbaren, an denen die nachgereichten „Lern-Snacks“ gemeinsam genossen werden.

Bevor der Trainer nun zur Präsentation der Sprungbrett-Reden übergeht, sollte er die Teilnehmer gezielt einstimmen. Zum Beispiel so:

„Bei zahlreichen Menschen in Unternehmen löst das Wort ‚Change‘ (oder synonym Veränderung oder Transformation) derzeit Emotionen genau

gegenteilig zur eigentlichen Bedeutung aus: nämlich Widerstand, Erstarrung und/oder Kopfschütteln. In der Fachliteratur ist vom ,Chronic change fatigue syndrom' die Rede. Das Top-Management von Unternehmen spricht von der ,Lähmschicht' Mittelmanagement und von nicht veränderungsbereiten Mitarbeitern, die ihre Komfortzone nicht verlassen wollen. Mitarbeiter sprechen vom Change-Wahnsinn, Führungskräfte des Mittelmanagements von Überlastung: Sie sollten als ,Dauer-Transformierte' und ,Dauer-Transformatoren' wirksam sein und stehen als ,Prügelknabe' für alle Seiten. Wie kam es zu dieser Entwicklung? Aus meiner Sicht kann man hier drei zentrale Hypothesen erstellen.

***Erste Hypothese:** In einer Vielzahl von Unternehmen wurde und wird der Begriff ,Change' inflationär benutzt.*

Es wird nicht unterschieden zwischen für das Unternehmen und seine Mitarbeiter einschneidenden Transformationsprozessen und selbstverständlichen Entwicklungs- (bzw. Lern-, Verbesserungs-)routinen. Die Beratergruppe Neuwaldegg um Alexander Exner nennen letztere ,grüne Schleifen': Auf dem Lebensweg der Organisation haben sich Muster, Regeln und Normen entwickelt, die dem Unternehmen bisher geholfen haben, sich erfolgreich zu behaupten. Wenn im Unternehmen beispielsweise regelmäßig Strategiearbeit durchgeführt wird, entsprechende Impulse des Marktes hier fortlaufend aufgegriffen werden und diese in entsprechenden Produkt-Markt-Kombinationen münden, dann ist diese Veränderung im ,Modus Operandi' eingebaut. Somit eine grüne Schleife.

Was jeweils ein revolutionärer, also nicht bisherige Muster, Relationen usw. umfassender Veränderungsprozess ist, muss so spezifisch definiert werden, wie bei jedem Individuum. Was bei Google ein ganz normaler alltäglicher Verbesserungsprozess ist, kann in einer Behörde oder einem Krankenhaus als revolutionärer Prozess wirken und umgekehrt. Exner & Co. nennen dies ,das rote Band'. Dieses Eingreifen am roten Band bedeutet Regelbrechen und Orientierung stören. Aus meiner Sicht kann ein Großteil der notwendigen Unternehmenssteuerung auf einer grünen Schleife erfolgen – und das ist auch gut so. Denn die Neugestaltung eines Unternehmens verschlingt enorm viel Energie. Die Zahl von propagierten Change-Themen und -Projekten wurde in der Vergangenheit in vielen Unternehmen zunehmend unübersichtlich und mündete in Beschreibungen und gefühlten Wahrnehmungen wie ,uns umgeben eine Unzahl loser Fäden' oder ,Wir fangen tausend Dinge an und bringen nichts zu Ende'.

Einige Unternehmen beginnen das zu verstehen und arbeiten zunehmend systematischer und nachhaltig mit ,Change-Maps'. Diese Übersichten zeigen einerseits die aktuellen Veränderungsstränge auf und machen andererseits deutlich, wie diese zusammenspielen und auf welche Themen (Notwendigkeiten, Visionen, Ziele, Strategien) sie einzahlen."

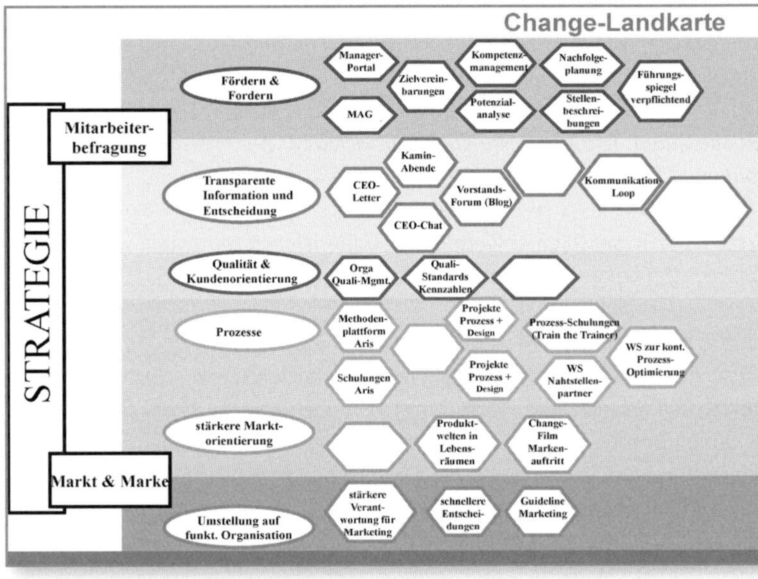

Abb.: Beispiel einer Change-Landkarte

Gerade auch aufgrund der Ausführungen in dieser ersten Hypothese empfiehlt es sich (immer noch), mit dem 3-Phasen-Modell von Kurt Lewin (Auftauen = das Vorbereiten einer Veränderung, Bewegen = das Durchführen einer Veränderung, Einfrieren = das „Umgewöhnen" einer Gruppe) weiterzuarbeiten. Dies ist stimmig, weil eben nicht alles Change ist und jeder Change auch einen (bestenfalls erfolgreichen) offiziellen Abschluss haben muss. Sonst könnte ein Thema auch einfach als „ganz normales Lernen" bezeichnet werden, das bei jedem Fachthema entsprechend der Entwicklung jedes Fachgebiets notwendig ist.

*„**Zweite Hypothese:** Viele Veränderungsprozesse wurden gestartet, die nur als Projekt und nicht in ihren transformationalen psychologischen Auswirkungen betrachtet und gesteuert wurden.*

Keine professionelle Kommunikation, allenfalls die drohenden Notwendigkeiten wurden ausgebreitet, keine Sinnstiftung. Deswegen werden wir hier in diesem Training auch einen Schwerpunkt auf das Thema Kommunikation in und von Veränderungsprozessen legen."

Schließlich stellt der Trainer die letzte Hypothese vor.

„***Dritte Hypothese:*** *In Unternehmen, die sich in den vergangenen (Krisen-)Jahren ressourcenoptimiert aufgestellt haben, gibt es kaum mehr Kapazitäten für ,Projekte'.*

,Der zusätzliche Zeitbedarf bei Veränderungsprozessen liegt erfahrungsgemäß bei 20-30 Prozent draufgesattelt auf das Tagesgeschäft, das in Umbauphasen ja auch nicht leiden soll. Das Management unterstellt vielfach, dass die Organisation schon irgendwie mitzieht. Genau dies ist eine illusionäre Annahme', so beschrieb dies Karl Wimmer 2009 in der Zeitschrift OrganisationsEntwicklung.

Diese Rahmenbedingungen und Erfahrungen müssen aus meiner Sicht berücksichtigt werden, wenn wir von ,Change-Kompetenz ausbauen' sprechen. Gerade deswegen oder auch gleichwohl entbinden uns diese nicht davon, unsere persönliche Veränderungsbereitschaft kritisch zu hinterfragen sowie unsere Fähigkeiten, andere zur Veränderung zu motivieren und unsere entsprechende Methodenkompetenz auszubauen. Das alles verstehe ich unter dem Thema ,Change-Kompetenz ausbauen'.

Entsprechend geht es jetzt zum Start in unsere Veranstaltung auch gleich um eine der wichtigsten Methoden im Veränderungsmanagement: die Sprungbrett-Rede."

Quellen/Literaturempfehlungen

- Exner, Exner & Hochreiter (2009): Selbststeuerung von Unternehmen: Ein Handbuch für Manager und Führungskräfte. Frankfurt am Main: Campus.
- Wimmer (2009): Operation Veränderung: Change-Management im Gesundheitssektor, in: OrganisationsEntwicklung: Zeitschrift für Unternehmensentwicklung und Change-Management 02/2011.

Zauberformel der Veränderungsmotivation

Orientierung

Ziele:

- Methode der Sprungbrett-Rede ausprobieren und verdeutlichen, was sie bewirken kann
- Bedeutung der Veränderungsformel erleben
- Feedback zur eigenen Rede bekommen und erfahren, wie sie wirken bzw. wieweit sie begeistern kann

Zeit:

- Pro Teilnehmer ca. 6 Minuten (inkl. Feedback)
- Bei 12 Teilnehmern ca. 1 Std. 15 Min.

Material:

- Laptop und Beamer bereithalten, falls die Teilnehmer einen Laptop bzw. Stick haben, auf dem sich die Präsentation befindet
- Moderationswand bereithalten, damit die Teilnehmer gegebenenfalls Flips oder Karten anpinnen können
- Stoppuhr
- Ggf. Flipcharts vorbereiten

Überblick/Hinweise:

Insgesamt ist diese Sequenz sehr spannend, jedoch muss man darauf achten, dass wirklich alle Teilnehmer mit der gleichen Aufmerksamkeit bedacht werden und sehr strikt moderieren.

Vorgehen

Ein Intro-Vorschlag:

„*Wie wir in unserem Vorbereitungstext dargestellt haben* (siehe Abschnitt Vorbereitung, Seite 15 ff.), *müssen sogenannte Sprungbrett-Reden, damit sie im Veränderungskontext motivierend wirken, auf die drei Kernelemente, auf die ‚Zauberformel' des Veränderungsmanagements gebaut sein: ...*"

Hier sollte der Trainer parallel am Flipchart mitvisualisieren ...

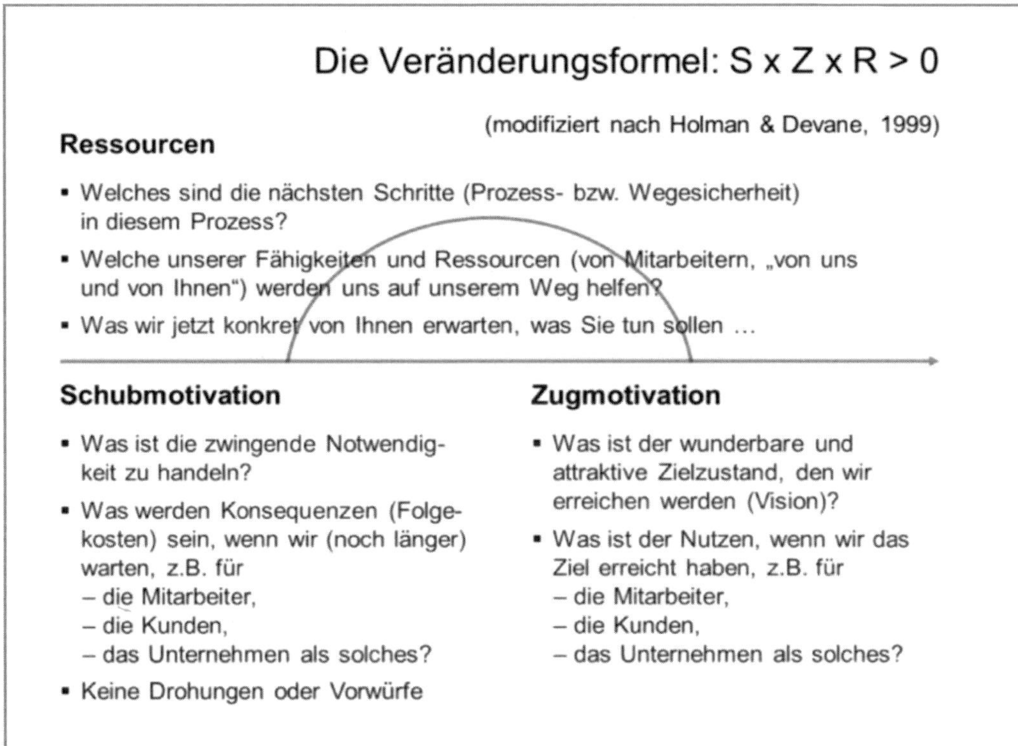

Abb.: Die Veränderungsformel

„Sie müssen zeigen, weswegen die Veränderung unumstößlich notwendig ist ..., was Entwicklungen und Folgekosten sein würden, wenn wir die notwendigen Veränderungen nicht einleiten ... und was die wunderbare Zukunft ... das Ziel, die Vision, Chancen und Nutzen der Veränderung – auch für jeden Einzelnen – sein werden ...

In vielen Fällen bedeutet ‚Veränderung', bewährte, lieb gewonnene Routinen hinter sich zu lassen: Alles, was man neu lernt, neu anpackt, wird mehr Energie brauchen als das, was man schon seit geraumer Zeit tut. Daher fragen sich Menschen bei Veränderungen im Unternehmen: ‚Ist das wirklich notwendig?' – Nur wenn hier genügend Schubmotivation vorhanden ist, weil man einsieht, dass, wenn nichts passiert, eine wenig erwünschte und negative Entwicklung eintritt, dass Folgekosten entstehen etc., nur dann wird die Veränderungsmotivation gestärkt."

An dieser Stelle sollten Trainer und Gruppe die linke Seite der Formel „Schubmotivation/Notwendigkeit" entwickeln.

„Die meisten Mitarbeiter in Betrieben wissen sehr genau, dass Veränderungen sie mehr Energie und mehr Zeit kosten werden und dass Veränderungsprojekte häufig ‚on top' zum täglichen Geschäft verlaufen, so wie es zum Beispiel einige Mitarbeiter eines großen Automobilherstellers mir gegenüber formulierten: ‚Es wird erwartet, dass wir bei laufendem Rennen den Motor auswechseln und dabei noch das Rennen gewinnen.'

Wenn das funktionieren soll, dann ist es das Mindeste, dass Menschen verstehen, worin die Notwendigkeit besteht, eine Veränderung zu initiieren. Die Kontexte, von denen wir hier sprechen, sollten sich auf sich verändernde Rahmenbedingungen beziehen, in denen das Unternehmen (der Bereich/das Team) agiert. Sonst könnte die Notwendigkeit allzu leicht als Drohung verstanden werden, die dann eher Abwehrmechanismen provoziert, beispielsweise fliehen, beißen, sich tot stellen – oder aber auch beweisen wollen, dass das Neue nicht geht und keinen Sinn ergibt."

Wenn der Trainer hierzu ein Beispiel aus dem Unternehmen oder aus dem eigenen Erfahrungsschatz bringen kann, so ist dies recht hilfreich. An dieser Stelle kann leicht eine Diskussion über „Wahrheit" bzw. Annahmen entstehen. Diese ist überaus hilfreich. Letztlich sind alle Erklärungsmodelle einer Notwendigkeit Konstrukte. Wobei Zahlen und faktisch darstellbare Entwicklungen sich als hilfreicher und nützlicher erweisen als generelle Annahmen. Hier kann man auch auf die später folgende Einheit zum Thema „Glaubenssätze und Überzeugungen" hinweisen.

Wichtig ist an dieser Stelle, dass der Trainer nicht mit „Warum-Fragen" arbeitet. Diese sind viel zu unspezifisch, als dass sie hilfreich wären, und werden oft gleichermaßen genutzt, um in die Zukunft und in die Vergangenheit zu argumentieren. Wichtig ist vielmehr, die Diskussion auf die Begriffe Notwendigkeit zur Veränderung und auf den wunderbaren, attraktiven Zielzustand zu fokussieren. Bei Letzterem könnte man auch den Begriff der Vision verwenden. Dieser wirkt aber bisweilen zu abstrakt und „gigantomanisch" auf Teilnehmer (und ist manchmal auch vorbelastet).

„Ein weiterer Faktor, der in dieser Veränderungsformel eine grundlegende Rolle spielt, ist der Faktor der Ressourcen: Damit sind weniger konkrete Aktionspläne (wenn es die bereits gibt, dann natürlich auch) gemeint, als vielmehr eine Idee vom Weg beziehungsweise darüber, welche (besonderen) Fähigkeiten und Ressourcen den Menschen dabei helfen werden, diesen Veränderungsweg zu gehen: Ressourcen und Fähigkeiten, die sich in früheren Situationen, bei Herausforderungen oder

Veränderungen schon gezeigt haben, die dort sehr hilfreich waren. Diese zielen vor allem darauf, den Mut und das Selbstvertrauen der Betroffenen zu wecken.

Beim Aufbau vieler motivierender Reden wie etwa der Sprungbrett-Rede spielt diese Veränderungsformel eine zentrale Rolle:

$$S \times Z \times R > 0!$$

Die Schubmotivation (also die Notwendigkeit), die Zugmotivation (also das Bild der wunderbaren Zukunft) und die vorhandenen Ressourcen müssen jeweils größer null sein, damit bei den Betroffenen eine Veränderungsmotivation erwachsen kann ... Nicht zufällig sind diese Elemente als Multiplikation verknüpft: Wenn eines der Elemente fehlt, also gleich Null ist, so geht auch die ganze Veränderungsmotivation gegen null.

Ich habe Sie im Vorfeld gebeten, eine Sprungbrett-Rede zu einem von Ihnen gewählten Thema zu entwerfen. Nun bitte ich Sie, zu Ihrem persönlichen Check-in in unsere Veranstaltung Ihre Sprungbrett-Rede zu halten. Ich bin, wir alle sind sehr gespannt, Ihre Sprungbrett-Rede zu hören. Sie soll drei Minuten dauern und Ihre Zuhörer dazu motivieren, Ihnen bei diesem Thema zu folgen. Etwa in der Rolle als Teammitglied, Change-Agent oder Führungskraft.

Über eine Stoppuhr wird Ihnen signalisiert werden, wann diese Zeit zu Ende ist. Die drei Minuten sollen einerseits sicherstellen, dass wir den Zeitrahmen hier nicht sprengen ;-), andererseits auch, dass wir niemanden hier überstrapazieren. Hauptsächliche Zielsetzung ist es, zu erfahren, wie motivierend solche Sprungbrett-Reden sein können und was es dazu braucht. Entsprechend werden Sie nachher auch gleich ein Feedback zu Ihrer Rede bekommen. Das ist vor allem dann sehr nützlich, wenn es Ihnen um einen aktuellen realen Veränderungsprozess geht: Dann ist das hier eine hervorragende Möglichkeit, die Wirkung Ihrer Rede auszuprobieren.

Ich bitte Sie, wie folgt vorzugehen ...“

Falls die Teilnehmer einander noch nicht kennen, sollte der Trainer einen weiteren Punkt einführen: Kurze Vorstellung der Person und der aktuellen Aufgabe beziehungsweise der Rolle, um die es in der Sprungbrett-Rede geht. Dies kann er mithilfe eines Flipcharts (vgl. Abbildung) visuell begleiten.

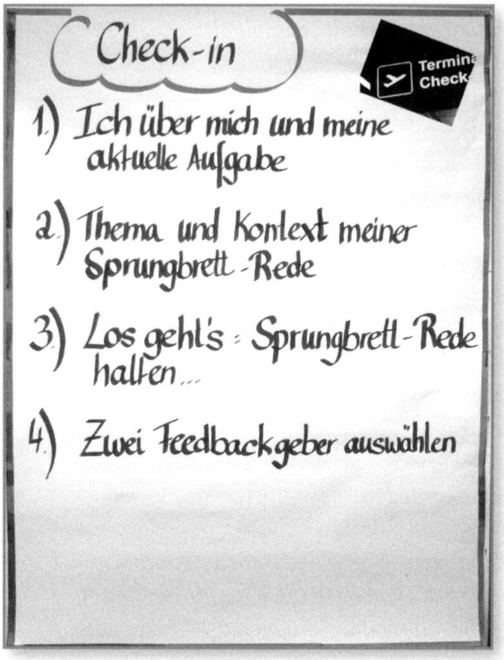

Abb.: Flipchart – Check-in

Empfehlung: Nach den drei Minuten sollte der Trainer wirklich strikt abbrechen. Sonst kann das Ganze zeitlich enorm ausufern. Schlimmstenfalls lässt man den Teilnehmern unterschiedlich lang Zeit, was zu Unzufriedenheit führt. Falls der Trainer das tun muss, sollte er am besten erklären, dass es ja um einen Eindruck geht, den man jetzt durchaus schon hat, und dass sonst das ganze Thema zu anstrengend wird.

Erfahrungsgemäß ist es besser, wenn der Trainer hier keine Feedbacks gibt, und nur sehr ermutigend vorgeht (eventuell durch Fragen wie *„Was noch ...“, „Woran konkret ...“, „Was genau ...“*). Das Trainer-Feedback wird gewöhnlich besonders wichtig genommen und könnte irritierende Signale bei den Teilnehmern auslösen (nach dem Motto: *„Mein Feedback war dann wahrscheinlich doch nicht so wichtig/richtig“* oder Ähnliches). Außerdem dauert das Ganze dann einfach zu lange – es macht dann keinen Spaß mehr.

Wenn recht unterschiedliche Feedbacks von den Teilnehmern kommen, sollte der Trainer dies unbedingt verstärken, zum Beispiel so:

„Es ist doch in der Tat so, dass unterschiedliche Aussagen auf Menschen unterschiedlich wirken. Und unterschiedliche Feedbacks verdeutlichen

eben, dass unterschiedliche Menschen dem Gesagten unterschiedliche Bedeutung geben könnten. Sie als Feedback-Nehmer entscheiden, wieweit Sie diese Informationen durch das Feedback nutzen wollen. Solche Wirkungsunterschiede sind aus meiner Sicht eine sehr nützliche Information. Das Feedback hilft uns, die Sprungbrett-Rede weiter zu modifizieren und die Wahrscheinlichkeit, dass sie in dem von uns gewünschten Sinn verstanden wird, zu erhöhen."

Es ist wirklich sehr sinnvoll, in diesem Training nach den Reden und der abschließenden Auswertung der Methode noch auf das Thema Werte und Glaubenssätze einzugehen (s. Seiten 46 und 197 ff.). Es hat sich als überaus nützlich gezeigt, dadurch ein geschärftes Bewusstsein der Teilnehmer bezüglich der Unterscheidung von „Wahrheiten" und „Annahmen" bzw. „Glaubenssätzen" bzw. „Überzeugungen" zu schaffen. Zudem kann man immer wieder beobachten, dass es den Teilnehmern Spaß macht, mit dem Thema zu spielen und sich gegenseitig auf diese Unterscheidung hinzuweisen: „Das ist ein Glaubenssatz!" – so ein Ausruf wird dann während der Veranstaltung immer wieder zu hören sein. Damit dies gut gelingt, sollte sich der Trainer während der Reden entsprechende Beispiele der Teilnehmer mitnotieren.

Debriefing/Fazit zur Sprungbrett-Rede

Es hat sich ebenfalls bewährt, eine abschließende Bewertung des Instruments an sich vorzunehmen. Damit kann der Trainer nochmals die Bedeutung der Sprungbrett-Rede unterstreichen. Wichtig ist dabei zum Beispiel herauszuarbeiten, dass diese Elemente eben nicht nur in einer Rede von einer Person kommuniziert werden sollten, sondern immer wieder. (Stichwort: die „magische 18": Gemeint ist damit, dass man bestimmte Informationen bis zu 18 Mal hören muss, bis man sie aufgenommen und „verinnerlicht" hat. Diese Erkenntnis stammt ursprünglich aus dem Kontext der Werbepsychologie: Menschen müssen etwas bis zu 18 Mal gehört haben, bis sie „Ja" zum Produkt sagen und es kaufen.) Entsprechend sinnvoll ist es, die Kernbotschaften der Veränderungsformel innerhalb der Führungskräfte/des Management-Kreises abzustimmen. Dann werden diese zu sogenannten „Wandel-Geschichten". Die Elemente sollten immer wieder zitiert und eingeflochten werden.

Eine Unterstützungshilfe zur Bewertung der Qualität einer Sprungbrett-Rede könnte beispielsweise so aussehen:

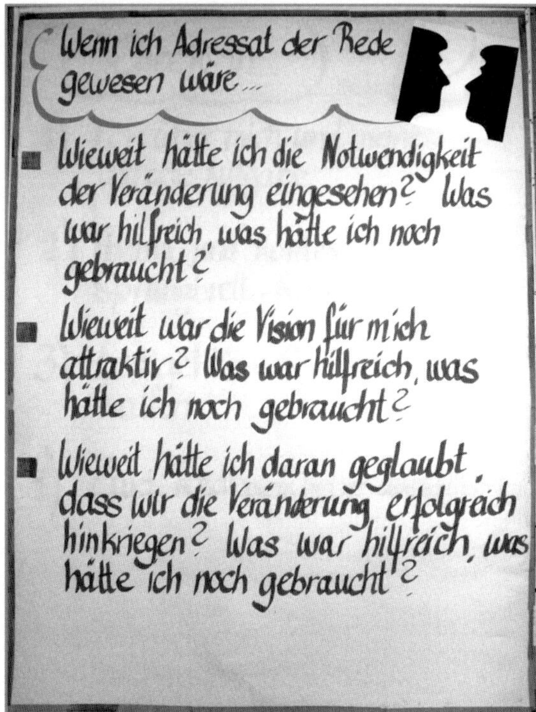

Abb.: Flipchart – Wenn ich Adressat der Rede gewesen wäre ...

Im Anschluss an die gemeinsame Bewertung kann noch ein kurzer Zeitraum für persönliche Transferarbeit gegeben werden.

Die SMARTIE-Methode

SMARTIE

An dieser Stelle kann der Trainer sehr gut die „SMARTIE"-Methode einführen. Sie ist ein von noesis entwickeltes Verfahren, um die im Laufe eines Trainings besprochenen und ausprobierten Methoden bzw. Instrumente einer abschließenden Bewertung zu unterziehen und nochmals auf Einsatzmöglichkeiten etc. aufmerksam zu machen. Dies tun wir in Form einer fortlaufend geführten Tabelle auf einer Pinnwand.

Auf der folgenden Abbildungen sehen Sie beispielhaft, wie mithilfe von SMARTIEs visualisiert werden kann.

Abb.: Unsere SMARTIES

Rund um das Thema Glaubenssätze

Orientierung

Ziele:

- Eine Methode der (Selbst-)Reflexion kennenlernen
- Sensibilisieren für Bedeutung von „Wahrheit“ oder „Glaubenssatz“ beziehungsweise für die Unterscheidung von beidem
- Verdeutlichen, welche Auswirkungen Glaubenssätze haben bzw. wie sie unser Handeln beeinflussen

Zeit:

Ca. 45 Minuten, je nach Bearbeitungsintensität

Material:

- Flipchart-Blatt vorbereiten, auf dem die Überschrift, das Dreieck und die Ebenen zu sehen sind
- Ovale Karten, mit einigen (3 bis 4) der vorher genannten Aussagen, die als Glaubenssätze erkennbar sind

Überblick/Hinweise:

Dieser Baustein ist enorm hilfreich für viele Diskussionen, die im Laufe des Seminars noch auftauchen; hier kann dann das Thema der Glaubenssätze immer wieder genutzt werden, um Erklärungsmodelle sichtbar zu machen und auf die Unterschiede zwischen „konkrete Wahrnehmung/Realität“ und „Annahme/Hypothese“ zu verweisen.

Vorgehen

Der Trainer schreibt während der Sprungbrett-Reden gehörte Glaubenssätze der Teilnehmer auf ovalen Kärtchen mit. Für das Modul „Rund um das Thema Glaubenssätze“ des Trainings wählt er die aus seiner Sicht griffigsten aus und stellt sie vor. Während dieses Vorstellens schreibt er die Ebenen-Namen ans Flipchart. Er beginnt damit, die Kärtchen vorzulesen ...

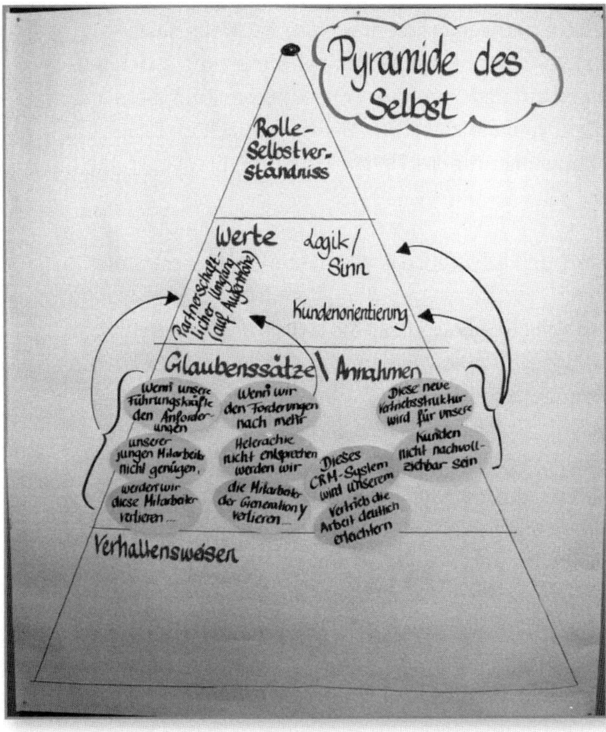

Abb.: Flipchart – Pyramide des Selbst

„,Wenn unsere Führungskräfte den Anforderungen unserer jungen Mitarbeiter nicht genügen, werden wir diese Mitarbeiter verlieren' ..., ,Wenn wir den Forderungen nach mehr Heterarchie nicht entsprechen, werden wir die Mitarbeiter der Generation Y verlieren' ..., ,Diese neue Vertriebsstruktur wird für unsere Kunden nicht nachvollziehbar sein' ..., ,Dieses CRM-System wird unserem Vertrieb die Arbeit deutlich erleichtern' ..."

Der Trainer klebt die Kärtchen auf die zweite Ebene der Pyramide und versucht dann, die Teilnehmer für die Art der Aussagen zu interessieren. Er fragt zum Beispiel so nach:

„Wo sind Ihnen diese Aussagen schon begegnet? ... Welche Informationen können Ihnen diese Aussagen vermitteln? Was haben diese Aussagen gemeinsam? ..."

Hier können auch schon Hinweise der Teilnehmer auftauchen, dass diese Aussagen etwas über die Werte des Senders verraten. In unserem Beispiel, dass es dem Sender wichtig ist, junge Mitarbeiter zu gewinnen und zu binden oder das ihm ein relativ hierarchiefreier Umgang zwischen Mitarbeitern und Vorgesetzten wichtig ist. Wenn solche Wertehinweise kommen, dann kann der Trainer diese auch gleich aufschreiben, am besten auf andersfarbige ovale Kärtchen und diese auf die dritte Ebene der Pyramide kleben ... Ziel ist es, nach und nach ein Bewusstsein der Teilnehmer für das Thema Werte und Glaubenssätze herauszuarbeiten.

Der Trainer fährt fort und erläutert das Wesen von Glaubenssätzen:

„Was verraten uns solche Glaubenssätze? Sie zeigen uns, was Menschen glauben, wie die Dinge zusammenhängen. Wie aus ihrer Sicht die ‚Welt funktioniert' beziehungsweise wie sie sich verhalten wird. Man kann Glaubenssätze auch als Überzeugungen bezeichnen. Von Annahmen spricht man eher dann, wenn sich die Glaubenssätze auf die Zukunft beziehen. Auf einer etwas abstrakteren Ebene kann man aus den Glaubenssätzen, die jemand formuliert und aus dem Verhalten dieses Menschen Hypothesen darüber entwickeln – und das tun wir fortwährend, allerdings nicht unbedingt bewusst – was diesem Menschen wichtig ist, eine Aussage über seine Werthaltungen treffen ... Wieso tun wir das? – Weil wir versuchen, Vorhersagen über menschliches Verhalten zu gewinnen. Weil wir selbst permanent Annahmen über das Verhalten anderer treffen. Diese Vorhersagen helfen uns dabei, uns zieldienlich zu verhalten und andere zu beeinflussen. Allerdings funktioniert das, wie wahrscheinlich jeder von uns schon erfahren hat, nicht immer. ;-) Einerseits weil Menschen – Gott sei Dank – nicht ebenso berechenbar sind wie Maschinen, sie sind psychologisch, andererseits weil unsere Annahmen wiederum massiv von eigenen höchst subjektiven Erfahrungen geprägt und auch keine Wahrheiten sind. Nassim Nicholas Taleb (2007) bringt dies in seinem Buch „Der schwarze Schwan" zutreffend auf den Punkt: Nur weil ich bisher noch keinen schwarzen Schwan gesehen habe, heißt das nicht, dass es keine schwarzen Schwäne gibt. Und Daniel Kahnemann (2012) beschreibt in seinem Buch „Schnelles Denken, langsames Denken" entsprechend den Truthahn-Effekt: Bis zu dem Tag kurz vor Weihnachten ist der Truthahn der Meinung, dass der ihn fütternde Mensch es gut mit ihm meint und ihm nichts passieren wird. Nur weil er bisher in seinem Leben keine andersartigen Erfahrungen gemacht hat.

Es ist für uns Menschen enorm wichtig, Glaubenssätze zu haben, damit wir uns angemessen verhalten können. Es ist gleichwohl genauso wichtig, diese Glaubenssätze regelmäßig auf ihre Sinnhaftigkeit zu überprüfen. Letzteres ist nicht ganz einfach, eben weil diese Glaubenssätze nicht durchweg bewusstseinspflichtig sind, manchmal sogar weitgehend unbewusst sein können.

Solche Glaubenssätze steuern in weiten Teilen unser Verhalten. Ein Beispiel hierfür: Wenn jemand den starken Glaubenssatz hat, dass sich Konflikte jeglicher Art sehr zerstörerisch auf die Beziehungen zwischen Menschen und für seine Person auswirken, dann wird er Auseinandersetzungen meiden. Vermutlich wird ein wichtiger Wert für diesen Menschen Harmonie sein."

Das alles kann der Trainer gut am Flipchart mitschreiben.

„Wenn er dann in einem Training einen Leitfaden zur Konfliktlösung lernt, könnte er diesen zwar rein theoretisch anwenden. Die Wahrscheinlichkeit, dass er dies tut, wird aber relativ gering sein. Weil er einen ‚entgegenstehenden' starken Glaubenssatz hat ... Wie sich jemand also in einer bestimmten Situation verhält, hängt enorm von seinen Glaubenssätzen und Werten und von der Rolle, die er in dieser Situation einnimmt, ab ... Ein Beispiel für die Bedeutsamkeit und den Einfluss der Rolle – hier auf der vierten Ebene der Pyramide dargestellt. Für unser Konflikttraining bitte ich die Teilnehmer häufig, eine Einschätzung ihres Konfliktstils durch verschiedene Personen ihres Umfelds vornehmen zu lassen. Einer der Teilnehmer berichtete, dass ihn seine Mitarbeiter, seine Kollegen und sein Vorgesetzter als relativ streitlustig eingeschätzt hatten. Seine Ehefrau hingegen hätte ihn als sehr friedliebend gesehen. Daraufhin erntete dieser Teilnehmer großes Gelächter von den anderen Teilnehmern und spitze Bemerkungen nach dem Motto ‚Die Arme! Die hat sich nur nicht getraut!' Sehr spontan und hoch glaubhaft antwortete der Besagte daraufhin: ‚Meint ihr, ich bin so blöd und ärgere mich daheim auch noch dauernd rum?' – Was kann man aus dieser Geschichte schließen? In seinen unterschiedlichen Rollen, einmal als Ehemann, einmal als Führungskraft, hatte dieser Teilnehmer durchaus andere Glaubenssätze, ein anderes Mindset! Der Einfluss der Ebenen in dieser Pyramide geht also stark von den oberen Ebenen aus, von Kontexten, in denen man agiert, von entsprechenden Rollen. Weniger stark zum Beispiel von konkreten gelernten Inhalten oder Leitfäden in einem Training. Was also kann man tun – kann man überhaupt etwas tun – um auf solche Glaubenssätze bei sich oder anderen einzuwirken? ..."

Der Trainer bezieht nun aktiv die Teilnehmer ein und schreibt mit, was ihm zugerufen wird. Es entsteht eine erste (Selbst-)Checkliste „Ansatzpunkte, um sich selbst und andere zu Veränderungen zu motivieren". Hier kann, wie auch schon vorher während der Erklärung des Modells eine interessante und intensive Diskussion entstehen. Über „Soll oder darf man überhaupt andere beeinflussen/verändern?" (meine Antwort hierzu ist, dass wir das sowieso dauernd versuchen und als Führungskraft das in Teilen sogar unser Auftrag ist: „Führung ist zielbezogene Einflussnahme") bis hin zu „Wann beginnt hier Manipulation?" ...

Man kann anhand der Pyramide gut auch noch weitere Beispiele durchdenken. Oder, wenn man das Thema sehr hervorheben und nutzen will, auch den Teilnehmern anhand von weiteren mitgeschriebenen Glaubenssätzen die Aufgabe geben, entsprechend Hypothesen über Werte des Senders und alternative Glaubenssätze, die in dem jeweiligen Kontext auch relevant sein könnten, zu entwerfen. Die Arbeit mit diesem Modell wirkt sich für die Teilnehmer jeweils extrem bereichernd aus. Gleichzeitig leitet dieses Modell dann auch zum Themenbereich „Meine Changeability" über.

Es ist gewöhnlich hilfreich, dass jeder Teilnehmer sich nun einen Seminarpartner sucht, mit dem er gegebenenfalls Transferaspekte diskutiert, der ihn aber auch auf geäußerte Glaubenssätze aufmerksam macht. Letzteres kann als eine weitere Maßnahme (sowohl generell als eben innerhalb der Seminarpartnerschaft) definiert werden, um die eigene Veränderungsbereitschaft zu reflektieren.

Der Trainer leitet auf das nächste Thema über:

„Gemäß der Logik gut funktionierender Veränderungsprozesse ist es sinnvoll, wenn man in Systemen etwas verändern möchte, zuallererst auf sich selbst zu schauen: auf die eigenen Veränderungserfahrungen, auf die eigenen Einstellungen und die eigenen Glaubenssätze. Diese Veränderungsbereitschaft bildet einen Teil der sogenannten Changeability, die ich jetzt zur Abrundung unseres Vormittags mit Ihnen anschauen möchte. In unserem Training ist dies ja die Überschrift – und diese Kompetenz gilt es auszubauen. Wobei ich mich an von Kyaws Modell orientiere (F. von Kyaw, 2010)."

Quellen/Literaturempfehlungen

- Taleb, N. (2007): „Der schwarze Schwan". München: dtv.
- Kahneman, D. (2012): Schnelles Denken, langsames Denken. München: Siedler Verlag.
- von Kyaw, F. (2010): Change-Management-Studie 2010. Capgemini Consulting.

Meine Changeability

Orientierung

Ziele:

- Zeigen, wie das Thema „Veränderungskompetenz" definiert werden kann/was es umfasst
- Sensibilisieren für die eigene Veränderungsbereitschaft
- Abrundung des Vormittags

Zeit:

15 Minuten Changeability
15 Minuten Erste Ernte – Partnerarbeit

Material:

- 3 Kärtchen mit den Begriffen Veränderungsbereitschaft, Veränderungsmöglichkeit, Veränderungskompetenz
- Einen Klebestift
- „Erste Ernte Vormittag" – Flipchart

Überblick/Hinweise:

Wenn weitere Anforderungen/Kompetenzen genannt werden, die den Teilnehmern notwendig zur Bewältigung von Veränderungsprozessen scheinen, diese hier unter die drei Begriffe subsummieren; man kann sie aber späterhin in die zu bearbeitenden Fragestellungen aufnehmen.

Vorgehen

„Laut der Beraterin Felicitas von Kyaw (2010) und anderen Autoren ist Changeability zu einer Kernkompetenz nicht nur für Führungskräfte geworden. Gerade auch, weil in der relevanten Literatur immer wieder festgestellt wird, dass etwa zwei Drittel aller Veränderungsprozesse fehlschlagen. Georg Schreyögg, Professor für Management an der FU Berlin (2000), formuliert es so: ‚Es gilt fast eine 75-Prozent-Regel, d.h., drei Viertel aller Änderungsvorhaben scheitern.' Seither scheint sich nicht viel verbessert zu haben. Es finden sich genügend Hinweise dafür, dass Veränderungsprojekte wie Restrukturierungen, Ablauf- beziehungsweise Tätigkeitsveränderungen oder auch Einstellungs- bzw. Kulturveränderungen nicht die gewünschten Ziele erreichen.

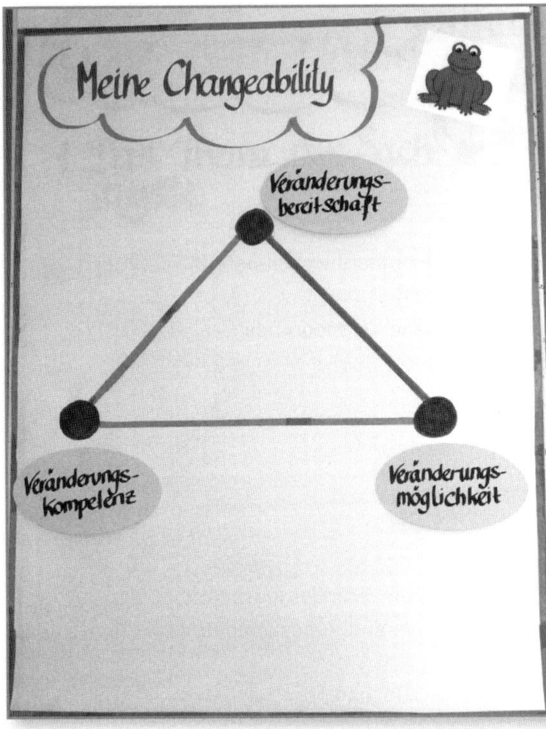

Abb.: Flipchart – Meine Changeability

Es scheint so, als ob die Fähigkeit, Menschen gekonnt durch einen Change-Prozess zu führen, fast eine Kunst ist. Laut von Kyaw setzt sich diese Kunst ‚Changeabilitiy' aus folgenden drei Kriterien zusammen: Der persönlichen Veränderungsbereitschaft, welche wir eben reflektiert haben, der Veränderungsmöglichkeit, die sich auf die Rahmenbedingungen bezieht und der Veränderungskompetenz, die auf ein geeignetes Methodenrepertoire abhebt.

- *Das erste Kriterium, die* ***Veränderungsbereitschaft*** (der Trainer dreht das Kärtchen am Flipchart um und klebt es auf), *betrachtet von Kyaw als das eigentliche Wollen. Wollen bedeutet für sie, bereits kleine Zeichen der Veränderung im Kontext wahrzunehmen und somit eine Art persönliches Frühwarnsystem für Veränderung aufzubauen. Denn je früher man sich auf Veränderungen einstellt, desto mehr kann man sie mitgestalten. Gunther Schmidt (2008) sagt hierzu: ‚Wer immer der Gleiche bleiben will, muss sich ändern!' – weil die Kontexte, in denen man agiert, sich fortlaufend ändern. Denken Sie nur an Ihre privaten Kontexte, an Ihr privates Umfeld: von den Spielkameraden hin zu den Studienkollegen, hin zum Elternkreis und so* *weiter. Wenn Sie sich gegenüber anderen Eltern auf einem Elternabend wie kindliche Spielkameraden verhalten würden ..., würden Sie vermutlich wenig bewirken. Das persönliche Frühwarnsystem soll helfen, das größtmögliche Zeitfenster des Gestaltens zu nutzen, welches sich zu Beginn einer Veränderung öffnet. Wer lieber gestalten will als gestaltet zu werden, ob als Unternehmen oder als Individuum, sollte dies beachten. Sonst geht es uns wie den (in Veränderungskontexten viel zitierten) Fröschen des nachfolgend dargestellten berühmt-berüchtigten Experiments (alle Tierliebhaber und Vegetarier jetzt bitte weghören): Wenn man einen Frosch in etwa 40 Grad warmes Wasser setzt, springt er sofort wieder heraus, denn er merkt sofort, dass dieser Kontext für sein Überleben nicht förderlich ist. Setzen wir den Frosch aber in lauwarmes Wasser und erhöhen langsam die Temperatur, so würde er bei 40 Grad (besagt das Experiment) das Wasser nicht verlassen – er bemerkt gar nicht, wie es langsam zu heiß für ihn wird. Wenn er dies schließlich doch bemerkt – so etwa bei 50 Grad – und springen möchte, kann er es nicht mehr ... Seine Reflexe sind bereits lahmgelegt ... Damit es uns also nicht ergeht wie diesem armen Frosch, fahren wir also fort mit dem Ausbau unserer Veränderungsbereitschaft ...*

- *Das zweite Kriterium ist die* **Veränderungsmöglichkeit** (wieder Kärtchen umdrehen und aufkleben)*: Diese besagt, dass man geeignete Rahmenbedingungen haben muss, um etwas ändern zu können, bzw. dass es von den sachlichen Gegebenheiten oder vonseiten des Top-Managements Unterstützung gibt, etwas verändern zu dürfen oder zu sollen. Ein sehr eindrückliches, einfaches Beispiel, wie dies nicht funktioniert hat, habe ich persönlich in einer Produktion erlebt. Hier sollte Gruppenarbeit eingeführt werden und es sollten entsprechend auch Gruppengespräche geführt werden. Allerdings gab es weder Gruppen(gesprächs-)räume, in denen Gespräche hätten geführt werden können – es war auf der Produktionsfläche selbst einfach viel zu laut – noch wurden von den leitenden Führungskräften entsprechende Zeiträume freigegeben.*

- *Das dritte Kriterium ist die* **Veränderungskompetenz***, das Können, welches die Verfügbarkeit eines geeigneten Methodenrepertoires voraussetzt. Hier werden wir den weiteren Schwerpunkt in unserer Veranstaltung legen. Wir werden unterschiedlichste Methoden von der Erstellung eines zieldienlichen fortlaufenden Kommunikationskonzepts bis hin zum Erfolg versprechenden Umgang mit Widerstand in Veränderungsprojekten erarbeiten und ausprobieren ... Hier werden Ihre Wahrnehmungen, Ihre Erfahrungen und Ihr Wissen von großer Relevanz sein. Denn diese werden mehr, wenn man sie teilt ... wenn-*

gleich es auf dieser Welt nicht viele Dinge gibt, die mehr werden, wenn man sie teilt … Aber für die Themen Wissen und Erfahrung gilt dies mit Sicherheit (neben der Liebe …) Damit können Sie nun zum Abschluss des Vormittags gleich starten, indem Sie gemeinsam mit Ihrem Seminarpartner noch auf die erste Ernte, die Auswertung des Vormittags schauen … Dafür stehen Ihnen gemeinsam 10 Minuten Zeit zur Verfügung …"

Der Trainer präsentiert vor der Mittagspause das Flipchart „Erste Ernte" und stellt die Fragen vom Flipchart vor, die bearbeitet werden sollen.

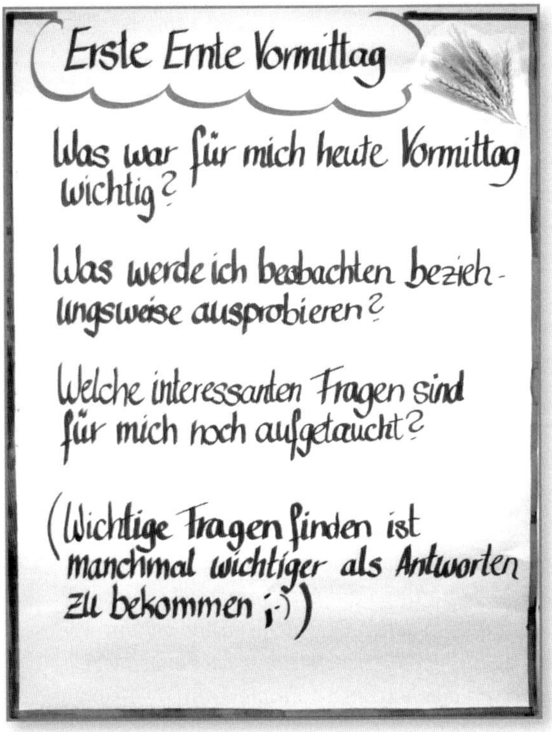

Abb.: Flipchart – Erste Ernte Vormittag

Quellen/Literaturempfehlungen

- Schreyögg, G. (2000): Vortrag an der FU in Berlin.
- Schmidt, G. (2008): Ausbildungscurriculum Heidelberg.

Energizer: Schlaufenspiel

Orientierung

Ziele:

- Teilnehmer nach der Mittagspause aktivieren und für das Thema Veränderung sensibilisieren
- Zeigen, wie wichtig es ist, Kontextveränderungen bewusst wahrzunehmen und diese auf die eigenen Ziele hin zu reflektieren und nicht einfach „weiter wie bisher" zu verfahren

Zeit:

Je nach Teilnehmerzahl ca. 30 Minuten, einschließlich Reflexion

Material:

- Nylonschnüre von ca. 80 cm (pro Teilnehmer je eine Schnur)
- CD-Player mit Lautsprechern/Musik
- Instruktions-Flipchart
- Ggf. Auswertungs-Flipchart
- Raum mit freier Fläche

Überblick/Hinweise:

Diese Übung birgt viele Aha-Effekte, v.a. zum Thema Kontextveränderung und Musterwechsel. Zudem zeigt sie, dass man auch mit weniger Ressourcen viel erreichen kann, wenn eine Zusammenarbeit im Team, kreative Ideen und der Wille nach Veränderung von Perspektiven vorhanden sind.

Erläuterung

Diese Übung stammt aus dem Buch „Teamkompetenz. Konzepte, Trainingsmethoden, Praxis" von Kriz & Nöbauer (1996).

Jeder Teilnehmer erhält eine Schnur. Der Trainer bittet die Teilnehmer, die Enden der Schnur zu verknoten, sodass eine Schlaufe entsteht, und sich in diese Schlaufe zu stellen.

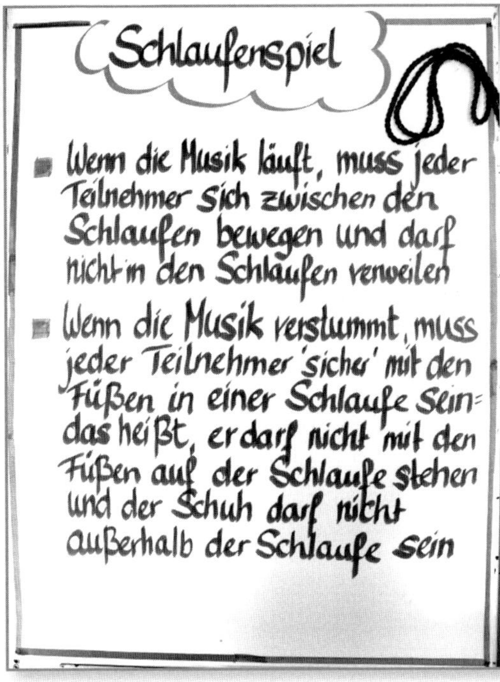

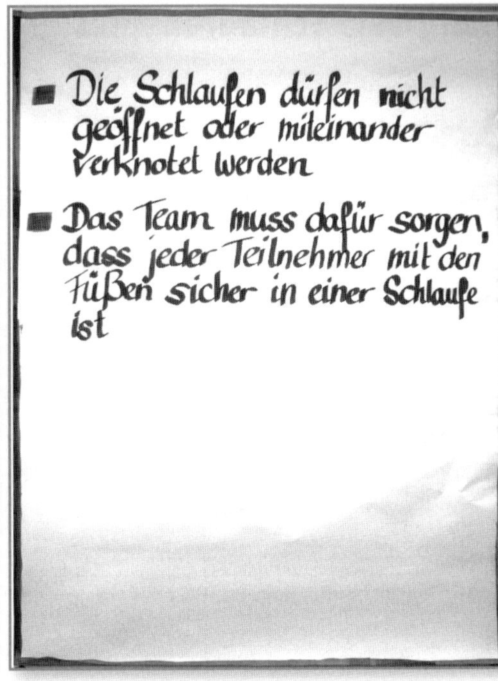

Abb. 1+2: Erläuterung Schlaufenspiel

Anhand der Instruktionen auf dem Flipchart erklärt der Trainer die Regeln.

Vorgehen

Wenn keine Musik verfügbar ist, kann die Übung auch durch die Ansagen des Trainers gesteuert werden. Bei Ertönen des Kommandos „Wechseln!“ muss jeder Teilnehmer neue, „sichere“ Schlaufen finden, d.h., man darf nicht dieselbe Schlaufe benutzen, in der man gerade steht.

Nun wird ein Probedurchlauf gestartet. Nach dem ersten Probedurchlauf entfernt der Trainer eine Schlaufe; dies sollte er durchaus auffällig tun. Meistens assoziieren die Teilnehmer sofort, worauf es ankommt und sprechen sich ab, Schlaufen zu teilen und rücken diese näher aneinander. Manche Teilnehmer fragen, ob es erlaubt ist, mit den Füßen in unterschiedlichen Schlaufen zu stehen. Die Antwort des Trainers sollte lauten: *„Ja, das ist erlaubt. Es ist alles erlaubt was nicht ausdrücklich verboten ist, um die Ziele zu erreichen.“*

Bei jedem weiteren Durchgang entfernt der Trainer (offensichtlich!) eine weitere Schlaufe. Manche Teams beginnen sich dann darüber zu unterhalten, wie sie die Aufgabe lösen können, wenn das so weitergeht. Manche nehmen andere Teilnehmer auf den Rücken: hier als Trainer immer sehr offensichtlich prüfen, ob die Füße auch hier noch innerhalb der Schlaufe sind. Wenn die Teilnehmer zwar immer dichter zusammenrücken, aber ansonsten keine „Musterveränderung“ vornehmen, sollte der Trainer deutlich darauf aufmerksam machen, dass dieses Muster vermutlich nicht mehr funktionieren wird, wenn nur noch eine Schlaufe übrig ist und verdeutlichen, dass sich die Gruppe etwas anderes einfallen lassen muss!

Manche Gruppen experimentieren dann mit neuen Ideen und kommen schließlich auf die Lösung, sich auf den Fußboden zu setzen und die Füße/Schuhe einfach übereinander zu stapeln. Der Trainer lässt hier durchaus Zeit für Diskussionen, bevor wieder eine Sequenz weiter gespielt wird! Die Gruppen sollen ja die Lösung finden. Manchen Gruppen fällt keine Lösung ein und sie fragen sich, ob die Aufgabe überhaupt zu lösen ist. Hier ist es durchaus erlaubt, Tipps zu geben.

Auswertung des Energizers

Das vorrangigste Ziel der Auswertung ist zu verdeutlichen, wie wichtig es ist, Kontextveränderungen bewusst wahrzunehmen und diese in Bezug auf die eigenen Ziele zu reflektieren.

Der Trainer sollte die Teilnehmer daher fragen:

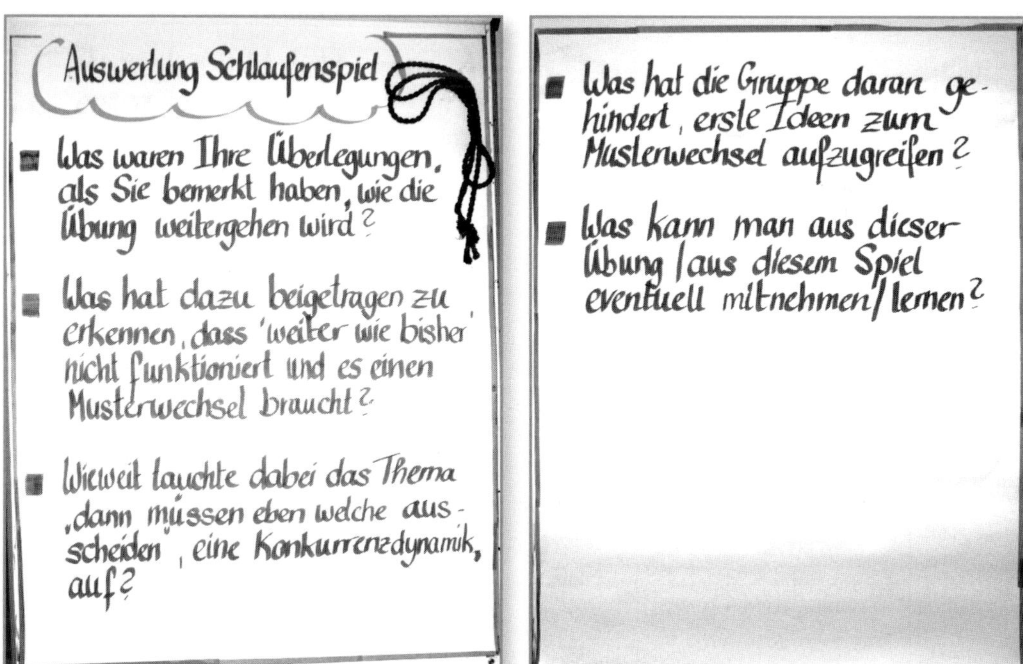

Abb. 1+2: Auswertung Schlaufenspiel

Abschließend könnte er auch überleiten zum nächsten Thema:

„... hier werden wir uns in das Thema Kontextentwicklungen weiter vertiefen und ein Modell betrachten, das diese Kontextentwicklungen in Bezug zu den Reaktionsmustern eines Systems setzt ...“

Quellen/Literaturempfehlungen

- Kriz & Nöbauer (1996): Teamkompetenz. Konzepte, Trainingsmethoden, Praxis. Göttingen: Vandenhoeck & Ruprecht.

Arbeit mit dem Impuls-Reaktions-Zeitstrahl

Orientierung

Ziele:

- Bewusstmachen der Reaktionsmuster von Systemen
- Zusammenhang zwischen Umfeldentwicklungen und relevanten Reaktionsmustern verdeutlichen

Zeit:

- 15-20 Minuten Intro
- Gruppenarbeit: 45 Minuten
- Präsentation & Diskussion gesamt: 30 Minuten

Material:

- 3 Moderationswände mit entsprechender Grafik
- Aufgabenstellung für die Gruppenarbeit

Überblick/Hinweise:

Wenn die Teilnehmer unterschiedliche Sichtweisen auf Themen haben, so kann dies sehr nützlich sein. Der Trainer ermutigt die Teilnehmer, unterschiedliche Sichtweisen deutlich zu machen.

Vorgehen

Diesmal steigt der Trainer sehr direkt ein.

„Wir haben jetzt sehr oft davon gesprochen, dass die Kontextfaktoren, in denen wir uns bewegen, von zentraler Bedeutung dafür sind, wieweit und ob wir uns ändern. Um diese Aussage faktisch zu hinterlegen, möchte ich gerne nun mit Ihnen das Change-Werkzeug ‚Impuls-Reaktions-Zeitstrahl' anschauen. Das Modell von Klaus Doppler und Christoph Lauterburg (2002) hilft uns, uns ein gemeinsames Bild von relevanten Umfeldentwicklungen zu verschaffen und skaliert entsprechende Reaktionsmuster von Systemen. Die Benennung „Impuls-Reaktions-Zeitstrahl" weist darauf hin, dass aus dem für ein Unternehmen relevanten Umfeld bestimmte Impulse, zum Beispiel innovative technische Entwicklungen auftauchen, dass die Unternehmen jedoch in unterschiedlicher Schnelligkeit, also unter dem Verstreichen von Zeit, auf diese Impulse mehr oder

weniger reagieren: die Reaktionsmuster reichen in diesem Modell von proaktiv bis inaktiv …

Um dies zu veranschaulichen, bitte ich Sie, gemeinsam mit mir zuerst die Umfeldbedingungen, die Umfeldentwicklungen, die für Ihr Unternehmen (alternativ beispielhaft für irgendein Unternehmen oder auch für viele Unternehmen) etwa in den vergangenen 10 Jahren relevant waren, zu sammeln … Dies kann sich zum Beispiel auf technische Entwicklungen, auf Anforderungen des Gesetzgebers oder auch Entwicklungen des Wettbewerbs beziehen. Dabei würde ich gerne einfach mal auf Zuruf sammeln, nicht diskutieren, aber gerne zum Verständnis nachfragen …"

Der Trainer notiert die Zurufe direkt auf das vorbereitete Bord. Wenn die Teilnehmer aus demselben Unternehmen kommen, ist dies besonders interessant. Es kann Erstaunen darüber entstehen, was andere Kollegen als einflussrelevant betrachten. Dies soll unbedingt besprochen, aber nicht zerredet werden. Diese unterschiedlichen Sichtweisen sind sehr anschaulich: Zeigen sie doch glasklar, dass es bezüglich der Einsicht „Notwendigkeit von Change" sehr unterschiedliche Perspektiven gibt und es vermutlich nicht möglich (und auch nicht nötig) ist, eine Wahrheit zu finden. Erreichbar kann eine „Synchronisation", ein annähernder Gleichklang sein; Unterschiedlichkeit als Mehrwert zu zeigen und zu nutzen, bleibt die Kunst in Veränderungsprozessen. Dies sollten die zentralen Erkenntnisse aus dem ersten Teil der Übung sein.

Wenn die Teilnehmer aus unterschiedlichen Unternehmen kommen, ist es notwendig, sich auf eine Branche zu fokussieren: Nur dann funktioniert auch der zweite Teil der Aufgabe. Als ergiebig haben sich die Branchen Energie oder Telekommunikation erwiesen.

Wenn dieser erste Teil der Aufgabe (das Sammeln relevanter Einflussfaktoren/Impulse) geschafft ist, wenden sich die Teilnehmer dem zweiten Teil zu: den Gruppenarbeiten. Hier arbeiten die Gruppen dann entweder an den Reaktionsmustern aus dem eigenen Unternehmen weiter oder wählen ein Unternehmen aus (siehe oben: EnBW/Telekom), anhand dessen sie reflektieren, welche Reaktionsmuster bei welchen Themen in den Unternehmen ihrer Wahrnehmung nach zutreffen. Als Intro für die Gruppenarbeit können auch unterschiedliche Beispiele aus unterschiedlichen Unternehmen gewählt werden.

„… Wir haben nun die Umfeldfaktoren gesammelt, die aus unserer Sicht in den vergangenen Jahren für diese Branche/unser Unternehmen bedeutsam und einflussnehmend waren. Jetzt möchte ich zum zweiten Teil dieses Tools kommen. Denn nun schauen wir auf die Reaktionsmuster,

mit denen das Unternehmen auf diese Entwicklungen reagiert beziehungsweise nicht reagiert hat. Diese Reaktionsmuster können wie folgt beschrieben werden: Proaktiv, das heißt, auf Trends und Entwicklungen des relevanten Umfelds hat dieses Unternehmen sehr frühzeitig reagiert, etwa indem es selbst als Trendsetter agiert. Das kann beispielsweise bei Produktinnovationen, bei Dienstleistungen oder auch internen Personalmaßnahmen der Fall gewesen sein. Welches Unternehmen mit welchen Produkten oder Dienstleistungen fällt Ihnen hier zum Beispiel ein ...? ... Antizipativ ..."

Hier sollte der Trainer unbedingt die Teilnehmer aktiv werden lassen, damit sich eine gemeinsame Vorstellung davon entwickelt, was unter den Begriffen proaktiv, antizipativ usw. verstanden werden kann. Dabei schreibt der Trainer nicht mit. Dieser Teil der Übung dient nur dem gemeinsamen Verständnis.

Bei proaktiven Strategien werden hier oft Apple mit seinen Produktinnovationen oder Google mit seinen Mitarbeiterbindungsstrategien herangezogen. Aber auch die Mikrokreditstrategie der Grameen-Bank kann als proaktiv eingeordnet werden. (Die Grameen-Bank wurde 1983 von dem Wirtschaftswissenschaftler Muhammad Yunus gegründet. Seine Beobachtungen zeigten, dass arme Menschen für ihren wirtschaftlichen Erfolg nur kleines Kapital brauchten, um Materialien oder Rohstoffe für ihr Handwerk zu erwerben. Da sie nur zu Wucherzinsen Kredite bekamen, konnten sie sich nicht aus ihrer Armut befreien. Yunus entwickelte ein System, Mikrokredite zu verleihen, bei dem sich zeigte, dass 98% der vergebenen Kredite wieder zurückgezahlt werden. Das Konzept der Bank wird heute in 60 Entwicklungsländern angewandt – mehr dazu auf wikipedia.)

Bei antizipativen Strategien könnte der Otto-Versand mit seinen Online-Shops benannt werden. Quelle etc. kann man dann im Gegensatz hierzu als inaktiv bezeichnen. Bei responsiven Strategien kommt oft Lufthansa als Beispiel bzgl. der strategischen Ausrichtung mit seinen Tochtergesellschaften – und bei reaktiven Strategien etwa das Beispiel Swissair. Bei inaktiven oder inexistenten Strategien wird zum Beispiel Kodak, Palm (Produktstrategien) oder auch Nokia benannt. Bei der Facette revolutionär könnte man wieder Apple zitieren: Als Steve Jobs 1985 das Unternehmen verließ, dümpelte es elf Jahre vor sich hin, bis Steve Jobs 1996 zurückkehrte und das Unternehmen erneut zu wirtschaftlichen Spitzenerfolgen führte.

Im Anschluss bittet der Trainer die Teilnehmer (in zwei Gruppen), nun in Bezug auf ihr Unternehmen, ihren Bereich oder die zuvor analysierte Branche und ein entsprechendes Unternehmen Beispiele zu finden, die die jeweiligen Reaktionsmuster beschreiben (wiederum von Produktinnovationen bis hin zu Marketingmaßnahmen). Die Gruppen können das im Plenum begonnene Chart (die Sammlung der wichtigsten Umfeldbedingungen/Impulse aus Teil 1) nutzen. Die Gruppe 2 müsste die Einflussfaktoren übertragen oder ein ganz neues anfertigen.

Hier eine Beispielfrage (siehe unten), an der die Personalentwicklungsabteilung eines Unternehmens arbeitete:

- Schritt 1: Welches sind die wesentlichen Entwicklungen/die Herausforderungen, mit denen unsere internen Kunden in den vergangenen Jahren konfrontiert waren/was hat sich hier verändert?
- Schritt 2: Welches sind unsere Reaktionsmuster? In welchen Themenbereichen (von Produktentwicklung über Service- oder Marketingideen bis hin zur Mitarbeiterentwicklung)? Wo waren wir ...?

Auch an dieser Stelle sollte der Trainer wieder darauf hinweisen, dass unterschiedliche Sichtweisen nicht ausdiskutiert werden müssen, sondern einfach nebeneinander stehen bleiben können. Anschließend sollte die generelle Instruktion auf vorbereitetem Flipchart für jeden Teilnehmer sichtbar im Raum stehen.

Arbeitsblatt für die Gruppenarbeit

Schritt 1

Bitte sammeln Sie die Umfeldsignale des für Sie relevanten Wirkungsumfelds der vergangenen (3-5) Jahre ...

Schritt 2

- Bitte finden Sie nun konkrete Beispiele aus Ihrem Unternehmen, bei denen Ihr Unternehmen die aufgeführten Reaktionsmuster (von Produktentwicklung über Service- oder Marketingideen bis hin zur Mitarbeiterentwicklung) gezeigt hat. Halten Sie diese auf der Moderationswand fest.
- Wenn Sie unterschiedliche Sichtweisen zur Einschätzung haben, bitte einfach visualisieren.
- Bitte ziehen Sie ein abschließendes Fazit zu den von Ihnen gefundenen Ergebnissen nach dem Motto: „Was sagen unsere

Beispiele über die Veränderungsbereitschaft unseres Unternehmens/des betreffenden Unternehmens aus?" Halten Sie auch dieses schriftlich fest.

Arbeitszeit gesamt: 45 Minuten
Präsentationszeit gesamt: 5 Minuten

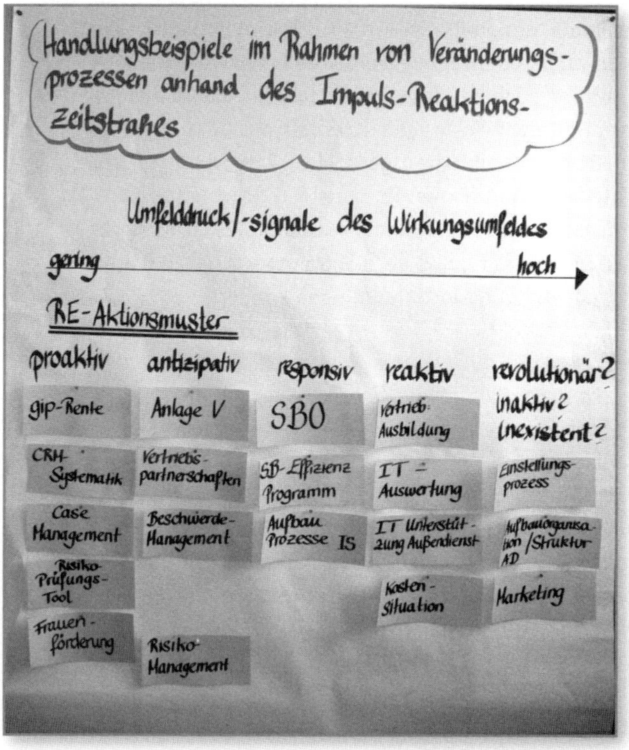

Abb.: Beispiel einer Darstellung anhand des Impuls-Reaktions-Zeitstrahls

Debriefing

Gerade aus dem Fazit zur Gruppenarbeit kann sich bei Teilnehmern aus einem Unternehmen eine intensive Diskussion ergeben. Beispielsweise können die Teilnehmer feststellen, dass beim Thema Produktinnovationen das Unternehmen in den vergangenen Jahren seine führende

Position stets gehalten hat, dass aber auf bestimmte Entwicklungen des relevanten Marktes nicht reagiert wurde (z.B. wachsendes Selbstbewusstsein und steigende Informiertheit der Verbraucher) oder dass gesellschaftliche Entwicklungen in der Unternehmenskultur nicht aufgegriffen wurden (beispielsweise wachsender Anspruch der Mitarbeiter an Führung etwa in Bezug auf Sinnstiftung). Damit kommen bestimmte Impulse zur Veränderung (um im Beispiel zu bleiben: etwa zur Produktentwicklung) aus eingeübten professionellen Organisationsroutinen, andere wiederum erfordern radikaleren und umfassenderen Wandel (vgl. F. Boos & B. Heitger, 2009). Dies bedeutet, dass, obwohl bestimmten Entwicklungen des Marktes auf Produktseite klar Rechnung getragen wurde, ein großer Bedarf an internen Verhaltensänderungen gegeben sein kann und umgekehrt. Im ersten Fall sprechen verschiedene Autoren auch von Translation: Der Change produziert Variationen bzw. Weiterentwicklungen innerhalb des Gewohnten (vgl. Professio 2013) oder anders ausgedrückt, „Entwicklungen auf der grünen Schleife" (vgl. A. Exner, H. Exner & G. Hochreiter, 2009) versus Transformationen, die den Rahmen des Gewohnten verlassen. Dieses kann der Trainer als Fazit je nachdem, was von den Teilnehmern kommt, zusammenfassen und fortfahren:

„Je nach Umfelddruck und auch daraus ableitbarem Bedarf an internen Veränderungen, kann vom Unternehmen bzw. seinen Mitarbeitern ein insgesamt mehr oder weniger großer bis extremer bis geringer Veränderungsbedarf gefordert sein ... Wenngleich ein hoher Veränderungsbedarf bezüglich des Umfelddrucks nicht zwingend mit einem hohen Bedarf an Einstellungs- und Verhaltensänderung einhergehen muss. Wieweit dies für unterschiedlichste Unternehmen in welcher Form zutrifft, dies würde ich gerne als Nächstes mit Ihnen anhand des sogenannten Change-Portfolios diskutieren ..."

Quellen/Literaturempfehlungen

- Boos, F. & Heitger, B. (2009). Veränderung – systemisch: Management des Wandels. Praxis, Konzepte und Zukunft. Stuttgart: Schaeffer-Poeschel-Verlag.
- Exner, A., Exner, H. & Hochreiter, G. (2009). Selbststeuerung von Unternehmen. Ein Handbuch für Manager und Führungskräfte. München: Campus Verlag.
- www.professio.de (2013).

Sich wandeln oder gewandelt werden: Blick auf das Change-Portfolio

Orientierung

Ziele:

- Darstellen, wie verschiedene Strategien des Change-Managements entwickelt werden können
- Sichtbar machen, dass natürlich trotzdem unterschiedliche Einschätzungen bzgl. der Notwendigkeiten von Veränderungen existieren (hier bei uns im Seminar möglicherweise aufgrund mangelnder Informationen, aber auch, wenn es unterschiedliche Gewichtungen von Wahrnehmungen und Informationen bei verschiedensten Stakeholdern gibt – siehe unsere Wahrnehmungsexperimente)

Zeit:

- 15-30 Minuten Erläuterung
- 30 Minuten Klassifikation von Veränderungsvorhaben verschiedener Unternehmen und vergleichende Gesamtpositionierung des eigenen Unternehmens

Material:

- Vorbereitete Moderationswand
- Moderationskarten mit der Aufschrift „Apple“ und weiteren Firmennamen
- Stifte

Überblick/Hinweise:

Gerade wenn man verschiedenste Unternehmen hinsichtlich notwendiger Change-Strategien plaziert, wird es sicher unterschiedlichste Einschätzungen bei den Teilnehmern bezüglicher dieser Strategien geben. Hier muss keine gemeinsame Sichtweise gefunden werden (siehe oben). Gegebenenfalls einfach zwei Kärtchen für das gleiche Unternehmen plazieren: Motto „von bis“ ...

Vorgehen

Anhand der vorbereiteten Moderationswand erklärt der Trainer das Modell des Change-Portfolios.

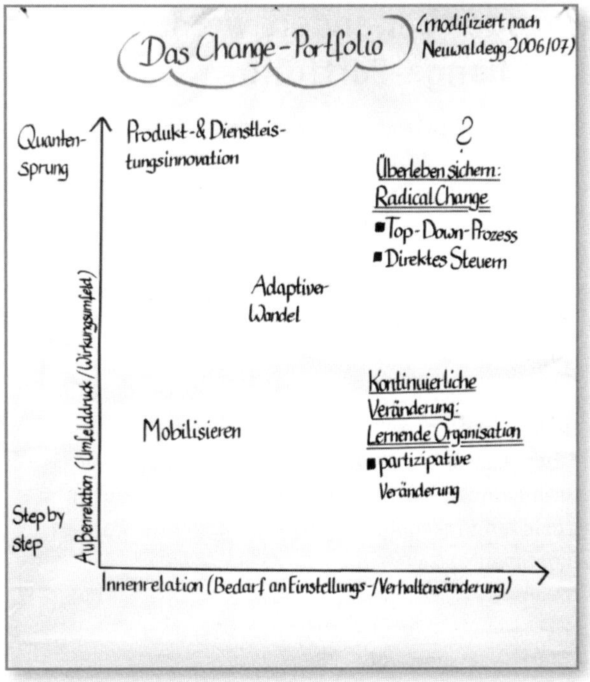

Abb.: Das Change-Portfolio

„In diesem Modell, dem sogenannten Change-Portfolio, bilden diese beiden Achsen eine Matrix, bei der die Einschätzung der Relationen von Außen- zu Innendruck einen Vorschlag für eine Change-Strategie liefert …

Den Umfelddruck des relevanten Wirkungsumfelds, mit dem wir uns vorher vertieft befasst haben, sehen Sie hier auf der vertikalen Achse aufgetragen: In diesem Modell (an der Moderationswand zeigen) *spricht man beispielsweise von einer mehr oder weniger ausgeprägten ‚Step by Step'-Strategie des Change, wenn in der Außenrelation der Druck des Wirkungsumfelds eher gering und in Bezug auf die Innenrelation eine Passung der Einstellungen bzw. Verhaltensweisen gegeben ist: Ein Mobilisieren, man könnte auch sagen, die Aufmerksamkeit der Mitarbeiter immer wieder auf bestimmte Themen fokussieren, wird als angemessene Strategie gesehen …*

Bei hohem Umfelddruck und ebenfalls einer guten Passung der Innenrelation spricht man von einer notwendigen Strategie des ‚Quantensprungs'. Solch ein Quantensprung kann jedoch durchaus im Rahmen von ‚gewohnten Verhaltensmustern' stattfinden. Etwa, wenn ein Unternehmen wie Apple immer wieder wegweisende Produkte hervorbringen muss, um zu überleben (hier auf den Punkt im oberen linken Quadranten ‚Produkt- und Dienstleistungsinnovationen...' hinweisen), *das Unternehmen jedoch mit relativ beständigen Verhaltensmustern auf diese Situation reagieren kann. Ein hoher Veränderungsbedarf bezüglich des Umfelddrucks muss also nicht zwingend mit einem hohen Veränderungsbedarf an Einstellungs- und Verhaltensänderung einhergehen: Variationen bzw. Weiterentwicklungen, auch wenn diese unter enormem Druck hervorgebracht werden müssen, bleiben in diesem Beispiel innerhalb des Gewohnten. Das Unternehmen muss, ob mit Produktinnovationen oder kreativen Dienstleistungsstrategien, sich fortlaufend den enormen Anforderungen des Marktes stellen ...*

Wenn der Druck des Wirkungsumfelds relativ gering, aber der Bedarf an Einstellungs- bzw. Verhaltensänderung hoch ist, wäre eine geeignete Strategie die des kontinuierlichen Lernens. Als Beispiel könnten wir hier die Schufa AG (Bonitätsauskunft) wählen. Der Markt selbst erzeugt keinen hohen Veränderungsdruck, gleichwohl könnte man anhand der nach außen immer wieder durchdringenden Friktionen die Hypothese entwickeln, dass intern Einstellungsänderungen notwendig sind.

Das rechte obere Feld des Change-Portfolio dominiert ein Fragezeichen: Dieses steht für hohen Bedarf an Einstellungsänderung bezüglich der Innenrelation sowie des großen Drucks des relevanten Wirkungsumfelds und weist darauf hin, dass es fraglich ist, ob eine geeignete Strategie gefunden werden kann, die das Überleben des Unternehmens sichern wird. Ein sogenannter ‚Radical Change' ist erforderlich, den ein direktives Steuern im Rahmen eines Top-down-Prozesses kennzeichnet ...

Selbstverständlich ist es notwendig, bevor eine Konsequenzen auslösende Positionierung eines Geschäftsbereiches oder Unternehmens in diesem Change-Portfolio vorgenommen wird, umfassende Analysen bezüglich der Innen- und Außenrelationen durchzuführen, zum Beispiel auch, um die Blickwinkel der Beteiligten zu synchronisieren. Das würde ich aber im Rahmen unseres Trainings jetzt nicht tun wollen.

Stattdessen werden wir abschließend ein wenig mit diesem Thema ‚Welche Art von Change-Strategie benötigt das Unternehmen' experimentieren ... Zu diesem Zweck bitte ich Sie, mir einige Unternehmen zu nennen, bei denen wir hier eine gemeinsame Positionierung versuchen könnten ...“

Die Plenumsarbeit macht den Teilnehmern gewöhnlich einerseits Spaß, andererseits können sie das Ausloten der möglichen und notwendigen Strategien des Wandels noch mal gut verständlich ausprobieren. Sie entwickeln Erkenntnisse, dass es eben auch unterschiedliche Sichtweisen und Erfahrungen bezüglich der notwendigen Handlungsstrategien gibt, je nachdem, aus welcher „Entfernung" und aus welchen Positionen man das jeweilige Unternehmen einschätzt. Wenn es passt, kann der Trainer abschließend noch mal eine Gesamtpositionierung des „eigenen" Unternehmens bzw. verschiedene Positionierungen vornehmen und diskutieren lassen.

SMARTIE

Um die beiden Methoden (Impuls-Reaktions-Zeitstrahl und Change-Portfolio) nachhaltig zu verankern, ist es in jedem Fall sinnvoll, noch ein SMARTIE dazu anzufertigen. Dieses dauert etwa 10-20 Minuten (zum SMARTIE s. Seite 45).

Zur Abrundung bis dahin eignet sich erfahrungsgemäß der kurze Film von Apple sehr gut:
www.youtube.com/watch?v=e5LH78Vy5Ck

Dies kann vor oder nach einer Pause geschehen und leitet gut zum Abschluss des ersten Tages über.

Meine persönliche Change-Strategie

Orientierung

Ziele:

- Nochmals bewusst machen, dass Veränderungsbedarf vor allem in Zusammenhang mit Kontextentwicklungen gesehen werden muss
- Sich nochmals die Haupterkenntnisse zum Tag vor Augen führen
- Eine persönliche Strategie entwickeln, wie man sich fit und agil für notwendigen Change halten kann

Zeit:

- 30 Minuten (Gruppenarbeit/kleine Gruppen, z.B. zu jeweils 4 Personen)
- 3 Minuten für die Präsentation pro Gruppe (gesamt ca. 10 Minuten)

Material:

- Vorbereitete Moderationswand
- Stifte

Überblick/Hinweise:

Diese Arbeit dient vor allem der persönlichen Vertiefung und Verdichtung von Inhalten; eine Diskussion bei der Präsentation ist nicht notwendig, nur positive Würdigung.

Vorgehen

Ein Fazit, das nun meist sehr klar im Raum steht und mit dem der Trainer das vorletzte Modul des Tages einläuten kann, lautet:

„Es scheint so: Wer immer der Gleiche sein will, ob als Unternehmen oder als Mensch, muss sich wandeln ... Wer erfolgreich bleiben will, muss sich den Kontextentwicklungen stellen. Wer keine bösen Überraschungen erleben will, muss ‚die kleinen Zeichen am Wegesrand' lesen, antizipativ sein ..., sich wandeln oder gewandelt werden, das scheint die zentrale Frage. Daher werden wir uns zum Ende des ersten Tages hin noch mal die ‚Big Five'-Erkenntnisse zum Thema Veränderungen vor Augen führen:

1. *Das größte Zeitfenster des Gestaltens öffnet sich zu Beginn einer Wirkungstendenz! Noch mal die Frage – Weswegen ist das so?* (Der Trainer stellt die folgenden Fragen zu den Punkten 1-5 rhetorisch, das heißt, sie werden in Teilen durch ihn selbst beantwortet) – *‚Handle stets so, dass die Anzahl der Wahlmöglichkeiten größer wird!', sagte Heinz von Förster (1973), einer der Systemiker des vergangenen Jahrhunderts. Wenn uns unser Gestaltungsspielraum und unsere Freiheitsgrade wichtig sind und wir diese möglichst ausdehnen wollen, sollten wir die für unsere Vorhaben und Ziele relevanten Kriterien auf seismische Bewegungen hin beobachten ...*
2. *Menschen reagieren höchst unterschiedlich auf Veränderungen ... Woran kann das liegen? Zum Beispiel an bisherigen Veränderungserfahrungen. Wenn man bereits viermal umgezogen ist, wird der nächste Umzug schon fast zur Routine ... Woran noch?*
3. *Den meisten Menschen fällt es deutlich leichter, mit selbstinitiierten Veränderungsprozessen umzugehen, als mit fremdinitiierten ... Woran kann das liegen? ... Unter anderem daran, dass man sich aus diesen Veränderungen positive Entwicklungen erwartet, beispielsweise bei Hochzeit, Elternschaft, Jobwechsel. Die ‚Sinn-Währung', also das, was erwartet wird, stimmt im Auge des Betrachters.*
4. *Es fällt uns deutlich schwerer, mit von anderen initiierten Veränderungsprozessen konstruktiv umzugehen. Woran liegt das? ... Weil persönliche Freiheitsgrade hier oft eingeschränkt werden, weil es Erfahrungen gibt, dass diese von anderen initiierten Veränderungen häufig mit Schwierigkeiten und Schmerzen verbunden waren, beispielsweise bei Trennung, Kündigung, Umstrukturierung, aber auch beim Tod eines nahestehenden Menschen. Umso mehr brauchen wir überzeugende Notwendigkeiten und Sinnstiftung – denken Sie an unsere Veränderungsformel.*
5. *Menschen ertragen nur eine begrenzte Anzahl von Veränderungen, Herausforderungen und offenen Zyklen (vgl. T. H. Holmes & R. H. Rahe, 1967).*

Um diese Erkenntnisse für sich persönlich zu nutzen und zu verankern, möchte ich nun zum Abschluss des Tages bitten, sich die folgenden drei Fragen unter dem Motto ‚Meine persönliche Change-Strategie' zu beantworten:

- *Wie kann es sein, dass Menschen bzw. Unternehmen wichtige Zeichen und Signale des relevanten Wirkungsumfelds übersehen?*
- *Wie kann ich Veränderungsbedarf für mich, für meinen Aufgabenbereich erkennen bzw. mich dafür sensibilisieren? Was muss ich hier beobachten?*

- *Was kann ich tun, um zu erkennen, wo die angemessene Balance zwischen verändern und bewahren liegt?*

Bitte packen Sie dies nun in einer Gruppenarbeit an (30 Min.). Halten Sie Ihre individuellen persönlichen Erkenntnisse zum Beispiel in einer Mind Map fest und präsentieren Sie die Ergebnisse abschließend. Für die Präsentation haben Sie pro Gruppe drei Minuten."

Abb: Meine persönliche Change-Strategie

Alternativ könnte man das auch in Einzelarbeiten machen lassen. Aber erfahrungsgemäß wirkt die Übung als Gruppenarbeit intensiver. Nach der Präsentation sollte der Trainer die Ergebnisse würdigen und dann den Tag abschließen. Er weist darauf hin, dass man zu Beginn des zweiten Tages (morgen früh) einen ausführlichen Rückblick auf den heutigen werfen wird und dass dann die Gelegenheit besteht, zurückzumelden, was heute gut gepasst hat, was eventuell weniger und welche Fragen gegebenenfalls noch aufgetaucht sind:

„Spüren Sie genau in sich hinein, was heute noch in Ihnen ‚nachdieselt' … Heute machen wir nur noch einen blitzschnellen Abschluss …"

Quellen/Literaturempfehlungen

- Holmes, T. H. & Rahe, R. H. (1967). The social readjustment rating scale.

Streichholz-Blitzlicht

Orientierung

Ziele:

Schnelle Bündelung von Eindrücken und Feedback zum Zwecke der Evaluation während oder zum Abschluss/zur Abrundung einer Arbeitsphase/eines Seminartages

Zeit:

Etwa 30 Sekunden pro Teilnehmer

Material:

- 1 bis 2 Schachteln Streichhölzer (ein Zündholz pro Person)
- Untertasse oder anderes nicht brennbares Gefäß
- Ein mit Wasser gefülltes Glas

Überblick/Hinweise:

- Jeder Teilnehmer brennt ein Streichholz ab und gibt Feedback, solange das Streichholz brennt.
- Mögliche Blitzlichtabfragen:
  - Ein Satz zum ersten Seminartag...
- Alternativ:
  - Wie es mir jetzt geht
- Bitte unbedingt die Zeiteinhaltung (mit einem Schmunzeln) durchsetzen, auch wenn das Streichholz blitzschnell abgebrannt ist. Sonst wirkt es demotivierend.

Vorgehen

Die Teilnehmer bilden einen Sitzkreis, in dem eine Schachtel Streichhölzer sowie ein Wasserglas herumgehen. Wer die Schachtel hat, entzündet ein Streichholz und gibt Feedback, solange das Streichholz brennt. Sobald das Streichholz erlischt (oder der Teilnehmer es in das Wasserglas gibt, um sich nicht die Finger zu verbrennen), gibt der Teilnehmer die Schachtel (und damit das Wort) weiter.

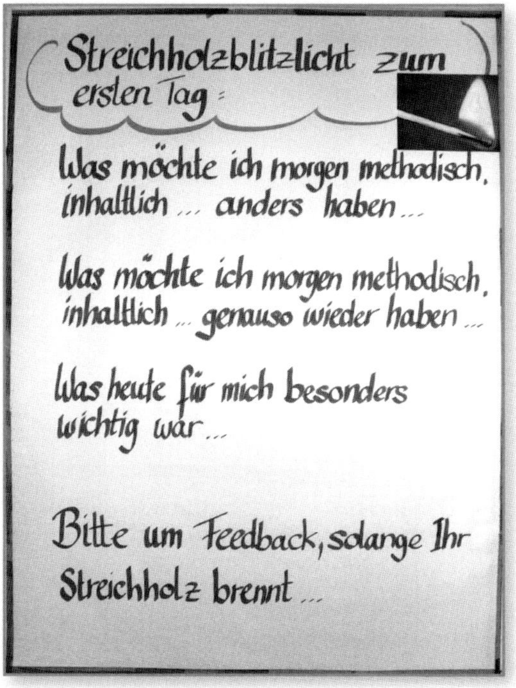

Abb.: Streichholz-Blitzlicht zum ersten Tag

Das Streichholz-Blitzlicht ist gut anwendbar, wenn nur wenig Zeit vorhanden ist bzw. verbraucht werden soll. Dieses Abschlussinstrument dient vor allem der Abrundung des Tages.

Inhalte

Thema/Übung	Dauer	Uhrzeit	Seite
Das glaube, wer will Rückblick Agenda 1. Tag und Ausblick Agenda 2. Tag	15 Min. 10 Min.	9.00 bis 9.25 Uhr	76 81
Planspiel Solarflight AG	95 Min.	9.25 bis 11.00 Uhr	82
Pause	15 Min.	11.00 bis 11.15 Uhr	
Auswertung des Planspiels	45 Min.	11.15 bis 12.00 Uhr	98
Wandel garantiert Widerstand	30 Min. Intro 30 Min. Gruppenarbeit	12.00 bis 13.00 Uhr	101
Mittagspause	60 Min.	13.00 bis 14.00 Uhr	

Der zweite Seminartag

Energizer: Tanz der Kommunikation	30 Min.	14.00 bis 14.30 Uhr	105
Wandel garantiert Widerstand: Präsentation der Gruppenarbeiten und Diskussion	30 Min.	14.30 bis 15.00 Uhr	107
Der Sanddünen-Effekt im Change-Management: 8 Regeln für den totalen Stillstand des Unternehmens und ... Präsentation und Diskussion des Sanddünen-Effekts	10 Min. 35 Min.	15.00 bis 15.45 Uhr	110
Pause	15 Min.	15.45 bis 16.00 Uhr	
Erfolgsfaktoren für gelingende Veränderungsprozesse: Gruppenarbeiten, Präsentation, Diskussion und Checkliste SMARTIE	45 Min.	16.00 bis 16.45 Uhr	115
Energizer: Autogrammjäger	20 Min.	16.45 bis 17.05 Uhr	120
Die Klima-Kurve im Veränderungsprozess: Präsentation, Bodenarbeit und Diskussion	35 Min.	17.05 bis 17.40 Uhr	123
SMARTIE zum Thema „Klima-Kurve im Veränderungsprozess"	10 Min.	17.40 bis 17.50 Uhr	126
Abschluss-Blitzlicht: Bodenarbeit	10 Min.	17.50 bis 18.00 Uhr	127
Ende des Tages		18.00 Uhr	

Einstieg in den zweiten Seminartag: Das glaube, wer will

Orientierung

Ziele:

- Einstimmen auf den Tag
- Hervorheben, was viele „kluge Sprüche" (oder auch Bauernregeln) sind: Glaubenssätze
- Nochmals verdeutlichen, wie Glaubenssätze wirken: Von der Priming-Forschung erzählen
- Teilnehmer für die Wirkung von Annahmen weiter sensibilisieren
- ... und mit der Orientierung für den Tag (Nachlese, Agenda, bearbeitete Themen) abrunden

Zeit:

15 Minuten

Material:

Guten-Morgen-Kärtchen mit Sprüchen vorbereiten, analog Teilnehmer-Zahl

Überblick/Hinweise:

Die Teilnehmer lesen ihre Sprüche vor, man kann als Trainer weiter nachfragen nach dem Motto „Und könnte das Ihr Spruch des Tages sein?", „Warum (nicht)?" – Meistens macht das den Teilnehmern viel Spaß – man kann auch nach alternativen (persönlichen) Sprüchen für den Tag fragen ...

Der Trainer verteilt auf den Plätzen der Teilnehmer „Guten-Morgen-Kärtchen" mit Change-Sprüchen.

In die Mitte des Raums legt er weitere Kärtchen aus.

Hier eine Auswahl an Change-Sprüchen:

Abb.: Change-Zitate

Hochrechnungen sagen die Zukunft voraus, sofern alles beim Alten bleibt.
Alexander Eilers

Wer nur zurückschaut, kann nicht sehen, was auf ihn zukommt.
Konfuzius

Leider erscheint uns die Idee, jemand anderen zu verändern, viel faszinierender, als an uns selbst zu arbeiten.
Unbekannter Autor

Verhalten ändern ist ganz einfach, zum Beispiel sich das Rauchen abzugewöhnen ist gar kein Problem, das mache ich jeden Abend.
Mark Twain

Be the change you want to see in the world.
Mahatma Gandhi

Um klar zu sehen, genügt oft ein Wechsel der Blickrichtung.
Antoine de Saint-Exupéry

Erfahrung ist ein Leuchtturm, der den Weg weist, kein Liegeplatz, an dem man festmacht.
Unbekannter Autor

Viele kleine Leute an vielen kleinen Orten, die viele kleine Schritte tun, können das Gesicht der Welt verändern.
Stefan Zweig

Keine Armee der Welt kann eine Idee aufhalten deren Zeit gekommen ist.
Victor Hugo

Das Match wird zwischen den Ohren gewonnen.
Boris Becker

Nun führt der Trainer in den zweiten Tag ein:

„Heute möchte ich in den Tag mit einem kleinen Experiment einsteigen und richte daher folgende Frage an Sie: Wer von Ihnen glaubt, dass er ein Glückspilz ist? Bitte heben Sie kurz die Hand ...“ Meistens tun das einige Teilnehmer. Dann sollte der Trainer nachfragen und die Teilnehmer erzählen lassen: *„Woran konkret machen Sie das zum Beispiel fest? ... Und wer von Ihnen glaubt, dass er – möglicherweise in jüngster Zeit – eher ein Pechvogel war? Und woran konkret machen Sie das fest? ...“*

Wenn die Teilnehmer über sich erzählt haben, berichtet der Trainer von dem Experiment von Professor Richard Wiseman:

„Richard Wiseman, ein Glücksforscher der Universität Hertfordshire in England, führte 2004 folgendes Experiment durch: Er schaltete in einer Tageszeitung eine Anzeige, in der er Leser dazu aufforderte, sich bei ihm zu melden, wenn sie sich a) entweder für außergewöhnlich glücklich oder b) für außergewöhnlich unglücklich hielten. Zugleich hatte er in der gleichen Zeitung noch eine weitere Anzeige platziert, die darauf hinwies, dass, wer an seinem Experiment teilnahm, 200 Pfund bekommen könne. Der Forscher fand Folgendes heraus: Über 80% der Leser, die sich als außergewöhnlich glücklich bezeichneten, hatten auch die zweite Anzeige gesehen und forderten die Geldsumme bei ihm ein. Dagegen hatten lediglich knapp 20% der Leser, die sich für außerordentlich unglücklich hielten, die zweite Anzeige ebenfalls gesehen (brand eins Wirtschaftsmagazin, 2008, Heft 12)*! Was kann man aus dem Ergebnis dieser Studie schließen?“*

Die Teilnehmer werden gebeten, Schlüsse zu ziehen. Der Trainer rundet das Thema in der folgenden Art ab:

„Wir werden vermutlich Chancen nur sehen, wenn wir auch generell glauben, dass es sie gibt. Deswegen sollten wir uns selbst immer wieder auf unsere Glaubenssätze hinweisen und uns immer wieder bezüglich unserer eigenen Glaubenssätze sensibilisieren. Es kann eine gewaltige Einschränkung in unseren Glaubenssätzen liegen, die dazu führt, dass wir Ergebnisse, die wir erreichen könnten, nicht erreichen werden. Es ist also wichtig, sich zu überlegen, ob man sich mit Glaubenssätzen selbst Scheuklappen aufsetzen oder den eigenen Horizont erweitern will. Sie entscheiden, was Sie glauben wollen ...! Entscheiden Sie zu glauben, was Sie voranbringt ... (Jetzt mit einem Zwinkern weiterarbeiten) *Auf den Rückseiten Ihrer Guten-Morgen-Kärtchen finden Sie verschiedenste Glaubenssätze, eine Art Kalenderspruch oder Glückskeks-Regel. Sie können*

den nun glauben oder ihn durch einen anderen, der Ihnen besser gefällt, austauschen ...“

Viele Teilnehmer haben dann auch Lust, ihren Change-Spruch vorzulesen, das liefert eine gute Einstimmung zum Thema und zum Tag. Der Trainer kann auch noch fragen, ob die Teilnehmer selbst Lieblingssprüche haben und was diese für sie bedeuten.

Anschließend startet der Trainer mit Blick auf die Agenda den Rückblick auf den vorangegangenen Tag. Er nimmt Bezug zu etwaigen Aussagen aus dem Abschluss-Blitzlicht des ersten Tages und fragt nach, was er beibehalten, was er eventuell ändern soll und wo noch Fragen aufgetaucht sind und geht auf dies alles ein. Wer mag, kann diese Fragen auch auf Flipchart visualisieren. Man kann dieses Feedback systematisch machen oder auch nur die Teilnehmer zu Wort kommen lassen, die möchten...

Der Trainer kann auch auf die mitgebrachten Themenwünsche und Fragen der Teilnehmer schauen (siehe erster Tag morgens) und einen Haken an die Aspekte setzen, die bereits bearbeitet wurden. Sich dafür selbstverständlich immer das Okay der Teilnehmer einholen ...

Dann mithilfe der Agenda einen Ausblick auf den aktuellen Tag geben. Ist dies geschehen, leitet der Trainer zum Planspiel Solarflight AG über.

Quellen/Literaturempfehlungen

- Wiseman, R. in: brand eins Wirtschaftsmagazin, 2008, Heft 12.

Planspiel Solarflight AG

Orientierung

Ziele:

- Spielerisch die Prozesse von Veränderungen erfahren
- Durch aktuelle persönliche Erfahrungen die wichtigsten Erkenntnisse zu Veränderungsprozessen sichtbar machen

Zeit:

95 Minuten

Material:

- Spielanleitung „Solarflight AG" und Material (siehe unten)
- Moderationswand
- Fotoapparat, um während des Planspiels Fotos von den Teilnehmern zu machen

Überblick/Hinweise:

Die Übung erscheint auf den ersten Blick relativ komplex; sie ist aber tatsächlich sehr einfach aufgebaut. Was vielen Teilnehmern sehr gut gefällt, ist, dass sie konkret etwas tun: nämlich Flugzeuge bauen/basteln.

Erläuterung

Das Planspiel Solarflight AG zielt auf die Simulierung von Prozessen der Zusammenarbeit. Dabei sollen insbesondere die Prozesse von Veränderungen spielerisch durchlebt werden, um durch die persönlichen Erfahrungen wichtige Erkenntnisse zu Veränderungsprozessen akut erfahrbar zu machen. Die Unterlagen zur Durchführung des Planspiels finden Sie auf den folgenden Seiten.

Eine Anmerkung: Das Planspiel habe ich in etwas anderer Form vor ca. 15 Jahren bei einer Veranstaltung des Berufsverbands Deutscher Psychologinnen und Psychologen (BDP) kennengelernt. Bereits damals war keine Quelle ausfindig zu machen. Seither nutzen wir das Planspiel und haben es systematisch weiterentwickelt. Sollte jemand Angaben zur Herkunft machen können, so bin ich sehr dankbar über entsprechende Informationen und nehme diese umgehend in unsere Unterlagen auf.

Planspiel „Solarflight AG" – Unterlagen für die Teilnehmer

Vorgehen

Allgemeine Beschreibung

Das Planspiel „Solarflight AG" zielt auf die Simulierung von Prozessen der Zusammenarbeit.

Bei der Übung arbeiten zwei Firmen zusammen:

- die Solarflight AG, welche solarbetriebene Flugzeuge herstellt und
- die Energie-Systems AG, ein Mischkonzern, welcher gerade die Solarflight AG erworben hat.

Zurzeit befindet sich ein Projektteam der Energie-Systems AG bei der Solarflight AG.

Die beiden Firmenleitungen sind übereingekommen, dass das Team der Energie-Systems AG den Produktionsprozess bei der Solarflight AG beobachtet und gegebenenfalls verbessern soll, indem es zum Beispiel neue Prozesse und Produktionsverfahren einführt. Das Projektteam der Energie-Systems AG hat Weisungsrecht.

Außerdem gibt es eine Firma „Set" (= Lieferant), die das Rohmaterial (Sets) für den Flugzeugbau verkauft. Diese Firma wird durch den Seminarleiter/Trainer verkörpert. Der Seminarleiter spielt auch gleichzeitig den derzeit wichtigsten Kunden (= die Regierung des Landes) des Unternehmens, welcher als erster Kunde vom Kleinserienproduzenten Solarflight AG eine ganze Staffel von Flugzeugen kaufen möchte.
Der Seminarleiter ist gleichzeitig auch Spielleiter: Er achtet auf die Einhaltung der Regeln, insbesondere der Zeitangaben.

Instruktion für die Mitglieder der Energie-Systems AG

Während der ersten 30 Minuten (Vorbereitungsphase B + C) ist es Ihre Aufgabe zu entscheiden, wie Sie nach der Produktionsphase I die Solarflight AG am besten beraten, um ihr zu helfen, den Gewinn in der Produktionsphase II zu steigern.

In den Phasen B + C dürfen Sie die Aktivitäten der Solarflight AG nur beobachten, nicht in deren Produktionsprozesse eingreifen, dort keine Fragen stellen oder Ähnliches.

Ansonsten können Sie sich als Mitglieder der Energie-Systems AG in Ihrer Vorbereitungsphase (B + C) beliebig organisieren und initiativ werden (z.B. Beobachter entsenden oder alle gemeinsam beobachten).

Auch in der Beratungsphase (Phase E im Planspiel) können Sie sich beliebig organisieren. Sie können alles initiieren, was nicht ausdrücklich verboten ist, wenn es Ihrer Meinung nach Erfolg versprechend ist: Sie können einen Berater benennen, welcher Informationen oder Vorschläge an die Solarflight AG weitergibt oder Sie können sich mit jedem einzelnen Mitglied der Solarflight AG auseinandersetzen.

In den Produktionsphasen I und II sind Sie jeweils nur Beobachter.

Instruktion für die Mitglieder der Solarflight AG

Ihre langjährigen und erfolgreichen Erfahrungen haben Ihnen einen neuen Großauftrag im Flugzeugbau mit Solarantriebstechnik von der Regierung Ihres Landes eingebracht, die ihre gesamte Flotte in einem bestimmten Bereich austauschen will. Bisher waren Ihre Aufträge im Bereich der Solarantriebstechnik häufig Sonderanfertigungen, für die Sie bekannt und anerkannt sind. Aktuell sind Ihre Auftragsbücher mit den Aufträgen der Regierung gut gefüllt und Sie können in den nächsten Monaten so viel wie möglich produzieren.

Ihre Konstrukteure haben für die Regierung ein kundenspezifisches Flugzeug entwickelt, das verschiedenen Qualitätskriterien genügen muss, die vorher zwischen den Geschäftspartnern vereinbart wurden.

Mitarbeiter der Solarflight AG müssen das Rohmaterial zu den in der Preistabelle angegebenen (bereits verhandelten) Preisen beim Hersteller „Set“ kaufen.

Ihr Gewinn errechnet sich (der Einfachheit halber in diesem Planspiel) aus den zu einem Stückpreis von 5 Millionen Euro an die Regierung verkauften Flugzeugen, abzüglich der Rohmaterialkosten.

Die Gruppe der Regierungsvertreter wird in jedem Fall nur komplette Flugzeuge, die ihren Qualitätskriterien genügen, kaufen. Überschüssiges Material aus der Produktionsphase C mindert Ihren Gewinn aus dieser Phase und kann erst wieder in der Produktionsphase II bearbeitet werden.

In der Vorbereitungsphase (Phase B) können die Solarflight-AG-Mitglieder in beliebiger Form initiativ werden beziehungsweise sich organisieren, um Kauf-, Produktions- und sonstige Entscheidungen zu treffen.

Während dieser Zeit stehen jedem Mitglied der Solarflight AG zwei kostenlose Rohmaterial-Sets zur Verfügung, um Produktionstechniken auszuprobieren und die Produktionsdauer abzuschätzen. Diese Bedingungen wurden mit Ihrem Rohmateriallieferanten ausgehandelt. Alle in dieser Pilotphase zur Verfügung gestellten

Sets werden vom Lieferanten wieder abgeholt und recycelt. Jedes zusätzlich benötigte Set muss gemäß der Preistabelle bezahlt werden.

Die Energie-Systems AG wird während Ihrer Vorbereitungsphase (Phase B) und Ihrer Produktionsphasen nicht in Ihre Prozesse eingreifen. Die Energie-Systems AG darf hier nur bei der Solarflight AG beobachten.

Wenn Sie entschieden haben, wie viele Rohmaterial-Sets Sie in Ihrer ersten Produktionsphase verarbeiten wollen, kaufen Sie das Rohmaterial in der Phase B bei der Firma „Set“ und tragen Sie die Anzahl der Sets in Ihre Gewinn-/Verlust-Tabelle ein.

Ablaufplan Solarflight AG

Phase	Tätigkeiten (Schwerpunkte)	Zeitrahmen
A	Alle verschaffen sich einen Überblick über die Übung: Lesen der Unterlagen	max.: 10 Minuten
B	Solarflight AG - verschafft sich die nötigen Informationen und bereitet sich auf die Produktion vor - organisiert ihren Management- und Produktionsprozess - baut Flugzeugmodelle (Prototypen) - kauft Rohmaterial (Sets) - ... Energie-Systems AG - entwickelt einen Berater-Plan - beobachtet die Aktivitäten der Solarflight AG - ...	max.: 25 Minuten
C	Solarflight AG - ist in Produktionsphase I Energie-Systems AG - setzt die Beobachtung fort	exakt 5 Minuten
D	Der Kunde bewertet und kauft Flugzeuge	max.: 10 Minuten
E	Beratungsphase: Die Energie-Systems AG beurteilt und berät die Solarflight AG bezüglich ihres Management- und Produktionsprozesses. Das Rohmaterial (Sets) für die Produktionsphase II muss gekauft werden.	max.: 25 Minuten
F	Solarflight AG - ist in Produktionsphase II Energie-Systems AG - setzt die Beobachtung fort	exakt 5 Minuten
G	Der Kunde bewertet und kauft Flugzeuge	max.: 10 Minuten
Die Gewinne aus Produktionsphase I und II werden verglichen.		

Gewinn-/Verlust-Tabelle Solarflight AG

	Produktionsphase I	**Produktionsphase II**
Anzahl der gekauften Sets		
Gesamtkosten		
Hergestellte Flugzeuge		
Verkaufte Flugzeuge		
Einnahmen		
Verhältnis hergestellte Flugzeuge/verkaufte Flugzeuge		
Unfertige Flugzeuge		
Gewinn/Verlust		
Gewinn/Verlust gesamt:		

Qualitätskontrolle

Folgende Qualitätskriterien wurden bisher während der Konstruktion der Flugzeuge im Rahmen der Verhandlungen zwischen dem Team der Solarflight AG und den Vertretern der Regierung ausgehandelt.

1) Das Flugzeug muss symmetrisch gebaut sein.
2) Die Flügelenden müssen so weit hochgeschlagen sein, dass die Solarzellen deutlich von oben sichtbar sind.
3) Die „Pilotenkabine“, auf der die meisten Solarzellen angebracht sind, muss deutlich ausgearbeitet und „aufgebläht“ sein.
4) Die beiden Flügel müssen auf gleicher Ebene liegen, d.h., die gesamte Tragfläche muss auf gleicher Ebene liegen.

Preistabelle: Material

Anzahl der gekauften Sets	Kosten pro Set in Euro
0 – 4	4.300.000
5 – 9	4.200.000
10 – 14	4.100.000
15 – 19	4.000.000
20 – 24	3.900.000
25 – 29	3.800.000
30 – 34	3.700.000
35 – 39	3.600.000
40 – 44	3.500.000
45 – 49	3.450.000
50 – 100	3.300.000
über 100	3.200.000

Instruktionshinweise für den Trainer

Vorzubereitende Materialien

- Planspielinstruktion entsprechend der Anzahl der Teilnehmer (alle Teilnehmer bekommen alle Instruktionen)
- Anleitungen zum Flugzeugbau analog der Anzahl der Teilnehmer
- genaue Uhr
- 100 kopierte Sets
- Notizblöcke und Schreibmaterial
- Moderationskarten oder Flipchart und Stifte

Vorbereitungen im Raum

Drei genügend weit auseinanderstehende Tische, sodass diese akustisch voneinander getrennt sind, mit Tischbeschriftung:

- Tisch 1: „Solarflight AG"
- Tisch 2: „Energie-Systems AG"
- Tisch 3: „Lieferant Sets" und „Kunde"

Tisch 1 und 2 können auch räumlich getrennt sein; der Tisch des Lieferanten/Kunden sollte im Raum der Solarflight AG sein.

Die Planspielinstruktionen bekommen alle Teilnehmer; sie können auf den Tischen ausliegen. Die Bauanleitungen liegen nur für das Team der Solarflight AG bereit. Wenn die Teammitglieder der Energie-Systems AG eine Bauanleitung haben wollen (was für ein operativer Eingriff!), dann bekommen sie diese. Allerdings keine Sets, denn das ist ja schließlich mit dem Lieferanten vereinbart (Kosten!). Manche Mitglieder der Energie-Systems AG lassen sich trotzdem nicht davon abhalten, selber zu bauen.

Teilnehmerzahl und Aufteilung der Rollen

Insgesamt können erfahrungsgemäß gut 16 Spieler an der Übung teilnehmen. Die minimale Anzahl liegt bei 10 Teilnehmern.

Die Teilnehmer können wie folgt auf die beiden AGs verteilt werden, die Rollen können dabei einfach per Spielkarten ausgelost werden:

Gesamtanzahl der Teilnehmer	Anzahl der Teilnehmer Solarflight AG	Anzahl der Teilnehmer Energie-Systems AG
10	7	3
11	8	3
12	8	4
13	9	4
14	10	4
15	11	4
16	11	5

Generelle Hinweise

Vor dem Start des Planspiels benennt der Trainer die Ziele, die mit dieser Übung erreicht werden sollen (Simulierung von Prozessen der Zusammenarbeit, Veränderungserfahrungen aktuell persönlich erleben und entsprechende Erkenntnisse gewinnen). Er weist darauf hin, dass das Planspiel insgesamt etwa 90 Minuten dauern wird.

Bei der Kopie der Sets ist darauf zu achten, dass die Sets grafisch betrachtet symmetrisch sind. Unsymmetrische Sets sind sehr schwer zu falten, weil die Teilnehmer sich an den grafischen Linien orientieren. Die Teilnehmer sind dann irritiert und beschweren sich beim Lieferanten. Die beste Antwort ist dann zu sagen, dass es auf den symmetrischen Bau ankommt. Ob die Linien (also die Solarzellen) etwas tiefer oder höher sitzen, ist dem Kunden (= Regierung) nicht wichtig. Es ist nicht die Grafik relevant, sondern die Symmetrie (übrigens auch nicht die Flugfähigkeit der Flugzeuge ;-)).

Der Seminarleiter ist gleichzeitig auch Spielleiter: Er muss strikt auf die Einhaltung der Regeln, insbesondere der Zeitangaben achten. Das Planspiel ist reich an Gruppendynamik, die, wenn darauf nicht geachtet wird, entgleiten kann.

Der Seminarleiter spielt gleichzeitig den derzeit wichtigsten Kunden des Unternehmens (= die Regierung des Landes), welcher keine Sonderanfertigungen (dafür ist Solarflight AG bekannt), sondern eine ganze Staffel von Flugzeugen kaufen möchte – und den Lieferanten.

In der Rolle des Lieferanten („Set"-Lieferant) ist darauf zu achten, dass keine weiteren Preisverhandlungen getroffen („das wurde bereits abgesprochen und Ihre Konstruktion hat äußerst harte Bedingungen verhandelt") und die Bedingungen klar eingehalten werden: Achtung:

die meisten Teams versuchen die Lieferanten ein wenig zu bemogeln und halten nicht verfaltete Sets zurück! Aber auch diese müssen eingesammelt werden. Sonst verschiebt sich das Gewinn-Verlust-Verhältnis zuungunsten der Spieldynamik!

Der Trainer sollte 100 Sets kopiert vorrätig haben, manche Teams sind hier erstaunlich optimistisch!

Die Kauf-Phase D

Diese Phase D ist eine sehr sensible Phase im Planspiel. Alle Teammitglieder der Solarflight AG wollen natürlich alle Flugzeuge verkaufen. In einigen Fällen sprechen die Teammitglieder nochmals vor dieser Phase mit dem Kunden (erlaubt ist, was nicht direkt verboten ist!) und befragen ihn, z.B. anhand eines konkreten Pilotflugzeugs, wieweit das Modell den Vorstellungen des Kunden entspricht. In der Rolle des Kunden kann der Trainer hier immer sehr ehrlich Antwort geben, allerdings ohne etwas zu sagen, was nicht ausdrücklich gefragt wurde. Meistens wird aber stillschweigend davon ausgegangen, dass die Qualitätsvereinbarungen ja stehen und damit alles klar ist. In der Kauf-Phase D ist es auch wichtig, sich als Kunde an diesen Qualitätsvorschriften zu orientieren, allerdings lassen diese generell noch viel Spielraum: Wie viele Zentimeter müssen die Flügelenden hochgeklappt sein? Müssen diese bei allen Flugzeugen gleich weit hochgeklappt sein? Was in der Beurteilung wichtig genommen werden sollte, ist die absolute Symmetrie (als Käufer die Flugzeuge wirklich in die Hand nehmen, die Tragflächen nach unten klappen und prüfen: Sind diese wirklich symmetrisch gebaut? Das Flugzeug auch von hinten hinsichtlich der Symmetrie der Tragflächen prüfen ...). Als Kunde sollte der Trainer durchaus ein wenig streng, aber in der Beurteilung unbedingt klar nachvollziehbar agieren. Für die Dynamik des Spiels wäre „einfach alles kaufen" nicht gut. Es sollte ja Verbesserungspotenzial in der zweiten Bauphase vorhanden sein. Natürlich dürfen Flugzeuge in der zweiten Bauphase nachgebessert werden, aber wirklich erst hier. Und Doppelknicke (= Verfaltungen) werden nicht akzeptiert. Die kann das Team zwar nachbessern, aber die Falze bleiben meist klar sichtbar.

Wie viele Flugzeuge eine z.B. zwölfköpfige Solarflight-AG-Mannschaft baut, ist nicht vorherzusagen: Manche sagen, hier gehen nur 12 Flugzeuge (was sich als eher unterfordernde Vorgabe herausstellt), andere meinen, sie schaffen 50 (was sauber gefaltet in der vorgegebenen Zeit nicht möglich ist).

Die Schlüsselsituation, the Moment of Truth, im Planspiel ist der Beginn der Phase E. Hier kommt das Projektteam der Energie-Systems

AG und „berät“ die Solarflight AG bezüglich ihres Management- und Produktionsprozesses. Diese „Beratung“ kann höchst unterschiedlich verlaufen und löst in vielen Fällen den „typischen“ Widerstand in Veränderungsprozessen aus.

Dies wird umso stärker zutage treten, je
- direktiver und autoritärer das Projektteam auftritt,
- weniger das Projektteam sich vorstellt und erklärt (Sinn stiftet),
- weniger das Projektteam die Gruppe der Solarflight AG mit einbezieht,
- weniger der natürliche Lernimpuls der Gruppe (der in dieser Phase immer sichtbar wird) genutzt wird,
- mehr alle Teammitglieder der Energie-Systems AG gemeinsam über das Team der Solarflight AG „herfallen“.

In manchen Planspielen haben die Teams der Solarflight AG auf zu autoritäres Eingreifen hin gestreikt. Andere Projektteams haben einzelne Mitarbeiter aus dem Solarflight AG-Team dann gekündigt. Solche Effekte sollte der Trainer unbedingt bei der Aufarbeitung der Erkenntnisse nutzen.

Anleitung zur Produktion von Solarflugzeugen

Die Produktion der Flugzeuge ist in 11 Schritte unterteilt. Nach jedem Produktionsschritt sollten Sie das Produkt mit der Abbildung vergleichen und erst bei Übereinstimmung mit der Produktion fortfahren.

1. Sie haben ein Blatt Papier (A5) erhalten, das eine weiße und eine bedruckte Seite hat. Legen Sie das Blatt nun exakt so, wie im Bild dargestellt, vor sich hin.

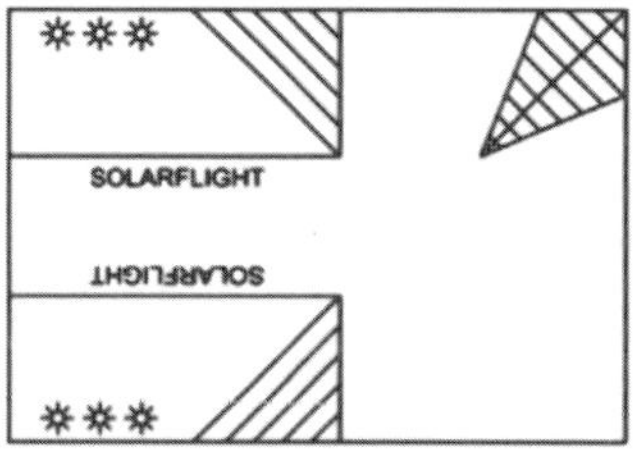

2. Drehen Sie die unbedruckte Seite nach oben. Der Schriftzug bleibt dabei auf der linken Seite.

3. Falten Sie die Ecke A nach B.

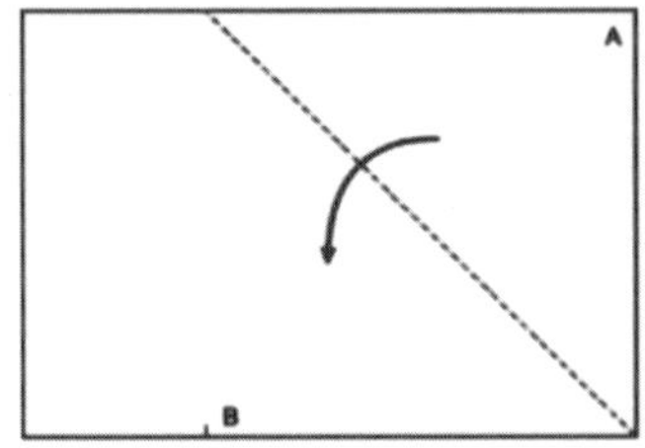

Das Produkt sollte nun so aussehen:

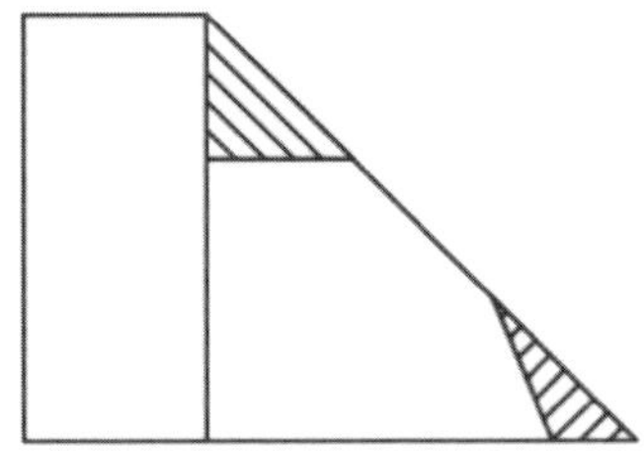

4. Falten Sie die rechte untere Ecke C nach D.

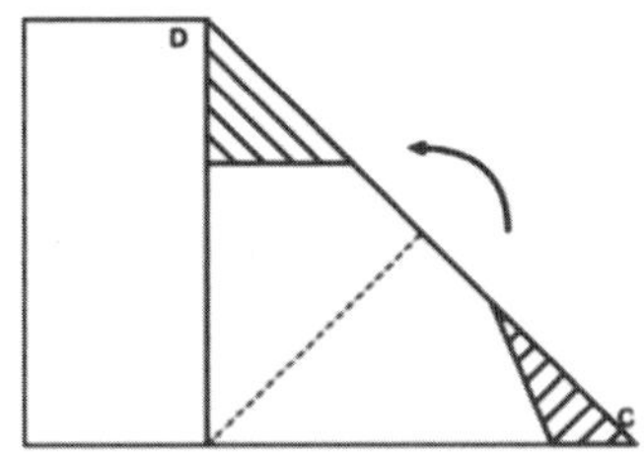

Das Produkt sollte nun so aussehen:

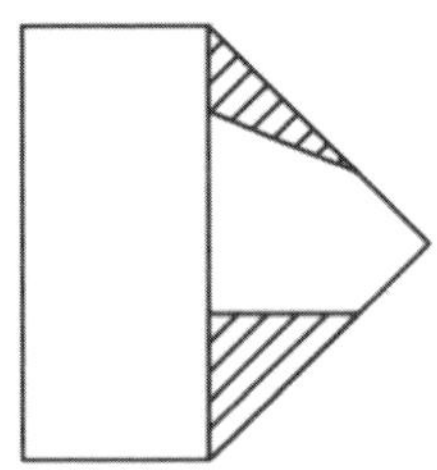

5. Klappen Sie die untere Hälfte nach oben: E auf F.

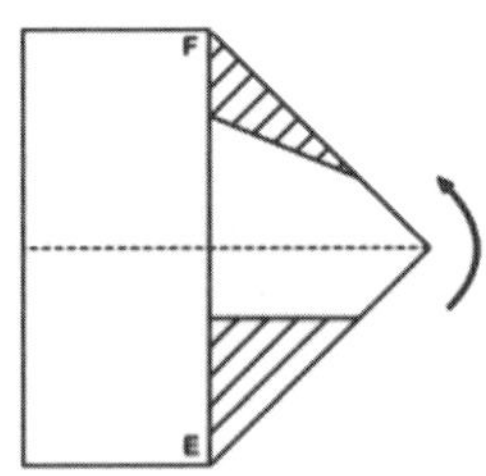

Das Produkt sollte nun so aussehen:

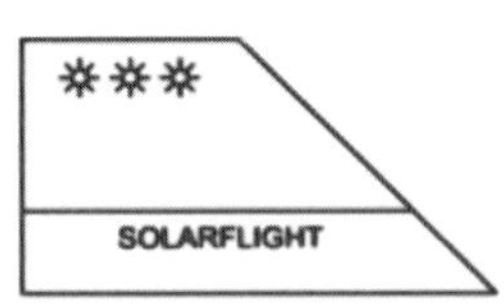

6. Falten Sie nun den Teil mit den Sternen auf der durchgezogenen G-H-Linie nach unten.
Achten Sie darauf, nur das oberste Blatt nach unten zu klappen.

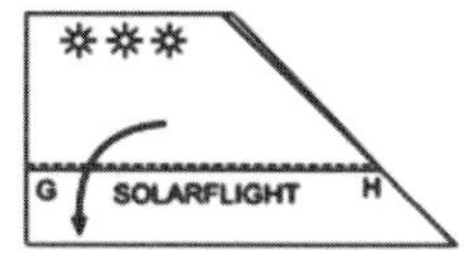

Das Produkt sollte nun so aussehen:

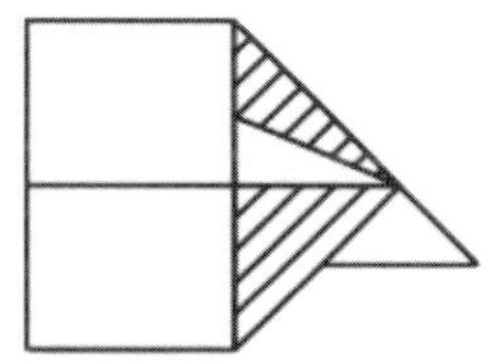

7. Falten Sie nun an der J-K-Linie, ca. 1,5 cm vom unteren Rand entfernt, das Papier nach oben.

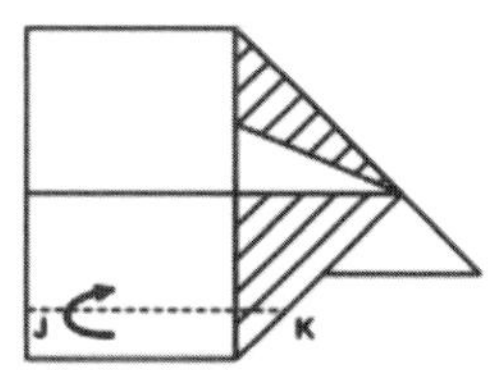

Das Produkt sollte nun so aussehen:

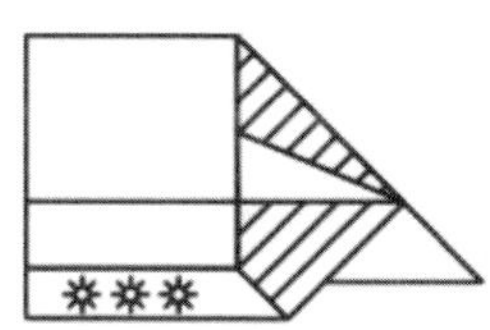

8. Legen Sie nun das Flugzeug auf die andere Seite, mit der Spitze nach links.

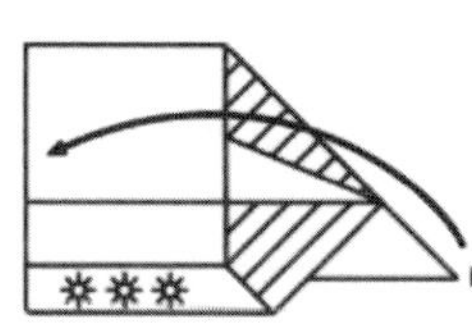

Das Produkt sollte nun so aussehen:

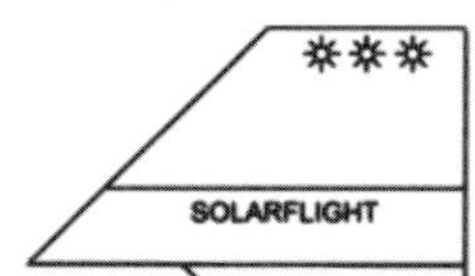

9. Falten Sie nun den Teil mit den Sternen – nur das obere Blatt – auf der durchgezogenen M-N-Linie nach unten.

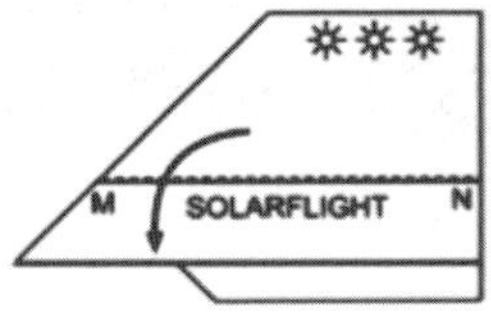

Das Produkt sollte nun so aussehen:
Vergewissern Sie sich, dass die Ecke oben vorhanden ist.

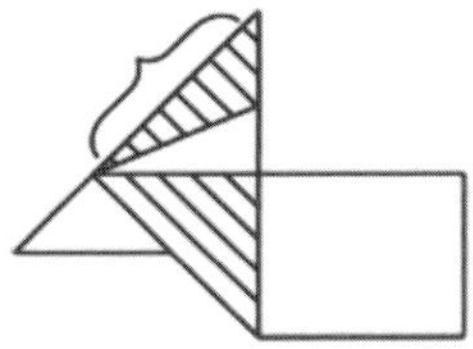

10. Falten Sie nun an der O-P-Linie, ca. 1,5 cm vom unteren Rand entfernt, das Papier nach oben.

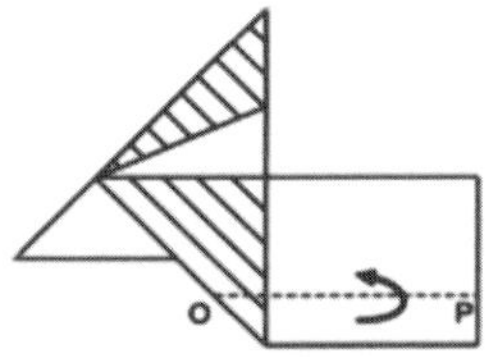

Das Produkt sollte nun so aussehen:

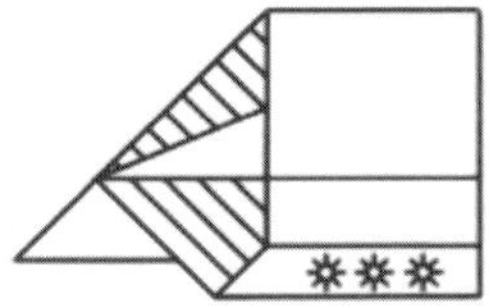

11. Lesen Sie nun die Punkte 11 a-d durch.
Nehmen Sie dann das Flugzeug in die Hand und führen Sie die einzelnen Punkte aus.

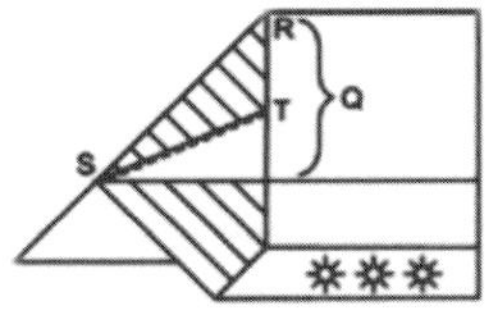

a) Nehmen Sie das Flugzeug in die Hand.
b) Öffnen Sie den Papierspalt an der Linie Q und drücken Sie die gestrichelte Fläche leicht nach unten. Es entsteht ein „aufgeblähter" Hohlraum, die „Pilotenkabine".
c) Falten Sie nun die Pilotenkabine an der S-T-Linie, damit die Kanzel flach bleibt.
d) Gleichen Sie nun die Höhe der Tragflächen aus.

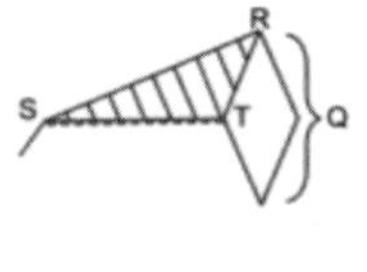

So sollte das fertige Flugzeug aussehen:

Seitenansicht | Draufsicht | Frontansicht

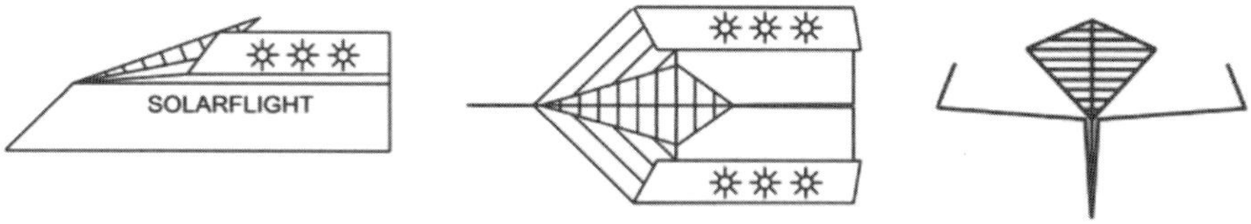

Bastelvorlage – Bitte als A5-Format nutzen

Download-Link in der Buchklappe

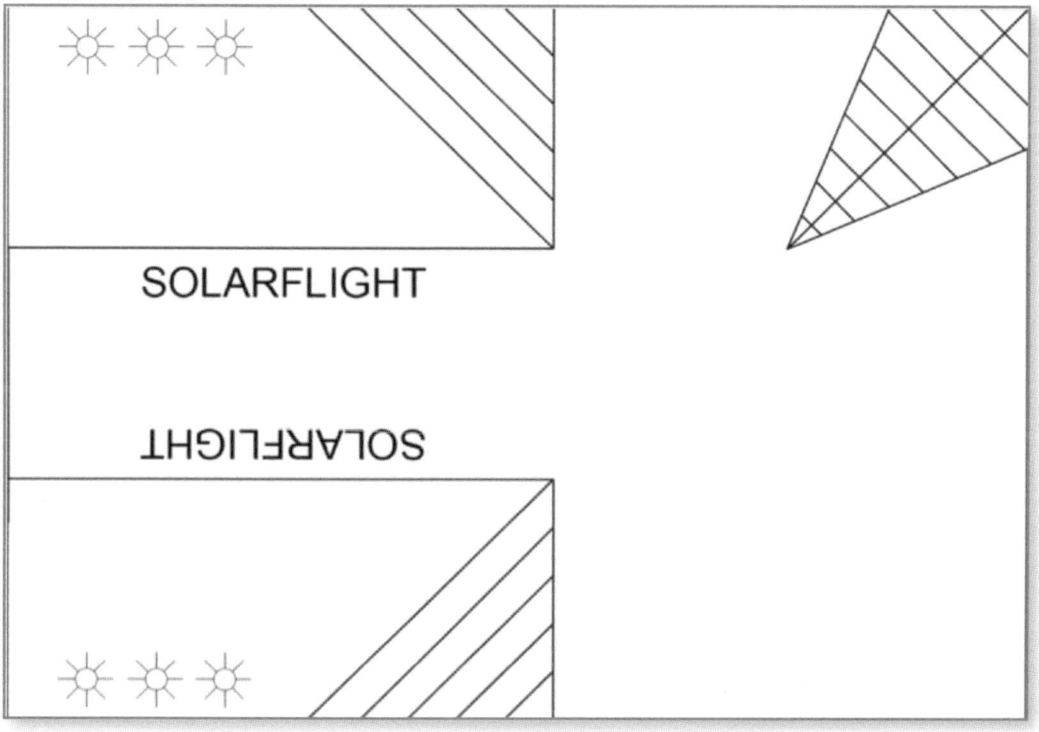

Auswertung des Planspiels

Orientierung

Ziele:

- Konkrete Erkenntnisse zum Thema „Steuerung von Veränderungsprozessen" gewinnen
- Sichtbar machen, dass unterschiedliche Stakeholder-Gruppen unterschiedliche Perspektiven haben und
- Verdeutlichen, wie man zieldienlich mit diesen umgehen kann
- Zeigen, wie stark sich Absicht (Energie-Systems-Management) und Wirkung (Solarflight-AG-Mitarbeiter) unterscheiden können

Zeit:

45 Minuten

Material:

Pinnwände, Kärtchen, Stifte

Überblick/Hinweise:

Manchmal kann die Auswertung relativ konflikthaft verlaufen; dann bitte immer wieder auf den Unterschied von Absicht und Wirkung sowie von unterschiedlichen persönlichen Wahrnehmungen verweisen und vor allem fokussieren auf „Was man jetzt daraus lernen/mitnehmen/an Erkenntnissen gewinnen kann".

Erläuterung

Die Schlüsselsituation – „the Moment of Truth" – im Planspiel ist der Beginn der Phase E, wenn das Projektteam der „Energie-Systems AG" erscheint und die „Solarflight AG" berät. Die Beratung wird höchst unterschiedlich ausfallen und löst in vielen Fällen den „typischen" Widerstand in Veränderungsprozessen aus. Daher ist insbesondere diese Phase des Spiels sehr gut auszuwerten bzw. nutzbar zu machen.

Die Übung kann man gut mit einer verdeckten Kartenabfrage (entsprechende Pinnwand vorbereiten) auswerten. Hierbei bieten sich folgende Auswertungsfragen an:

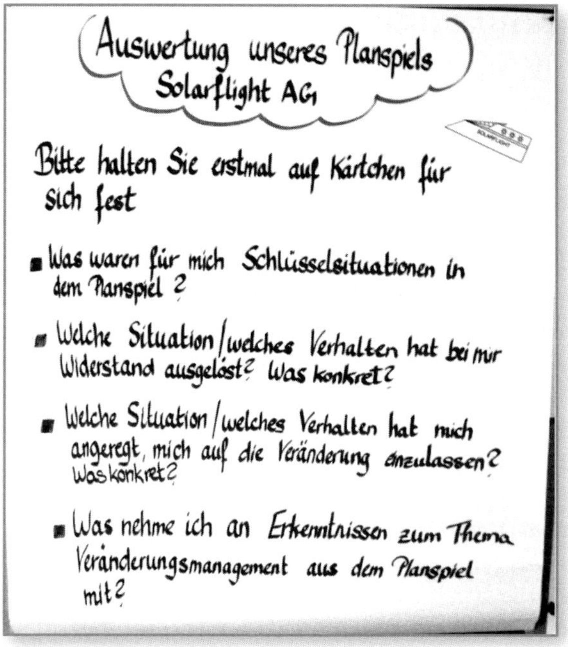

Abb.: Auswertung des Planspiels Solarflight AG

Hinweise

Optimal ist hier zur Auswertung ein Stuhlkreis ohne Tische. Wer beginnen möchte, fängt an. Die Teilnehmer stellen nacheinander ihre Kärtchen vor und pinnen sie an die entsprechenden Felder an der Pinnwand. Anschließend können die Ergebnisse diskutiert werden mit dem Ziel, weitere Erkenntnisse zu ergänzen.

Die Mitglieder des Projektteams Energie-Systems AG haben es in dieser Auswertungsphase nicht immer einfach! Viele ihrer Eingriffe zeigen sehr deutliche Wirkungen positiver, aber auch vor allem hemmender Weise. Hilfreich und entlastend kann hier sein, herauszuarbeiten, dass oft positive Absichten bei den Interventionen gegeben waren, diese aber ohne Sinnstiftung (siehe die Faktoren der Veränderungsformel) und ohne Einbezug der Betroffenen nicht die gewünschte Wirkung zeigen. Hier kann man abschließend nochmals sehr gut auf Bedeutung des „Einstielens" von Veränderungsmaßnahmen zu sprechen kommen, wie wir sie auch schon bei der Diskussion der Veränderungsformel besprochen haben. Wie wir Veränderungen anbahnen, hat erfolgsentscheidende Auswirkungen. Als Trainer kann man hier verschiedenste Ergebnisse der Priming-Forschung zitieren und betonen, dass solchen

Priming-Effekten gerade beim Start von und während der Gestaltung von Veränderungsprozessen enorme Bedeutung zukommt ...

„Die entsprechenden Experimente zeigen, dass Priming-Effekte, auch Bahnungseffekte genannt, nicht nur unsere Aufmerksamkeit, sondern eben vor allem auch unser Verhalten und unsere körperliche Befindlichkeit steuern. In einem Experiment, das auf Anhieb zu einem Klassiker der Priming-Forschung wurde (D. Kahneman, 2012) baten der Psychologe John Bargh und ein studentisches Team der Universität von New York – die großteils zwischen 18 und 22 Jahren alt waren – aus einer Menge von fünf Wörtern vier Wortsätze zu bilden (beispielsweise ‚findet er es gelb sofort´). Bei einer Gruppe von Studenten enthielt die Hälfte der ungeordneten Sätze Wörter, die in den Vereinigten Staaten mit älteren Menschen assoziiert werden, wie Florida, vergesslich, glatzköpfig, grau oder Falten. Als sie die Aufgabe beendet hatten, wurden die jungen Versuchsteilnehmer für ein weiteres Experiment in einen Raum geschickt, der am anderen Ende desselben Flurs lag. Dieser kurze Spaziergang war der entscheidende Punkt in diesem Experiment. Die Forscher maßen unauffällig die Zeit, die die Probanden benötigten, um vom einen Ende des Flurs an das andere zu gelangen. Wie von Bargh erwartet, gingen die jungen Leute, die mehrere Sätze aus ‚altersbezogenen' Wörtern gebildet hatten, erheblich langsamer durch den Flur als die Teilnehmer der anderen Gruppe. Als die Studenten im Anschluss befragt wurden, erklärten sie alle, dass ihnen nicht aufgefallen sei, dass die Wörter ein gemeinsames Thema hatten. Die Vorstellung ‚Alter' war ihnen nicht bewusst geworden und doch hatte sie ihr Verhalten verändert. Dieses wiederholt nachgewiesene Priming-Phänomen – die Beeinflussung einer Handlung durch Vorstellung – wird ideomotorischer Effekt genannt. Auch beim Motivieren für Veränderungen ist es entscheidend, wie wir gerade selbst erlebt haben, wie diese ‚gebahnt' werden: Welche Worte wir wählen, wird entscheidend dafür sein, ob wir Widerstand auslösen oder Hoffnung und Zuversicht, Aktion und Handeln oder Erstarrung ..."

In allen Fällen konnten wir mit diesem Planspiel sehr gut zeigen, woraus Widerstand erwachsen kann, welche Arten von Widerstand es gibt und wie man zieldienlich mit diesem umgeht. Diese Überlegungen leiten sehr gut zur Auseinandersetzung mit diesem Thema „Widerstand" über.

Quellen/Literaturempfehlungen

- Kahneman, D. (2012): Schnelles Denken, langsames Denken. München: Siedler Verlag.

Wandel garantiert Widerstand: Intro und Gruppenarbeit

Orientierung

Ziele:

Die Teilnehmer erkennen den Nutzen, konstruktiv mit Widerstand umzugehen und verfügen über entsprechende Ideen und Werkzeuge

Zeit:

- Teil 1 im Plenum: 30 Minuten
- Teil 2 in Gruppenarbeiten: 30 Minuten
- Teil 3 für Präsentationen und Diskussion: 30 Minuten (dieser Teil wird ab Seite 107 behandelt)

Material:

- Flipchart mit Instruktion vorbereiten
- Flipchart mit Achse „Signale Widerstand" – eher subtil/eher eindeutig
- 3 Pinnwände zum Thema „Umgang mit Widerstand" (für die 3 Grundthemen des Widerstands)
- Kärtchen, Nadeln, Stifte

Überblick/Hinweise:

Dieser Themenblock ist erfahrungsgemäß sehr wichtig für die Teilnehmer. Wenn es hierzu spezifische Fragestellungen gibt, kann man diese den Gruppen einfach zusätzlich mitgeben und diese bitten, ergänzend „eine Runde Tipps" betreffend der Fragestellung zu sammeln.

Erläuterung

Die Teilnehmer sollen lernen, dass Widerstand hilfreich und sogar nützlich sein kann, wenn man zieldienlich und wertschätzend mit diesem umgeht. Widerstand zeigt, wo Energie freigesetzt und nutzbar gemacht werden kann.

Abb.: Wandel erzeugt Widerstand – Sachängste

Vorgehen

Der Trainer moderiert diesen Themenbaustein wie folgt an:

„,Wandel garantiert Widerstand' ist als Aussage ... was ...? Ein Glaubenssatz! Den kann man nun glauben oder auch nicht! Zieldienlicher und erfolgversprechender ist es sicherlich, nicht von einem prinzipiellen Grundsatz oder gar Vorsatz auszugehen. Trotzdem ist es wichtig, sich darauf einzustellen, dass Widerstand im Rahmen von ,Veränderungsvorhaben' normal ist, ja sogar als nützlich gesehen werden kann. Wieso kann das der Fall sein? ... Weil im besten Fall Betroffene mitdenken und ansprechen, wo Fallstricke liegen können. Weil wir somit zu besseren Lösungen kommen können und last but not least, weil Widerstände verraten, worauf wir achten müssen, wo ,versteckte' Energie liegt. Wie wir das auch eben in unserem Planspiel erlebt haben. Grundsätzlich können wir Widerstand auf drei Grundthemen zurückführen ...“ (am Flipchart mitvisualisieren)

1. Das Thema der Sachängste

Gedanken, die die Betroffenen umtreiben, drehen sich um Fragen wie „Gehen wir wirklich den richtigen Weg? Sind das die notwendigen und richtigen Maßnahmen? Werden wir so erfolgreich bleiben oder sein?“

2. Persönliche Ängste

Die Sorge um den Verlust an persönlicher Handlungsfähigkeit gehen einher mit Gedanken um folgende Fragen: Habe ich die notwendigen Fähigkeiten bzw. kann ich sie erwerben, um mit der neuen Situation zurechtzukommen? Werde ich noch gebraucht? Werde ich die neue Situation erfolgreich bewältigen können?

3. Macht- und eigeninteressengeleitete Widerstände

Hierin drückt sich die Angst um Machtverlust bzw. den Verlust von Ansehen aus: Es geht um Privilegien behalten, Ressourcen sichern: z.B. Anzahl der geführten Mitarbeiter etc.

Der Trainer erläutert die Dimensionen:

„Die erste Dimension, die der Sachängste, umfasst den weitaus größten Anteil an Ängsten. In der Praxis wird von etwa 50 Prozent ausgegangen. Die Fragen drehen sich um Themen wie ‚Gehen wir wirklich den richtigen Weg?' oder ‚Sind das die notwendigen und richtigen Maßnahmen?'. Die Hauptsorge besteht darin, dass die Leitungspersonen die falschen Entscheidungen treffen könnten und daraus Nachteile für das Unternehmen oder den Bereich erwachsen würden. Die zweite Dimension, aus der Ängste entstehen können, ist die Dimension der persönlichen Ängste, etwa die Sorge ‚Werde ich mit meinen Fähigkeiten und meinem Können in der neuen Situation (überhaupt noch) gebraucht?', ‚Habe ich die notwendigen Fähigkeiten bzw. kann ich sie erwerben, um in der neuen Situation erfolgreich sein zu können?' oder ‚Kann ich in der neuen Situation überhaupt zurechtkommen?'. Das sind verständlicherweise höchst existenzielle Sorgen. Häufig drängen sie sich nicht zwingend konkret als solche Überlegungen ins Bewusstsein und zeigen sich nach außen hin in einer Ablehnung des Neuen. Diese Dimension geht dann relativ fließend in die dritte über: Wenn Rudel- und Revierverluste zu massiv zu werden drohen, dann nehmen macht- und eigeninteressengeleitete Widerstände zu. Diese zielen darauf, bestimmte Privilegien zu behalten, spezielle Ressourcen zu sichern – wie etwa die Anzahl der geführten Mitarbeiter, die ‚mindestens gleich bleiben muss'; letztlich geht es um Macht- und Statuserhalt der eigenen Person.

Die unterschiedlichen Arten von Widerständen können zusammen auftreten, müssen aber nicht. In der Praxis gehen wir davon aus, dass weit mehr als zwei Drittel aller Widerstände auf persönliche Ängste und Sachängste zurückzuführen sind.

Dabei kann man auf den ersten Blick schwerlich feststellen, welchen Ursprung, welche Quelle Widerstand speist. Erst einmal wird man lediglich mehr oder weniger deutliche oder auch subtile Signale für Widerstand entdecken. Gemeinsam mit Ihnen möchte ich entsprechend nun erst einmal solche Signale, die auf Widerstand hinweisen können, sammeln: Und zwar entsprechend der Kriterien ,eher eindeutig' bzw. ,eher subtil'. Ich bitte Sie, mir solche möglichen Signale zuzurufen. Ich werde versuchen, diese hier auf der Achse festzuhalten ..."

Der Trainer sollte ein entsprechendes Flipchart vorbereiten, mit einer vertikalen Achse darauf: Oben werden „eher eindeutige" Signale (massives verbales Gegenhalten, Aufzeigen von Katastrophenszenarien, wenn man das Vorhaben umsetzt ...) aufgeschrieben, nach unten „eher subtile" (von Sarkasmus bis Witze reißen über „aus dem Weg gehen" oder „keine Aussagen machen" ...). Anschließend leitet der Trainer zur Gruppenarbeit ein:

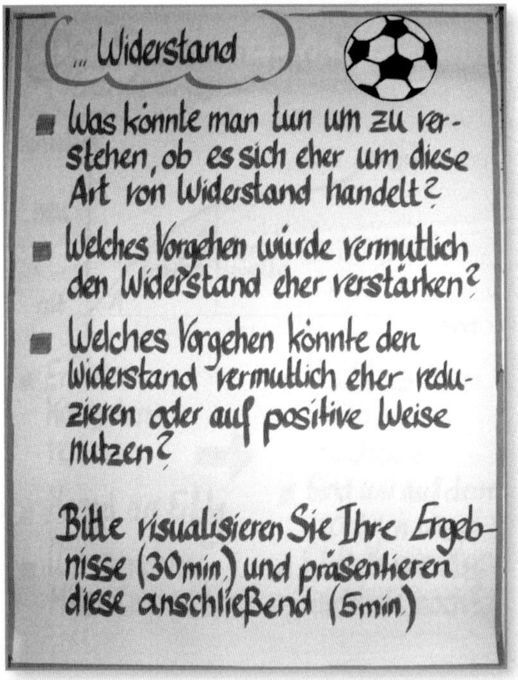

Abb.: Arbeitsfragen Widerstand

„Die Hauptfrage, die sich nun stellt, ist also: Wie können wir die Widerstände voneinander unterscheiden, sie gezielt anpacken und nutzbar machen?"

Am besten bildet man hierzu drei Gruppen, wobei sich jede Gruppe mit jeweils einer Art von Widerstand befassen soll. Als Arbeitsfragen haben sich die nebenstehenden bewährt:

In unserem Ablauf wird die Präsentation der Ergebnisse der Gruppenarbeiten nach dem Mittagessen stattfinden. Das könnte der Trainer noch als Information an die Gruppe geben.

Energizer: Tanz der Kommunikation

Orientierung

Ziele:

Verschiedene Möglichkeiten zum Umgang mit Widerständen und deren Auswirkungen aufzeigen

Zeit:

30 Minuten

Material/Vorbereitung:

Stühle, Kabel und andere Stolperfallen zur Seite räumen

Überblick/Hinweise:

- Die Übung ist gut geeignet, um zu zeigen, dass es sinnvoll ist, sich auf Widerstände einzulassen, anstatt sie niederzuschlagen oder zu ignorieren.
- Sie kann verwendet werden, um die Teilnehmer auf zieldienliche Strategien zum Umgang mit Widerständen einzustimmen.
- Und sie zeigt, wer im Widerstand (durch Fragen) führt: Nämlich der, der scheinbar nachgibt.
- Teilnehmeranzahl sollte gerade sein (bei ungerader Anzahl kann der Trainer mitmachen).
- Man braucht relativ viel Platz bzw. Bewegungsfreiheit! Man kann diese Übung daher auch gut im Freien durchführen oder in einem großen Pausenraum.

Runde 1

Vorgehen

Der Trainer bittet die Teilnehmer, sich im Raum zu verteilen und sich einen Partner, etwa gleich groß und gleich kräftig als Gegenüber zu suchen. Dann bittet er die Teilnehmer, ihren jeweils rechten und linken Arm auszustrecken und die Handflächen an die des Gegenübers zu legen, sodass ein Kontakt entsteht. Nun sollen die Teilnehmer versuchen, so fest es geht, die Handflächen gegeneinander zu drücken und versuchen, sich gegenseitig in ihren Positionen zu verschieben. Meist schieben sich die Partner nur ein bisschen vor und zurück, aber letztlich kommen sie nicht vom Fleck. Der Trainer bittet die Teilnehmer zu berichten,

- wie sich das Ganze angefühlt hat und
- was das aus ihrer Sicht mit Widerstand im Wandel zu tun haben könnte.

Hauptergebnis ist: Wenn (beide) Partner in den Widerstand gehen, ist ein wahrscheinlicher Zustand der des „total Festgefahrenseins".

Runde 2

Nun bittet der Trainer seine Teilnehmer, erneut die gleiche Stellung einzunehmen und kräftig zu drücken. Dann soll einer der Partner, mit dem Hinweis, sich vorher abzusprechen, wer das sein wird, plötzlich die Hände wegziehen. Was passiert, ist, dass auf jeden Fall der druckausübende Partner, oft aber auch beide Partner die Balance verlieren, ins Leere fallen. Der Trainer sollte die Teilnehmer darum bitten, dies zwei- bis dreimal abwechselnd auszuprobieren. Danach sollte er nachfragen, wie sich das Ganze angefühlt hat und was das aus Sicht der Teilnehmer mit dem Thema Widerstand zu tun haben könnte. Die Erkenntnisse drehen sich um Überlegungen wie „Wenn einer Druck ausübt und keinen Counterpart hat, wird er nichts bewegen können" oder er findet keinen Halt und gerät außer Balance oder fällt ins Leere. Auch hier bewegt sich letztlich nichts.

Runde 3

Wieder bittet der Trainer die Teilnehmer, erneut die gleiche Stellung einzunehmen. Einer der Partner soll wieder kräftig drücken, der andere soll den Handkontakt halten, aber diesmal nicht gegenhalten, sondern sich dabei leicht selbst zur Seite oder nach hinten bewegen. Die Teilnehmer werden gebeten, das zwei bis drei Minuten abwechselnd mit umgekehrten Rollen auszuprobieren. Wiederum bittet der Trainer die Teilnehmer zu berichten, wie sich das Ganze angefühlt hat und was das aus ihrer Sicht mit Widerstand im Wandel zu tun haben könnte ... Die spannende Erkenntnis ist, dass der scheinbar zurückweichende Partner derjenige ist, der die Richtung bestimmt, in die das Paar sich bewegt. Dieser Partner übernimmt damit tatsächlich die Führung!

Quellen/Literaturempfehlungen

- Belgrave, B. & Lawrie, G. (2003): www.NvcDanceFloors.com.

Wandel garantiert Widerstand: Präsentation der Gruppenarbeitsergebnisse

Orientierung

Ziele:

- Verdeutlichen, dass es viele konstruktive und zieldienliche Möglichkeiten zum Umgang mit Widerstand gibt
- Verschiedene Möglichkeiten zum Umgang mit Widerständen als „Nachschlagewerk" zur Verfügung haben

Zeit:

Präsentation und Diskussion gesamt 30 Minuten

Material/Vorbereitung:

Die Präsentationen

Überblick/Hinweise:

Manchmal gibt es um die erarbeiteten Vorschläge viel Diskussion und auch Ergänzungen. Die Ergänzungen einfach aufnehmen lassen und bei den Diskussionen immer wieder darauf hinweisen, dass die Ausarbeitungen eine Art „Werkzeugkasten" sind, der situativ nutzbare Ansätze enthält.

Erläuterung

Die Übung „Tanz der Kommunikation" leitet gut zu den Ergebnissen der Gruppenarbeiten „Umgang mit Widerstand" über. Vor der jeweiligen Präsentation bittet der Trainer die übrigen Teilnehmer darauf zu achten, ob sie jeweils Ergänzungen haben:

Vorgehen

„Je mehr Tipps und Ideen wir hier haben, um so besser: Auf diese Weise erstellen wir uns eine Art Werkzeugkasten zum klugen Umgang mit Widerstand. Also bitte pro Gruppe gerne noch mitschreiben, was jeweils an Ergänzungen kommt …"

Nach der fünfminütigen Präsentation wird das Plenum entsprechend mit einbezogen. Der Trainer fragt nach, wieweit die übrigen Teilnehmer Fragen oder Ergänzungen haben. Dann werden die Ergebnisse vom Trainer nochmals in einem Fazit zusammengefasst:

„Falscher Umgang mit Widerstand ist häufig ein Grund des Scheiterns in Change-Projekten. Einerseits liegt das an mangelnder Entschiedenheit, insbesondere von Führungskräften beziehungsweise Prozesseignern nach dem Motto: ‚Allen wohl und niemandem wehe'. Andererseits an unnötiger Härte, dem Niederschlagen oder Wegwischen von Widerständen. Die Unterdrückung einer kritischen Haltung führt unserer Erfahrung nach zur Bildung einer Guerilla-Organisation, die dann nicht mehr im Dialog steht und schwerlich erreicht und nicht mehr ‚gewonnen' werden kann.

Aus meiner Sicht sollte zu einer kritischen Haltung gegenüber Veränderungsprozessen ermutigt werden. Diese ist durchaus hilfreich und nützlich: Sie stellt sicher, dass wichtige und richtige Fragen ausgesprochen und diskutiert werden. Auch unter den Aspekten, die wir zu Beginn unseres Seminars angesprochen haben (Veränderungsprozesse ‚on top' zum Tagesgeschäft, Sinnhaftigkeit usw.). Nachjustierungen und Verbesserungen wird es sicher immer geben, wobei das grundsätzliche Infragestellen auch nach einer umfassend begründeten Entscheidung und mitten in der Umsetzung des Vorhabens erfolgsgefährdend ist. Umso wichtiger ist es daher, Widerstände ernst und wichtig zu nehmen. Nur Widerstand, der sichtbar und hörbar ist, kann mit Hypothesen hinterlegt werden, wie wir das soeben getan haben – und entsprechend angepackt und gezielt genutzt werden (die nachfolgend aufgeführten 3 Punkte gerne am Flipchart mitschreiben).

Zieldienliche Strategien zum Umgang mit Widerstand könnten daher also so formuliert werden:

- *Betrachten Sie Widerstände zunächst einmal generell als sachbezogen und/oder angstbesetzt, denn ‚echte' Sachargumente ‚reagieren' auf Argumentation. Sie verändern sich und vor allem entwickeln sie sich weiter, denn hier geht es den Beteiligten um den gemeinsamen Erkenntnisfortschritt.*
- *Sorgen und persönliche Ängste verändern sich durch einfühlsames (partizipatives) Vorgehen (wichtig nehmen, ernst nehmen, zuhören, Lösungs-, Unterstützungs- und Handlungsmöglichkeiten entwickeln).*
- *Vorgeschobener, machterhaltender Widerstand reagiert ‚polymorph', das heißt, alle möglichen Arten von Widerstand tauchen mal in dieser und mal in jener Gestalt auf – und das bei jeder nur denkbaren Situation (um immer wieder eine Grundsatzdiskussion vom Zaun zu brechen). Hier geht es darum, ‚sich durchzusetzen': Es geht um Machterhalt und Stärkedemonstration. Nutzen Sie also primär soeben erarbeitete kommunikative Mittel wie etwa die Sprungbrett-Reden, Fragetechniken und entsprechende FAQs sowie die Technik des Paraphrasierens (‚Verstehen kommt vor verstanden werden', lautet eine*

der Grundregeln erfolgreicher Kommunikation, wenn es darum geht, Menschen zu überzeugen bzw. für Themen zu gewinnen). Stimmen die Hypothesen zu den Quellen des Widerstands ‚Sachängste' bzw. ‚persönliche Ängste' nicht, wird nichts ‚kaputt gemacht': Machterhaltender Widerstand wird auf solche Strategien nicht reagieren. Wenn trotz umfassender Information und intensivem Dialog keine der gewünschten Entwicklungen eintritt (unter anderem erkennbar an der Weiterentwicklung der Meinungen, dem Aussprechen von persönlichen Sorgen, dem gemeinsamen Entwickeln von Lösungsideen und Maßnahmen), kann davon ausgegangen werden, dass persönliche Machtinteressen im Vordergrund stehen. Wenn zu befürchten ist, dass diese die Interessen der gesamten Organisation und womöglich deren Überleben gefährden, so bedarf es der Macht und der Durchsetzungskraft um den Wandel zu sichern."

Der Sanddünen-Effekt im Veränderungsprozess

Orientierung

Ziele:

- Weitere Impulse zum Thema Umgang mit Widerstand setzen
- Ideen sammeln, wie man mit diesen Situationen umgehen kann

Zeit:

35 Minuten

Material:

Flipcharts zu Sanddünen-Effekt und Konsequenzen-Management

Überblick/Hinweise:

Dieser Theorie-Input generiert für viele Teilnehmer einen Aha-Effekt: Sie verstehen durch dieses Modell besser, warum vor allem langjährige Mitarbeiter Veränderungsinitiativen sehr skeptisch gegenüberstehen.

Vorgehen

Zum Einstieg kann der Trainer das Video von Professor Peter Kruse „8 Regeln für den totalen Stillstand in Unternehmen" (2008) vorführen: *www.youtube.com/watch?v=Ug83sF_3_Ec&feature=related*.

Das Video zeigt sehr provokativ auf, wo die Fallstricke im Change-Management liegen und ermöglicht einen sehr guten Einstieg in das Thema Sanddünen-Effekt. Dieser Effekt ist erfahrungsgemäß sehr häufig in Unternehmen anzutreffen: Wenn es zum Beispiel (und das ist beileibe kein Einzelfall!) in zehn Jahren alle zwei Jahre eine neue Geschäftsleitung gibt, wird auch alle zwei Jahre ein neues „Change-Projekt" eingeleitet ...

Der Trainer beginnt nach dem Video mit der Erklärung des Sanddünen-Effekts:

„Ob es nun das Thema ‚mangelnder Mut und mangelnde Durchsetzungsfähigkeit' ist oder die Erfahrung, wie sie Professor Kruse beschreibt – ‚eine Veränderungs-Maßnahme des Tages, der Stunde oder der Minute' – ohne Zweifel lernen Menschen aus solchen Unternehmenshistorien.

Wenn es alle zwei Jahre – es muss noch nicht einmal ganz so exzessiv sein, wie Prof. Kruse das schildert – neue Strategien, Reorganisationen oder neue Strukturen gibt, lernen Mitarbeiter vor allem eines: Wie man Veränderungen aussitzt. Was da ‚nun wirklich kommt' oder ‚ob sich das durchsetzen wird', wer weiß das schon. Und die Erfahrung sagt ‚eher nicht': Schließlich ‚hat man schon diesen und jenen Geschäftsführer überlebt und den jeweils dazugehörenden Berater X und den Berater Y auch'. Letztlich ist es aus Sicht der Mitarbeiter nur eine Frage der Vernunft, nicht auf jeden Zug aufzuspringen und nicht jede Sau mit durchs Dorf zu treiben. Der Job muss schließlich gemacht werden …

Auch hier spielt das Thema Widerstand eine wichtige Rolle: Eine Form von Widerstand, die in einem Teufelskreis münden kann. Wie das gemeint ist, zeigt diese Darstellung. (Der Trainer präsentiert das Flipchart des Sanddünen-Effekts.) *Auf der vertikalen Achse ist die Thematik der Verhaltensänderung projiziert. Auf der horizontalen die zeitliche Dimension. Mit diesem Anstieg der Kurve wird dargestellt, dass sich das Unternehmen bzw. seine Mitarbeiter auf den Weg von A nach B machen, das Neue umzusetzen. Nach einer gewissen Zeit, wenn sich Erfolge nicht schnell genug einstellen – und das ist häufig der Fall, vor allem aus Sicht des Managements – fragen sich die Beteiligten: ‚Sind wir wirklich auf dem richtigen Weg?', ‚Ist es sinnvoll, weiterzumachen?' und ‚Wollen wir das wirklich noch?'. Verstärkt durch den Mangel an schnellem Erfolg, durch das Erleben von persönlichem Macht- und Kompetenzverlust und mürbe von Diskussionen mit Zweiflern schleicht sich Unsicherheit ein. Allzu schnell fehlt es dann an Konsequenz, der Teufelskreis des Misserfolgs beginnt sich zu drehen. Die Versandungsschwelle ist losgetreten, der Veränderungsprozess verendet in der Düne. Und mit mehr oder weniger (eher Letzteres) Elan wird die nächste Initiative gestartet. Schlimmstenfalls startet der Kreislauf von Neuem. Statt Durchzuhalten und sich immer wieder Notwendigkeiten, Ziele und Sinnhaftigkeit vor Augen zu führen, wird den Veränderungen nicht die Zeit gegeben, Früchte zu tragen: Vertriebserfolge müssen sofort kommen, Kosteneffekte sich umgehend einstellen – und wenn*

Abb.: Flipchart
Der Sanddünen-Effekt

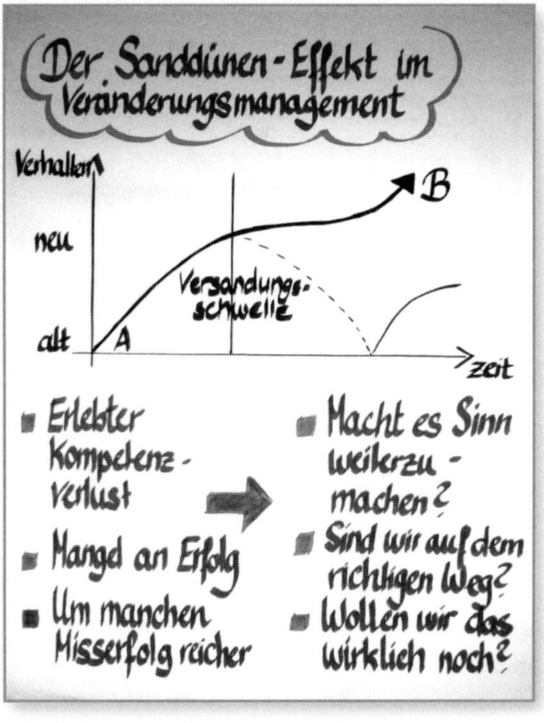

nicht, dann initiieren wir eben den nächsten Change und bleiben noch mehr unter den Möglichkeiten …"

Hier sollte der Trainer die Teilnehmer mit einbeziehen und sie nach ihren Erfahrungen fragen. Dann fragt er weiter, was man denn tun könnte beziehungsweise schon erlebt hat, was getan wurde, um solchen Entwicklungen entgegenzusteuern. Häufig kommen hier Themen wie: sehr intensive kommunikative Auseinandersetzung über das ganze Unternehmen hinweg, gemeinsame Analyse der Unternehmenshistorie (siehe Methoden-Teil ab Seite 197), schnelle Erfolge bereits vorab planen … und andere mehr. Die Ergebnisse visualisiert der Trainer auf dem Flipchart mit (Überschrift „Gegensteuern beim Sanddünen-Effekt). Danach schließt er das Thema mit dem Hinweis auf „Konsequenzenmanagement" ab:

„Damit der Sanddünen-Effekt nicht mehr und mehr Raum gewinnt, ist gerade in der zentralen Veränderungsphase das ‚Konsequenzenmanagement' ein wichtiger Prozess. Damit bewegen wir uns in einem schwierigen Balance-Akt: zwischen dem einfühlsamen und konstruktiven Umgang mit Widerstand und dem nachhaltigen Einfordern und Durchsetzen von Konsequenzen. Dieses Dilemma lässt sich aus meiner Sicht nicht auflösen. Es bleibt stets ein ‚Sowohl als auch' von Maßnahmen und ist insbesondere nur unter dem Einbezug der Thematik Zeit zu reflektieren. Zugleich garantiert nach meiner Erfahrung nur eine glasklare Strategiearbeit (Notwendigkeit, Ziele …) zu Beginn der Veränderungsinitiative den nachhaltigen Kurs. Wenn der Guardiola-Effekt, ‚Es muss einfach etwas Neues her, auch wenn das Alte erfolgreich war – wie sollte man sonst den persönlichen Wert dokumentieren' die Handlungsstrategie des Unternehmens bestimmt, lassen schnell Sanddünen grüßen."

Den Sanddünen-Effekt ausschließen: Konsequenzen-Management mit der 3-K-Regel

„Wie kann man nun solchen Sanddünen entgegenwirken? Hier wird oft die 3-K-Regel zitiert: Die sogenannte 3-K-Regel zielt darauf, ein nachhaltiges Konsequenzen-Management im Unternehmen zu verankern und die Sowohl-als-auch-Strategie im Umgang mit Widerstand zu konkretisieren (S. Radatz, 2010).

Das erste K steht für klare und fortlaufende Kommunikation von Notwendigkeiten, Zielen, Erfolgskriterien usw., Themen, die wir bereits angesprochen haben …

Das zweite K steht für Kohärenz: Das Gewünschte muss fortlaufend und durchgängig eingefordert werden. Wenn manche Personen, manche Führungskräfte einfach weitermachen können wie bisher, wenn manche Leitende das gewünschte Verhalten manchmal einfordern und manches Mal nicht, so wird Widerstand verstärkt. Dann finden Mitarbeiter sehr schnell Erklärungsmodelle nach dem Motto: ,Heute hat sie/er es angesprochen, gestern nicht. Es geht also nicht darum, dass etwas geändert werden soll, sondern um … ja, worum? Um Launen der Natur?'

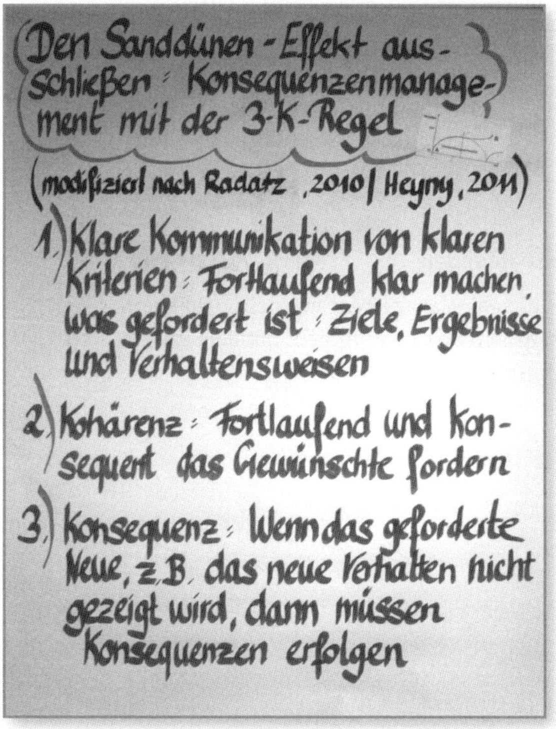

Abb.: Den Sanddünen-Effekt ausschließen – Konsequenzen-Management mit der 3-K-Regel

Das dritte K steht für Konsequenz! Wenn jemand das Geforderte nicht lebt, so muss dies Konsequenzen haben. Denn wenn der Wandel wirklich notwendig und wichtig ist, greift jeder Einzelne, der ihn nicht mitträgt, die Existenz des Unternehmens an. Wenn Unternehmensmitglieder den Wandel nicht mittragen, ,haben sie keine Zukunft im Unternehmen', sagt Sonja Radatz provokativ. Und sie betont, dass sie das keineswegs unsozial findet …, ,denn wie unsozial ist es, Führungskräfte und Mitarbeiter ohne erkennbares Interesse für das Neue mitzunehmen, wenn dadurch der Erfolg des Unternehmens und damit die Familien all jener Mitarbeiter gefährdet werden, die voll Elan am zukunftsorientierten Turnaround mitwirken? … Wie unsozial ist es auch gegenüber jenen, die keine Moti-

vation für den Turnaround aufbringen, sie längerfristig unzufrieden im Unternehmen zu halten, wenn sie vielleicht mit Unterstützung der Führungskraft in einem anderen Umfeld erfolgreich sein könnten?'
(S. Radatz, 2010) Diese ohne Zweifel provokativen Aussagen weisen darauf hin, dass es in jedem Fall Konsequenzen geben muss, wenn Menschen das Neue nicht leben wollen oder können. Dabei ist innerhalb dieses Systems von Konsequenzenmanagement großer Spielraum: Grundsätzlich ist erst einmal davon auszugehen, dass Mitarbeiter den Wandel mittragen und dass sie unwissentlich und nicht willentlich in alte oder unpassende Verhaltensmuster (zurück-)fallen. Sodass unsere vorhin diskutierten Strategien zum Umgang mit Widerstand angemessen sind ...
Mit all diesen Überlegungen und Diskussionen sind wir mitten im Thema ‚Erfolgsfaktoren für das Gelingen des Wandels' angelangt ... Damit werden wir uns nun im Folgenden auch umfassend auseinandersetzen ..."

Quellen/Literaturempfehlungen

- Radatz, S. (2010): Change-Management muss sich verändern, in: managerSeminare. Arbeitswelt im Aufbruch: Auf dem Weg zur Ich-Wirtschaft. Ausgabe 05/2010.

Erfolgsfaktoren für gelingende Veränderungsprozesse

Orientierung

Ziele:

- Bewusstsein schärfen für persönliche Erfahrungen und Erkenntnisse der Teilnehmer zu den Erfolgsfaktoren für gelingende Veränderungsprozesse
- Eigene Erfahrungen mit der „Erfolgsfaktoren-Checkliste“ (Evaluation unseres Veränderungsprozesses) abgleichen

Zeit:

Intro: 5 Minuten
Gruppenarbeiten: 20 Minuten
Präsentation und Diskussion: 20 Minuten

Material:

- Ein Fußball
- Moderationskarten, Stifte
- Je eine Pinnwand pro Gruppe
- Kopien „Erfolgsfaktoren-Checkliste“ (Evaluation unseres Veränderungsprozesses) analog Teilnehmer-Zahl

Überblick/Hinweise:

Dieses Modul ist extrem wichtig, damit die Teilnehmer bewusst vor Augen haben, dass es viele Faktoren gibt, die für das Gelingen des Wandels ausschlaggebend sind und dass persönliche Erfahrungen meist ziemlich deckungsgleich mit empirischen Ergebnissen sind.

Vorgehen

Der Trainer legt einen Fußball vor sich auf den Boden. Treffsichere Kollegen können das Ganze gerne mit einer konkreten Handlung hinterlegen, aber Achtung! Wir haben hier schon mehrfach auf unsere Haftpflichtversicherung zurückgreifen müssen ...

„Stellen Sie sich bitte vor, Sie wollen diesen Fußball in die linke obere Ecke eines Tors befördern, das hier hinten im Raum aufgebaut ist. Was würden Sie tun? Nun, Sie würden den Ball an einer bestimmten Stelle

treten, Sie würden ihm möglicherweise einen bestimmten Effet mitgeben und er würde in der linken oberen Ecke des Tors landen ...“

Gegebenenfalls könnte der Trainer dies vormachen. Meist schauen die Teilnehmer erst mal recht verdutzt drein, sobald sie den Fußball sehen. Gegebenenfalls kann man hier auch scherzen – nach dem Motto: *„Sie fürchten sich zu Recht, denn bei mir wäre ich mir sehr sicher, dass ich etwas anderes treffe, als diese obere Ecke des Tors; aber für einen Profi wäre das natürlich eine einfache Übung.“*

Der Trainer fährt fort:

„Nun bitte ich Sie, sich vorzustellen, Sie würden das Gleiche mit einem Hund tun. Sie möchten ihn in die linke obere Ecke des Tors befördern: Sie treten ihn an einer bestimmten Stelle – was Sie natürlich nie tun würden – mit einem bestimmten Effet und ... er landet natürlich nicht in der linken oberen Ecke des Tors. Er wird sich schon auf seiner Flugbahn eigenaktiv einbringen. Und wenn er gelandet ist, wo auch immer, wird er ... entweder die Flucht ergreifen oder er wird vielleicht schnurstracks auf Sie zulaufen und versuchen, Sie zu beißen, oder er wird versuchen, sich zu verstecken und sich tot zu stellen – nach dem Motto: ‚Ich bin gar nicht da', ‚Ich mache diesen Menschen möglichst nicht mehr auf mich aufmerksam' ... Man könnte sagen, vergleichbar dazu verhalten sich Menschen ..., die man durch Druck und Drohungen veranlassen möchte, eine bestimmte Veränderung umzusetzen. Sie werden, wenn sie sich gute Chancen auf etwas Besseres in anderen Unternehmen ausrechnen, möglicherweise ‚davonlaufen' ... Wenn die betroffenen Mitarbeiter mutig sind, werden sie sich wehren, vielleicht aggressiv und laut (nicht gleich beißen) ..., oder sie werden sich ‚wegducken und tot stellen' nach dem Motto: ‚Hoffentlich sieht mich keiner, hoffentlich falle ich nicht auf und so etwas passiert mir nie wieder.'

Frei nach Karl Valentin kann man dann zwar sagen ‚Früher war auch die Zukunft viel besser', doch das hilft letztlich auch nicht. Druck und Drohung motivieren sicher nicht dazu, sich auf Veränderungen einzulassen. Wenn Menschen etwas verändern sollen – was auch immer – dann brauchen sie dafür zuallererst einen Sinn – wie wir das schon bei der Sprungbrett-Rede diskutiert haben. Sinnstiftung stellt auf einer generellen Ebene dar, was Nutzenstiftung auf einer individuellen Ebene bedeutet. ‚Menschen arbeiten für Geld, sie sterben für einen Sinn!', besagt der Volksmund. Eine wahrlich drastische Aussage ... und eine sehr eindrückliche.

Welche konkreten weiteren Faktoren in einem gelingenden Veränderungsprozess wichtig sind, das würde ich nun gerne gemeinsam mit Ihnen auffächern. Ich möchte zudem abgleichen, inwieweit sich Ihre persönlichen Erfahrungen mit den empirischen Erhebungen decken. Entsprechend bitte ich Sie, nun in einer Gruppenarbeit Ihre Erfahrungen zu teilen und zu systematisieren und Ihre Ergebnisse anschließend vorzustellen ..."

An dieser Stelle kann der Trainer die Gruppen zusammenstellen (bei 12 Teilnehmern drei Gruppen bilden, zum Beispiel durch Auslosen) und die Instruktion zu den Gruppenarbeiten vorstellen (siehe unten).

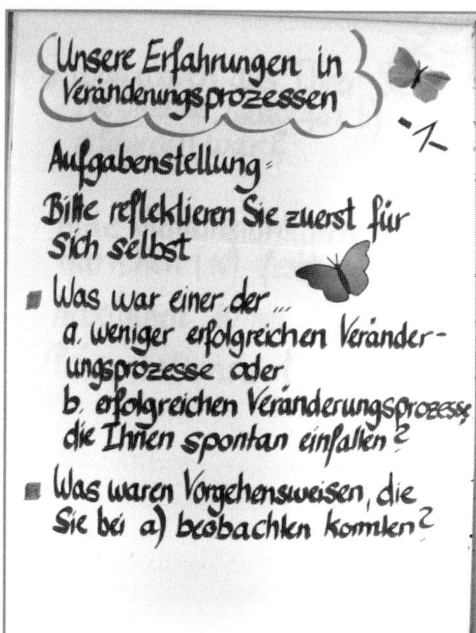

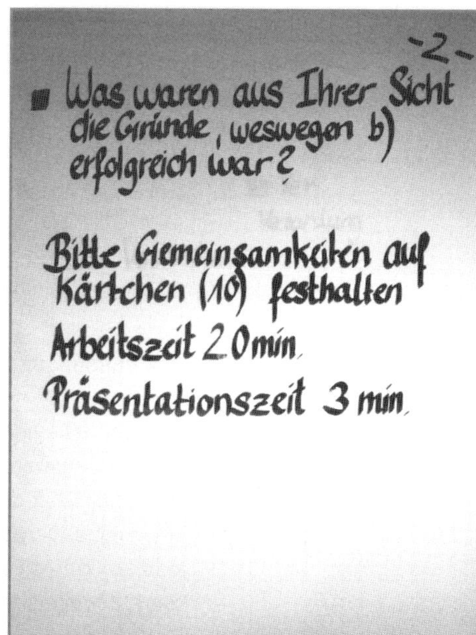

Abb. 1+2: Unsere Erfahrungen in Veränderungsprozessen – Aufgabenstellung

„Bitte stellen Sie sich gegenseitig kurz Ihre Erfahrungen vor und schreiben Sie Ihre Erkenntnisse mit. Verdichten Sie dann, was Sie an jeweiligen Gemeinsamkeiten entdecken. Sammeln Sie etwa 10 Gemeinsamkeiten und halten Sie diese auf Moderationskarten fest, bitte möglichst in ganzen Sätzen. Stellen Sie die wichtigsten Gemeinsamkeiten, die Sie gefunden haben, anschließend im Plenum vor. Ihre Arbeitszeit beträgt 30 Minuten, die Präsentationszeit drei Minuten."

Die Teilnehmer sollen nur die Faktoren vorstellen, die sie gefunden haben und eher nicht über die dahinterliegenden Veränderungsprozesse sprechen. Die Zielsetzung dieser Gruppenarbeiten ist, nochmals explizit zu machen, über welche weiteren Erkenntnisse zum Thema die Teilnehmer bereits verfügen. Wenn sich hier Redundanzen zu bereits Besprochenem finden, so finde ich dies für das Lernen eher nützlich, solche Erkenntnisse mehrfach voneinander zu hören. Verständnisfragen zu den Punkten sollten möglich sein, ich finde eine abrundende Diskussion aber erst dann sinnvoll, wenn auch ich als Trainer die empirischen Erkenntnisse ebenfalls vorgestellt habe.

Anschließend sollte der Trainer noch nachfragen: *„Was fällt Ihnen auf, wenn Sie im Vergleich auf die Ergebnisse schauen? Was finden Sie bemerkenswert? Oder irritierend? Was könnte man aus den vor uns stehenden Erkenntnissen ableiten?"*

In der Regel sind die Ergebnisse ziemlich deckungsgleich. Meistens ziehen die Teilnehmer von sich aus das Fazit, dass es offensichtlich genügend Erkenntnisse zum Thema „Veränderungen Erfolg versprechend steuern" gibt, aber dass diese häufig nicht genutzt werden. Als Trainer kann man an dieser Stelle gemeinsam mit den Teilnehmern noch Hypothesen herausarbeiten, weswegen das so ist.

Häufige Nennungen sind:

- Vermeintliche oder tatsächliche Zeitknappheit
- Machbarkeitswahn und Allmachtsvorstellungen nach dem Motto „Das muss aber gehen, wenn wir das so wollen"
- Entscheidungen zum Thema Veränderungen von Hierarchen, die kein konkretes Wissen über operative Zusammenhänge haben und somit Komplexität unterschätzen

Als Trainer kann man nochmals gut auf die abschließende Gruppenarbeit vom ersten Tag verweisen, bei der ja daran gearbeitet wurde, wie man bei sich selbst eine angemessene Veränderungskompetenz vorhalten kann.

Abschließend kann der Trainer die Erfolgsfaktoren-Checkliste austeilen und gemeinsam im SMARTIE festhalten, wofür diese Checkliste genutzt werden kann.

Die Erfolgsfaktoren-Checkliste

Download-Link in der Buchklappe

Zwölf Faktoren zur Implementierung eines erfolgreichen Wandels (modifiziert nach Kotter, 1997):

1. Ein Gefühl der Notwendigkeit und Dringlichkeit bei allen schaffen (18-mal)
2. Machtvolle Promotoren stehen hinter dem Veränderungsprozess und gehören zur „Lead-Truppe"
3. Involvieren der Schlüsselpersonen
4. Entwickeln und Verdeutlichen einer Vision (18-mal)
5. Einen konkreten Projektplan definieren, verabschieden und verfolgen
6. Permanente und intensive Kommunikation (auch Face to Face)
7. Plattformen der Beteiligung schaffen und Betroffene zu Beteiligten machen
8. Überprüfen von Systemen und Strukturen auf „Förderung des Neuen"
9. Planen von „Quick Wins"
10. Das Neue trainieren
11. Den Prozess monitoren: Feedback und Evaluation
12. Institutionalisieren und konsequentes Einfordern des Neuen

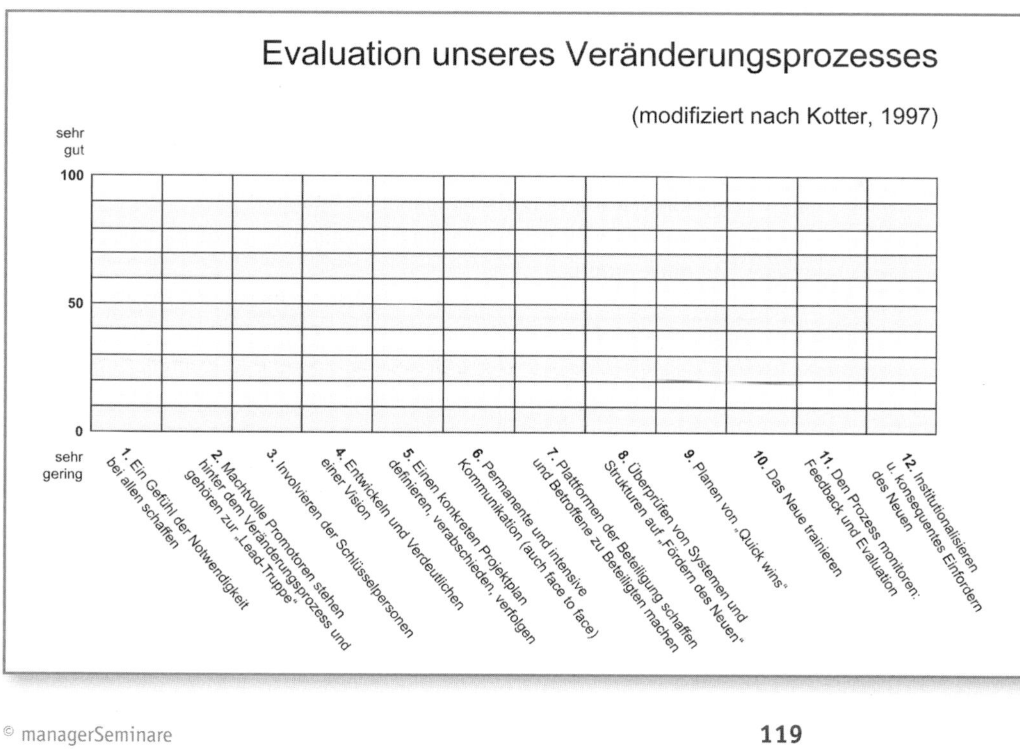

Energizer: Autogrammjäger

Orientierung

Ziel:

Zeigen,

- dass Prozesse individuell sehr unterschiedlich empfunden werden: Was für die eine Person einen ganz normalen Verbesserungsprozess darstellt, ist für eine andere ein einschneidender Veränderungsprozess
- dass es immer auch von der eigenen Mitgestaltungsaktivität abhängt, wie Maßnahmen wirken
- dass man möglichst jeden Betroffenen (wenn auch nur kurz) bei Veränderungen fragen, d.h. einbeziehen sollte

Zeit:

20 Minuten

Material:

- „Autogramm-Karten" (siehe Beispiel), die mit den Regeln bedruckt und mit „Runde 1", „Runde 2" und „Runde 3" gekennzeichnet sind, jeweils analog der Teilnehmerzahl vorbereiten
- Eine Uhr mit Sekundenanzeige

Überblick/Hinweise:

- Abgrenzung zwischen Veränderungsprozess und Verbesserungsprozess ansprechen
- Aktivierung für zwischendurch
- Notfalls geht das Ganze auch mit einfachen Moderationskarten ohne Aufdruck.

Vorgehen

Das Spiel wird in zwei bis drei Runden zu je 20 Sekunden gespielt. Wenn es weniger Personen sind – etwa 8 – dann nur 15 Sekunden. Zwischen den Spielrunden finden Reflexionsphasen statt, die jeweils 2-5 Minuten andauern und in denen besprochen wird (dazu regt der Seminarleiter an), wie man sich hinsichtlich der Zielsetzungen steigern könnte. Für das Debriefing am Ende der Übung sollten mindestens 5 Minuten eingeplant werden.

Jeder Teilnehmende erhält zu Beginn des Spiels eine Autogramm-Karte mit der Bezeichnung „Runde 1". Auf der Vorderseite befinden sich die Spielregeln, auf der Rückseite dieser Zettel sammeln die Spieler ihre „Autogramme". Die Spielregeln auf der Autogramm-Karte werden vom Seminarleiter vorgelesen und erklärt. Ziel ist, möglichst viele Autogramme der anderen Teilnehmer zu sammeln.

Beispiel Autogramm-Karte

Runde 1

- Ziel des Spiels: So viele Punkte wie möglich in einer vorgegebenen Zeit zu sammeln.
- So punkten Sie: Sie erhalten 1 Punkt für jede Unterschrift (von unterschiedlichen Personen), die sich auf Ihrer Autogrammkarte befindet, wenn die Zeit abgelaufen ist. Doppelte Unterschriften der gleichen Person auf einer Karte zählen nicht doppelt.
- Es dürfen nur Autogramm-Karten unterschrieben werden, die vom jeweiligen Autogramm-Geber persönlich „gehalten" (und damit auch persönlich unterschrieben) werden.

Die Teilnehmer legen meist sofort mit dem Autogrammesammeln los. Sobald dies der Fall ist, muss der Seminarleiter auch die Zeit stoppen und das laut und deutlich sagen: *„Dann starte ich jetzt sofort die Zeit."* Wenn man will, kann man als Seminarleiter durchaus vorab sagen, dass die meisten Teams es in der vorgegebenen Zeit schaffen, dass alle Teilnehmer alle Unterschriften (Autogramme von allen) auf ihren Karten haben – um alle ein wenig anzuspornen. Die meisten Gruppen schaffen das nicht, besonders wenn sie sich nicht strukturieren. Dann fragt man die Teilnehmer nach der ersten Runde, ob sie glauben, dass auch sie das Ziel erreichen könnten. Die Antwort lautet stets „Ja, wenn wir uns ein wenig anders organisieren". Dann gibt man der Gruppe entsprechend Zeit, bis sie sagt, dass sie soweit ist, und startet erneut. Wenn die Teilnehmer das auch in der zweiten Runde nicht schaffen, dann kann der Trainer eben eine dritte anbieten. Falls die Teilnehmer das Ziel „alle Unterschriften von jedem Seminarteilnehmer auf der eigenen Karte haben" tatsächlich beim ersten Mal schaffen, was äußerst selten vorkommt, (nur wenn sofort gut und systematisch geplant wird) sollte der Seminarleiter nach der ersten Runde die Zeit nochmals kürzen und sagen, dass es besonders gute Gruppen gegeben habe, die das auch in noch kürzerer Zeit geschafft hätten. Und ob die Gruppe das auch versuchen wolle ... Entsprechend so viel Zeit zur Organisation geben, wie die Gruppe braucht.

Die schnellste Lösung zum Ziel „Jeder hat die Unterschriften von allen auf seiner Autogramm-Karte" ist in der Regel die, dass die Teilnehmer im Kreis sitzen (vor einem Tisch oder auf dem Fußboden) und alle Autogramm-Karten im Sekundentakt in eine Richtung durchgegeben werden.

Auswertung des Spiels

Wenn die Teilnehmer mindestens zwei Runden gespielt und das Ziel erreicht haben, sollte der Trainer die Gruppe erst einmal beglückwünschen. Dann sollte er nachfragen: *„War das, was Sie zwischen Runde 1 und Runde 2 gemacht haben (gegebenenfalls auch 2 und 3), eher Veränderung oder Verbesserung?"* Meist kommen sofort Antworten. Die einen empfanden „Change" und die anderen „Verbesserung".

Abb.: Flipchart – Wann handelt es sich um einen Change-, wann um einen Verbesserungsprozess?

Dann sollte der Trainer nachfragen: *„Und woran machen Sie das fest?"* Hier kommen Antworten wie „Wir haben ja komplett die Struktur und das Vorgehen geändert – das ist klar Veränderung" – und die anderen sagen: „Wir haben aber doch immer das Gleiche getan – nämlich unterschrieben."

Wenn die Gruppe einige Minuten hin und her diskutiert hat, sollte der Trainer nachfragen: *„Wenn Sie sich selbst zuhören – was können Sie aus Ihren unterschiedlichen Sicht- und Erfahrungsweisen ableiten?"*

Diese Erkenntnisse kann man durchaus auf Flipchart festhalten (dieses bitte nicht vorab mit der Frage sichtbar werden lassen, das würde die Aufmerksamkeit der Teilnehmer zu früh lenken).

Quellen/Literaturempfehlungen

- Trainingsspiel von Wolfgang Rathert in: Rachow, A. (Hrsg.) (2012): spielbar. Bonn, managerSeminare Verlags GmbH.

Die Klima-Kurve im Veränderungsprozess

Orientierung

Ziele:

- Deutlich machen, dass Tiefs in Veränderungsprozessen nicht „schlecht" sind, sondern „normal" (und damit die Gruppe entlasten, falls sie in einem solchen Prozess steckt)
- Erste Ideen gewinnen, wie man Tiefs möglichst wenig tief macht
- Deutlich machen, wie man dieses Modell zur Arbeit in konkreten Veränderungsprojekten nutzen kann

Zeit:

35 Minuten

Material:

- Tesakrepp-Streifen
- ein Seil (es muss gut formbar sein)
- Moderationskarten mit Smileys drauf
- Moderationskarten, beschriftet mit den Phasen im Klima-Prozess (Schock, Verneinung/Verdrängung, rationale Akzeptanz, emotionale Akzeptanz, ausprobieren)
- als Bodenarbeit vorbereiten

Überblick/Hinweise:

Gemeinsam mit den Teilnehmern werden die Phasen in der Klima-Kurve, nachdem sie vorgestellt wurden, diskutiert. Wenn es einen konkreten (gemeinsamen) Veränderungsprozess gibt, kann man gut Klima-Kurve „spielen"..., also zum Beispiel nachfragen „Wie sind Ihrer Erfahrung nach die Kurven verlaufen?", „Wo stehen Sie jetzt?", „Was bräuchten Sie, um in der aktuellen Situation weiter im positiven Sinn voranzukommen ...?"

Vorbereitung

Als Trainer kann man durchaus schon in der Mittagspause mit Tesakrepp eine Zeitachse mit einer Klima-Kurve auf den Fußboden kleben. Das macht neugierig ... Die Zeitachse sollte so lang sein, dass sich 12

Personen locker auf dieser aufstellen können. Etwa 8 Meter sind gut. Nun, kurz vor der Übung, kann man die Smiley-Kärtchen, eine mit hochgezogenen Mundwinkeln und eine mit nach unten gezogenen Mundwinkeln auflegen. Der Trainer bittet die Teilnehmer, sich rund um die Installation aufzustellen und legt dann noch das Seil entsprechend der Klima-Kurve aus (siehe Foto unten). Außerdem sollte er die Kärtchen mit den Phasen parat haben.

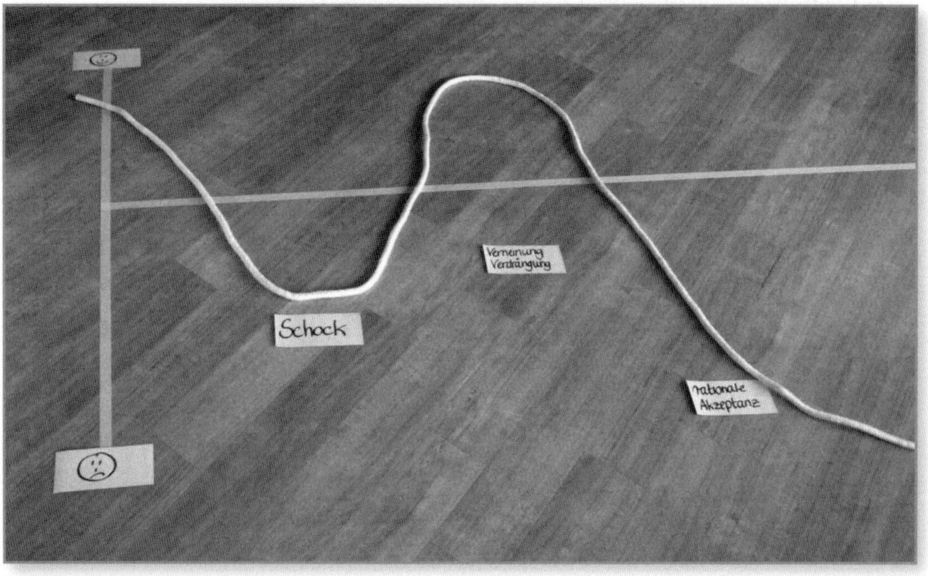

Abb.: Klima-Kurve

Vorgehen

„Wir haben nun immer wieder festgestellt, dass Veränderungen stets mit Emotionen der Betroffenen einhergehen. Kurt Lewin, ein deutscher Psychologe, der in den 1930er- und 1940er-Jahren in den USA viel zum Thema Veränderungen zum Beispiel in Gruppen geforscht hat, formulierte entsprechend die Grundidee einer ‚Klima-Kurve in Veränderungsprozessen' (1947). In seinen Beobachtungen von Veränderungsprozessen, unabhängig davon, ob es sich um Prozesse bei Einzelpersonen oder in Teams handelte, stellte er fest, dass diese wohl häufig einen sehr ähnlichen Verlauf nehmen. Weitere ergänzende Forschungen ergaben ein ähnliches Bild. Je nachdem, ob man eine Veränderung selbst (mit-)initiiert oder ob man ‚verändert wurde', etwa bei einer Trennung des anderen Ehepartners, verläuft die Klima-Kurve vor allem zu Beginn etwas anders. Grundsätzlich aber lassen sich ähnliche Gesamtverläufe beschreiben …"

Nun begibt sich der Trainer an den Beginn der Klima-Kurve.

„Wenn wir von einem sogenannten ‚Radical Change' sprechen, also die Betroffenen erst einmal keine Mitentscheidungs- und Gestaltungsmöglichkeiten hatten, dann kann man folgenden Verlauf beobachten: Zuerst scheinen die Betroffenen eine Art Schock zu durchleben, wenn sie die betreffende Information erhalten. Eine extreme emotionale Reaktion, ‚wie vor den Kopf gestoßen' worden zu sein. Trauer oder Wut oder Widerstand sind wahrscheinlich. Es kommt zu einem gefühlten Absinken der eigenen Kompetenz, weil es scheint, dass eigene Vorstellungen, Handlungsvorhaben oder Routinen nicht in der gewohnten Weise fortgesetzt werden können. Dies wird mit dem hier sichtbar gemachten emotionalen Tief veranschaulicht, das oft auch als erste Widerstandsphase bezeichnet wird. Je nach Art der Situation kann diese Reaktion länger oder auch tiefer empfunden werden.

Dann folgt oft eine Phase der Verneinung oder Verdrängung der Information. Wenn etwa ein Mitarbeiterabbau angekündigt wird, können sich mögliche Betroffene sozusagen selbst beruhigen, indem sie sich sagen, dass es so schlimm schon nicht kommen werde, oder dass es einen selbst schon nicht betreffen werde. Wenn dann erste Mitarbeiter die sie betreffenden Entscheidungen erfahren oder man gar selbst betroffen ist, kommt das zweite emotionale Tief, beziehungsweise eine zweite Widerstandsphase, die als die Phase der rationalen Akzeptanz bezeichnet wird. Diese ist deutlich länger und schwerwiegender als die erste. (Der Trainer geht am Seil entlang und verteilt dabei die Kärtchen.) *Die Phase der rationalen Akzeptanz ist der Schwerpunkt der emotionalen Trauerphase. Sie kann relativ anhaltend sein und in einer Art ‚Stuck State' münden, wenn nicht begleitende stärkende und ermutigende Erfahrungen bzw. Maßnahmen erlebt werden – also Maßnahmen und Handlungsstrategien, von denen wir vorher auch beim Thema Umgang mit Widerstand schon gesprochen haben. Ich habe solche Phasen sowohl bei Produktionsschließungen als auch beim Verkauf von Unternehmen an andere erlebt, die bis zu zwei Jahre gedauert haben. Die Phase der emotionale Akzeptanz, des sich Abfindens mit den Gegebenheiten schließlich ist Voraussetzung dafür, dass man sich auf das Neue einlassen und es ausprobieren kann …"*

Nun wendet sich der Trainer wieder direkt an die Teilnehmer: *„Wieweit haben Sie selbst ähnliche Verläufe bei Veränderungen erlebt oder auch ganz andere?"*

Viele Teilnehmer können mit ihren Erfahrungen den Verlauf der Klima-Kurve nachvollziehen. Entsprechend lässt man die Teilnehmer dann einfach berichten. Der Trainer kann auch noch mit dem Beginn der Klima-Kurve „spielen". Etwa, wenn Veränderungen selbst initiiert wurden oder man partizipativ eingebunden wurde, können die Teilnehmer herausarbeiten, welche Erfahrungen sie dann bezüglich des Verlaufs der Klima-Kurve hatten. Erfahrungsgemäß gibt es auch hier emotionale Tiefs und Widerstandsphasen, wenngleich diese meist nicht so tief ausfallen und eher kürzer sind. Wenn die Teilnehmer aus einem Unternehmen sind und selbst gerade Veränderungsprozesse erleben, kann man sie sehr gut bitten, sich an den Punkt der Klima-Kurve bezüglich des Veränderungsprozesses zu begeben, an dem sie sich gerade befinden. Dann sollte der Trainer die Teilnehmer unbedingt fragen, was ihre entsprechenden Wahrnehmungen und Emotionen sind, die dazu geführt haben, dass sie sich genau an dieser Stelle positioniert haben und was sie bräuchten, um im positiven Sinn weiter voranzukommen. Dieser Teil der Bodenarbeit ist extrem wichtig, weil es sich bereits als ermutigend auswirkt, wenn die Teilnehmer alleine das Wissen um eine solche Klima-Kurve als „normal" empfinden, wenn sie hören, dass es anderen ähnlich geht, und sie wahrnehmen, dass manche Kollegen schon wieder „auf dem aufsteigenden Ast sind" und erste Lichtblicke sehen (das ist die Phase der emotionalen Akzeptanz oder des Ausprobierens). Die Erkenntnisse der Auswertungen sollte der Trainer unbedingt in ein abschließendes SMARTIE aufnehmen.

SMARTIE

Falls es kein aktuelles oder kein gemeinsames Change-Thema gibt, könnte man aktuelle gesellschaftspolitische Themen aufgreifen (der Bau eines Flughafens oder Bahnhofs, der Euro, die Definition eines Naturparks ...) und hierzu eine Aufstellung erbitten, nach dem Motto: *„Wo stehen Sie hier in Ihrem Erleben?"* Man kann auch nochmals an die „Solarflight AG"-Übung erinnern, bei der der Verlauf der Klima-Kurve meist gut sichtbar wird.

Wenn das SMARTIE abgeschlossen ist, sollte der Trainer das Seil wieder einrollen, die Klima-Achse entfernen und die Smileys jeweils auf die eine bzw. andere Seite der Zeitachse legen; die Zeitachse wird somit zur Bewertungsachse für das „Abschluss-Blitzlicht".

Quellen/Literaturempfehlungen

- Lewin, K. (1947): Frontiers in group dynamics. Human Relations, 1.

Abschluss-Blitzlicht: Bodenarbeit

Orientierung

Ziele:

- Zufriedenheitsabfrage zum 2. Seminartag durchführen
- Wahrnehmen, wo die Teilnehmer emotional stehen
- Hören, was die Teilnehmer (eventuell noch) brauchen

Zeit:

10 Minuten

Material:

- Tesakrepp-Streifen
- Moderationskärtchen mit Smileys drauf
- Als Bodenarbeit vorbereiten

Überblick/Hinweise:

Die Übung schafft einen guten Überblick über die Zufriedenheit mit dem Seminartag 2 für alle Teilnehmer und den Trainer: Gemeinsam kann man so eine Idee entwickeln, wie es am 3. Seminartag weitergehen kann.

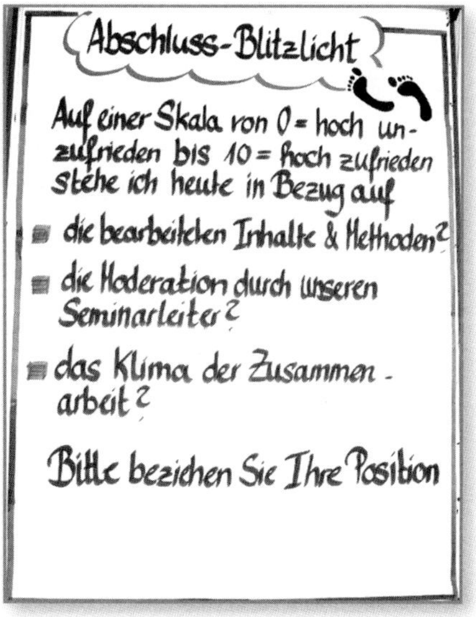

Der Trainer legt mit Tesakrepp-Streifen oder Moderationskarten eine Achse durch den Raum und erklärt sie. Die Skala „hoch zufrieden" liegt auf der einen Seite, „hoch unzufrieden" auf der anderen. Dann markiert er auch noch die Mitte. Er bittet die Teilnehmer, sich entsprechend ihrer persönlichen Sichtweise pro Frage auf die Skala zu stellen. Diejenigen, die über der Hälfte liegen, befragt er nach jeder Aufstellung: *„Was macht Sie hier zufrieden? Und was brauchen Sie, um hier zufriedener zu werden? – bitte jeweils nur ein Satz und nur, wer möchte."*

Er macht für sich entsprechende Notizen auf einem Kärtchen.

Inhalte

Thema/Übung	Dauer	Uhrzeit	Seite
Stille Post – kleine Lesung einer bekannten Geschichte Rückblick Agenda 2. Tag und Ausblick Agenda 3. Tag	5 Min. Stille Post 10 Min. Rück-, Ausblick	9.00 bis 9.15 Uhr	130 132
Person Swap – Ich sehe was, was Du nicht siehst Kommunikation und Information im Change (Filmsequenz)	15 Min.	9.15 bis 9.30 Uhr	133
Die Kommunikationskollision umgehen Professionelle Information und Kommunikation im Veränderungsprozess – Theorie-Input/ Präsentation	15 Min.	9.30 bis 9.45 Uhr	135
Kommunikationskonzept, Kommunikationsskyline & Co. Die Unterscheidung der Konzepte bzw. Begriffe Theorie-Input/Präsentation und Diskussion	15 Min.	9.45 bis 10.00 Uhr	138
Leitfaden zur Erstellung eines Kommunikationskonzeptes und Blick in die Werkzeugkiste „Kommunikationsmedien" Erörterung	30 Min.	10.00 bis 10.30 Uhr	141
Pause	15 Min.	10.30 bis 10.45 Uhr	
Der Business Case „Kundenservice": Ein Kommunikationskonzept entwerfen	90 Min.	10.45 bis 12.15 Uhr	145
Mittagspause	60 Min.	12.15 bis 13.15 Uhr	

Der dritte Seminartag

Vorstandspräsentation: „Kommunikationskonzept Kundenservice"	75 Min.	13.15 bis 14.30 Uhr	150
Gedankenspiele: „Keine Maßnahme ohne Nebenwirkungen"	15 Min.	14.30 bis 14.45 Uhr	152
Pause	15 Min.	14.45 bis 15.00 Uhr	
Interessengruppen im Veränderungsprozess: von Schnell- und Langsam-Adaptern Teil 1 Teil 2 Teil 3	 20 Min. Bodenarbeit 30 Min.Gruppenarbeit 30 Min. Präsentationen	 15.00 bis 15.20 Uhr 15.20 bis 15.50 Uhr 15.50 bis 16.20 Uhr	154
Blick auf offene Fragen, Lernziele und Themenwünsche Dialog und Tipps	20 Min.	16.20 bis 16.40 Uhr	160
Das 5-Finger-Blitzlicht (Abschlussrunde)	40 Min.	16.40 bis 17.20 Uhr	162
Verabschiedung	10 Min.	17.20 bis 17.30 Uhr	
Ende des Trainings		17.30 Uhr	

Stille Post! – kleine Lesung einer bekannten Geschichte

Orientierung

Ziele:

- Begrüßung
- Einstimmung auf den Tag
- Zeigen, wie leicht störbar unsere Kommunikation ist

Zeit:

5 Minuten
+ 10 Minuten Rückblick auf den letzten Tag und Ausblick auf den aktuellen Tag

Material:

Stille-Post-Geschichte

Überblick/Hinweise:

- Die Geschichte macht die Schritte in der Kommunikation und „Filter-Effekte" sehr deutlich; die Teilnehmer verstehen, dass Kommunikation nicht „absichtlich" verändert wird.
- Der Autor dieser Geschichte ist uns leider nicht bekannt. Für entsprechende Hinweise sind wir dankbar und fügen diese alsbald in die Literatur-Quellen ein.

Vorgehen

Auch am dritten Tag können wieder Guten-Morgen-Kärtchen mit Change-Sprüchen auf die Plätze der Teilnehmer verteilt werden.

Zum Einstieg in den Tag weist der Seminarleiter darauf hin, dass ein Schwerpunkt des heutigen Tages das Thema „Kommunikation und Information im Veränderungsprozess" sein wird. Und dass es daher eine kleine Lesung einer bekannten Geschichte zum Start in den Tag geben wird, die manche von den Teilnehmern möglicherweise bereits kennen. Aus meiner Sicht macht das nichts, denn jedes Mal wenn die Geschichte vorgelesen wird, müssen die Teilnehmer wieder lachen.

Der Trainer liest direkt die Geschichte vor …

Stille Post!

„Kennen Sie folgende Geschichte?

Der Niederlassungsleiter sagt zum Produktionsleiter:
„Morgen um 9.00 Uhr findet eine Sonnenfinsternis statt. Also etwas, was man nicht alle Tage sehen kann. Lassen Sie die Belegschaft auf den Hof kommen. Sie können in Werkskleidung bleiben. Bei der Beobachtung des seltenen Ereignisses werde ich selbst die Erläuterungen geben. Wenn es regnet, werden wir das nicht gut sehen können. Die Belegschaft begibt sich dann in den Speisesaal."

Der Produktionsleiter sagt zum Bereichsleiter:
„Auf Anweisung des Niederlassungsleiters findet morgen um 9.00 Uhr eine Sonnenfinsternis statt. Wenn es regnet, wird die Werkskleidung auf dem Hof nass. In diesem Fall führen wir eine Sonnenfinsternis im Speisesaal durch, aber das wird man nicht so gut sehen. Der Niederlassungsleiter wird das persönlich erklären."

Der Bereichsleiter sagt zum Meister:
„Auf Anweisung des Niederlassungsleiters findet morgen um 9.00 Uhr im Speisesaal in Werkskleidung das Verschwinden der Sonne statt. Der Niederlassungsleiter gibt noch Anweisung, ob es regnen wird. Also etwas, das man nicht alle Tage sehen kann. Der Niederlassungsleiter muss das erklären."

Der Meister sagt zum Mitarbeiter:
„Wenn es morgen um 9.00 Uhr im Speisesaal regnet, also etwas, was man nicht alle Tage sieht, muss der Niederlassungsleiter das erklären, bevor er verschwindet."

Der Mitarbeiter erzählt dem Kollegen:
„Morgen um 9.00 Uhr soll unser Niederlassungsleiter im Regen verschwinden. Schade, dass man das nicht alle Tage sehen kann."

Bestimmt gibt es, auch wenn die Geschichte schon ewig existiert, großes Gelächter unter den Teilnehmern, auch weil jeder diese Effekte der Kommunikation und des Flurfunks kennt. Wenn man will, kann man hier auch die Teilnehmer einbeziehen und nach entsprechenden persönlichen Erfahrungen oder Geschichten fragen. Der Trainer sollte bereits zum Einstieg in den Tag verdeutlichen, dass die Gruppe sich gerade wegen dieser Störbarkeit der Kommunikation heute intensiv mit dem Thema „Professionelle Information und Kommunikation im Veränderungsprozess" auseinandersetzen wird.

Dann sollte er einen Rückblick auf den gestrigen und einen Ausblick auf den letzten Seminartag geben. Wenn die Teilnehmer im Feedback zum Tag Änderungswünsche formulieren, sollte der Trainer an dieser Stelle darauf hinweisen, was er heute gegebenenfalls anders machen wird.

Der Trainer sollte unbedingt auch auf die Themenwünsche und Fragen der Teilnehmer schauen und mindestens für sich selbst eine Bilanz ziehen, was davon schon bearbeitet ist und worauf man gegebenenfalls heute noch schauen muss. Wenn man möchte, kann man das auch durchaus jetzt schon offen abfragen und gegebenenfalls Häkchen an bearbeitete Themen machen. Der Trainer sollte beim Vorstellen der Agenda darauf hinweisen, dass es heute Vormittag (9.45 bis 10.30 Uhr) einen relativ großen Block „Theorie-Input" geben wird; dass dabei aber parallel auch immer der gemeinsame Dialog und die Erfahrungen der Teilnehmer gesucht werden und dass es anschließend eine spannende Fallarbeit geben wird.

Nach diesen organisatorischen Hinweisen kann man „gleich noch eins draufsetzen" und den Film von Derren Brown „Person Swap" (Folgeseite) zeigen. Dies sollte der Trainer ohne weiteren Kommentar oder Hinweis tun, nur, dass man jetzt noch auf ein weiteres Experiment zum Thema Kommunikation verweisen möchte und die Teilnehmer bittet, einfach mal zu beobachten.

Person Swap – Ich sehe was, was Du nicht siehst

Orientierung

Ziele:

- Begrüßung
- Einstimmung auf den Tag
- Zeigen, wie leicht unsere Wahrnehmung zu stören ist

Zeit:

15 Minuten

Material:

- Präsentationsmöglichkeit für Person-Swap-Film (Derren Brown)
- Internet-Anschluss, Lautsprecher

Überblick/Hinweise:

Der Film ist generell eine sehr gute Brücke zu Themen wie „Ich verstehe die Sichtweisen des Anderen nicht" oder „Wie kann man das nur so sehen?".

Erläuterung

In dem Film „Person Swap" von Derren Brown fragt der Protagonist einen anderen nach dem Weg zu einer bestimmten Kirche. Während der Passant den Weg erklärt, wird ein großes Bild zwischen den beiden Gesprächspartnern hindurch getragen, welches diese kurzzeitig trennt. Hinter dem Bild wechseln die Protagonisten, zum Beispiel erscheint statt eines dunkelhaarigen ein blonder Mann. Die meisten Passanten bemerken diesen Wechsel nicht und fahren einfach mit ihren Erklärungen fort. Link:
www.youtube.com/watch?v=vBPG_OBgTWg

Vorgehen

Es empfiehlt sich, den Film nach dem „vierten Durchgang" abzubrechen und die Teilnehmer nach ihren Eindrücken zu fragen. Meist haben auch einige der Teilnehmer nicht wahrgenommen, was in diesem Film passiert. Manche Teilnehmer fragen, ob man wirklich glauben kann, dass dies ein echtes und nicht gestelltes Experiment ist. Dies kann man als Trainer mit gutem Gewissen bejahen:

„Vergleichbare Experimente wie zum Beispiel das Gorilla-Experiment von Simons (1999) und auch das in diesem Training schon zitierte Experiment von Bargh (Seite 100) haben immer wieder belegt, dass die menschliche Wahrnehmung durchaus störbar und selektiv ist, insbesondere auch durch die in Veränderungsprozessen stets vorhandenen Emotionen. ‚Am Anfang war das Wort und gleich danach kam das Missverständnis' – dieser Sinnspruch trifft eben auch bei Veränderungsprozessen häufig zu. Entsprechende Beispiele darüber, wie Widerstand aufgebaut und verstärkt wird, gibt es reichlich: Stuttgart 21 liefert ein ‚Paradebeispiel'; darin sind sich selbst Befürworter und Gegner einig. Je nach Emotionen, Bedürfnissen und Partizipationsmöglichkeiten hat jeder Empfänger also seine eigene ‚Wahrgebung' (vgl. G. Schmidt, 2000). Den Inhalt einer Botschaft und dessen Bedeutung bestimmt letztlich immer der Empfänger. Diese Tatsache hat eine enorme Relevanz für jede Form von Kommunikation in jedem Veränderungsprozess! Es bedeutet, dass Kommunikation so gut wie möglich bedacht, geplant und gezielt in ihrer Wirksamkeit überprüft werden muss: ‚generalstabsmäßig!'. Wie das methodisch durch ein spezifisches Kommunikationskonzept unterstützt werden kann, ist Inhalt des heutigen Vormittags."

In dieser Einführungsrede kann der Trainer auch die Erkenntnisse aus dem Solarflight-Planspiel nochmals zitieren.

Quellen/Literaturempfehlungen

- Schmidt, G., Dollinger, A., Müller Kalthoff, B. (2010): Gut beraten in der Krise. Konzepte und Werkzeuge für ganz alltägliche Ausnahmesituationen. Bonn: managerSeminare.
- Simons, D. J., Chabris, C. F. (1999). Gorillas in our midst: sustained inattentional.
- Blindness for dynamic events. Perception, 28.

Die Kommunikationskollision umgehen

Orientierung

Ziele:

Veranschaulichen und erklären, wie unterschiedliche Sichtweisen und Positionen zustande kommen

Zeit:

15 Minuten

Material:

Grafik oder Abbildung auf Flipchart entwickeln

Überblick/Hinweise:

Anhand der Position und Gedanken des Managements und die der Mitarbeiter wird verdeutlicht, dass Kommunikation hier sehr achtsam und wohlüberlegt sein muss, damit es nicht zur Kommunikationskollision kommt.

Vorgehen

Nun führt der Trainer das Schaubild der Kommunikationskollision anhand eines Flipcharts oder eines PowerPoint-Charts ein und erläutert es.

„Ein gut durchdachtes Kommunikationskonzept ist eine Voraussetzung dafür, die häufig in der Praxis wahrgenommenen Kommunikationskollisionen beim Start von Veränderungsprojekten zu umgehen. Der Begriff der Kommunikationskollision beschreibt konfrontativ und verständnislos gegenüberstehende Interessengruppen, die allzu leicht in festgefahrenen Sichtweisen und Einstellungen der Beteiligten münden. Die Kommunikationskollision ist die Folge einer vom Management in mehreren Monaten erarbeiteten und nun in ihren Ergebnissen verkündeten Veränderungsstrategie, die im Prinzip lautet: ‚Das ist ab sofort zu tun.'"

Der Trainer weist auf den linken Pfeil der Abbildung.

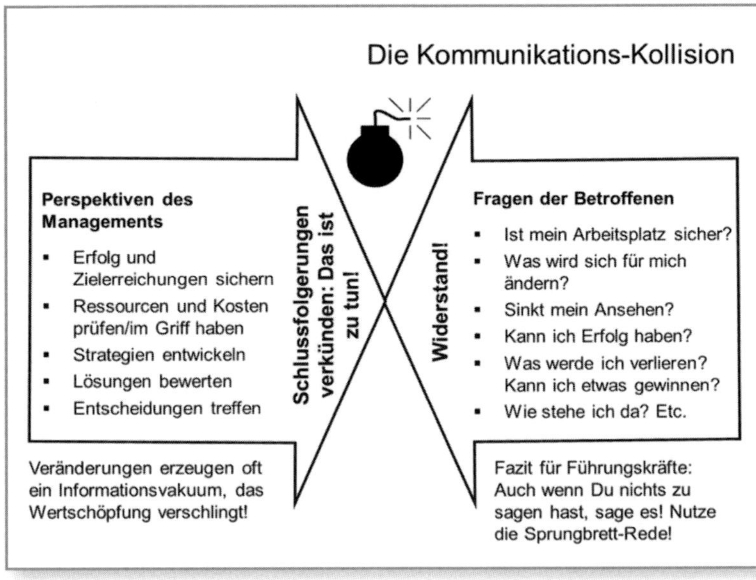

Abb.: Kommunikations-kollision

„Das Management, das sich monatelang mit den Themen Erfolg und Zielerreichung sichern, Ressourcen und Kosten prüfen bzw. im Griff haben, verschiedene Lösungen bewerten, Entscheidungen treffen etc. befasst hat und nun gut synchronisiert ist, versteht nicht, wieso nach dem Verkünden der entsprechenden ‚Schlussfolgerungen' diese für Mitarbeiter nicht sofort glasklar sind und als die einzig gangbaren Möglichkeiten erscheinen!"

Der Trainer weist auf den rechten Pfeil der Abbildung.

„Wenn Fragen auftauchen wie ‚Ist mein Arbeitsplatz sicher?', ‚Was kann ich hier verlieren – kann ich etwas gewinnen?', ‚Wie werde ich vor meinen Kollegen, meiner Familie … dastehen?' oder ‚Wieso können wir nicht auch über Themen wie XY nachdenken?', wird dies schnell missinterpretiert. Das Management reagiert womöglich verärgert, weil es diese Fragen als Widerstand und mangelnde Motivation versteht. Dass man sich im Management für dieses Fazit bzw. Ergebnis selbst bereits einige Monate Zeit des Durchdenkens genommen hat und dass andere folglich ebenfalls eine gewisse Zeit und mehr Informationen brauchen, wird allzu leicht vergessen. Auch die Erkenntnis, dass jeder (!) Mitarbeiter eine andere Wahrnehmung der Realität hat, wird außer Acht gelassen."

An dieser Stelle kann der Trainer gerne die Teilnehmer nach eigenen Erfahrungen befragen.

„Die Wirkung der Fragen/Aussagen ‚Was ist für mich wichtig!' muss immer wieder neu diskutiert, verhandelt und synchronisiert werden. Sonst reiht sich Missverständnis an Missverständnis und die Kommunikationskollision birgt zunehmend Zündstoff. Gleichzeitig können dann Kräfte diffundieren, Konfliktstärken ansteigen und konkretes Umsetzen bleibt aus. Umso mehr ist es sinnvoll, sich über ein methodisches, systematisches und zieldienliches Vorgehen in Form eines Kommunikationskonzeptes Gedanken zu machen."

Kommunikationskonzept, Kommunikationsskyline & Co

Orientierung

Ziele:

Die Teilnehmer

- verstehen, was ein Kommunikationskonzept umfassen soll
- können Kommunikationskonzept und Kommunikationsskyline hinsichtlich Zweck und Inhalten unterscheiden
- können ein Kommunikationskonzept erstellen

Zeit:

15 Minuten

Material:

Grafik oder Abbildung auf Flipchart entwickeln

Überblick/Hinweise:

Anhand der Beispiele können Teilnehmer verstehen, was alles professionelle Kommunikation im Veränderungsprozess erfordert und was entsprechend nützlich ist. Je nach Bedarf kann an dieser Stelle natürlich viel intensiver diskutiert werden.

Vorgehen

Der Trainer erläutert Wesen und Inhalte des Kommunikationskonzepts und der Kommunikationsskyline und grenzt beide gegenüber dem Projektplan ab. Hierzu setzt er zur Visualisierung beispielhaft Fotos oder PowerPoint-Charts ein.

„Da Veränderungen meist Unsicherheit erzeugen, suchen potenziell Betroffene fortlaufend nach Informationen, um Unsicherheitsgrade zu reduzieren. Je nach Persönlichkeit, Erfahrungen und Status wird dann jede Information und jede Kommunikation von jedem Stakeholder im Kontext der aktuellen Situation interpretiert: In den meisten Fällen brodelt die Gerüchteküche. Solange die Menschen im Unternehmen stark mit Informationssuche beschäftigt sind, weil es wenige Informationen gibt oder die Unsicherheit groß ist, sinken die wertschöpfenden Aktivitäten. Viele Autoren behaupten im Extremfall um bis zu zwei Drittel! Daher gilt als Grundsatz: Eine fortlaufende, umfassende Kommunikation ist eine zwingende Notwendigkeit, wenn man nicht möchte, dass ein Informati-

onsvakuum Wertschöpfung verschlingt. Für Führungskräfte gilt in diesem Zusammenhang: ‚Auch wenn Du nichts zu sagen hast, sage es!'

Gerade weil man ‚nicht nicht kommunizieren' (P. Watzlawick, 1969) kann, ist es bei anstehenden Veränderungsprozessen von Anfang an notwendig, ein durchgängiges Kommunikationskonzept zu entwickeln. Ein solches Kommunikationskonzept beschreibt, was (also welche Informationseinheit) wann von wem in welcher Form (also schriftlich, mündlich, anhand welches Mediums) an Information bzw. Kommunikation gegeben (gesendet oder ausgetauscht) wird und was jeweils mit dem Geben dieser Information(-seinheit) erreicht werden soll. Wir sprechen von einem Kommunikationskonzept eher dann, wenn dies für einen relativ abgeschlossenen, überschaubaren und konkret definierten Veränderungsprozess und Zeitraum betrachtet wird, wie zum Beispiel später bei unserem Fallbeispiel ‚Kundenservice' (ca. 3 Monate). Von einer Kommunikationsskyline sprechen wir, wenn es sich bei dem Veränderungsvorhaben eher um ein längerfristiges Change-Projekt (z.B. 1-2 Jahre) handelt, in dem systematisch- wiederkehrende Elemente eine wichtige Rolle spielen. Etwa regelmäßige Berichte darüber, woran gerade gearbeitet, worüber nachgedacht wird und welche Ergebnisse erzielt wurden oder auch ‚Reminder-Konzepte' (= regelmäßige Erinnerungen etwa spielerischer Art an bestimmte Themen) sowie fortlaufende Feedback-Schleifen (damit gegebenenfalls entsprechend ‚nachgesteuert' werden kann)."

Abb.: Beispiel für ein Kommunikationskonzept

„Wie unterscheiden sich die Werkzeuge von einem Projektplan? Während das Kommunikationskonzept (oder die Kommunikationsskyline) beschreibt, wer wann worüber womit informiert bzw. kommuniziert, beschreibt ein Projektplan (im Gegensatz hierzu), was bis wann von wem erreicht/erarbeitet werden bzw. als Ergebnis vorhanden sein muss."

Wenn man möchte, kann man noch das Beispiel einer Kommunikationsskyline im Sinne einer fortlaufenden Kommunikation (vgl. R. Königswieser, 2000) zeigen.

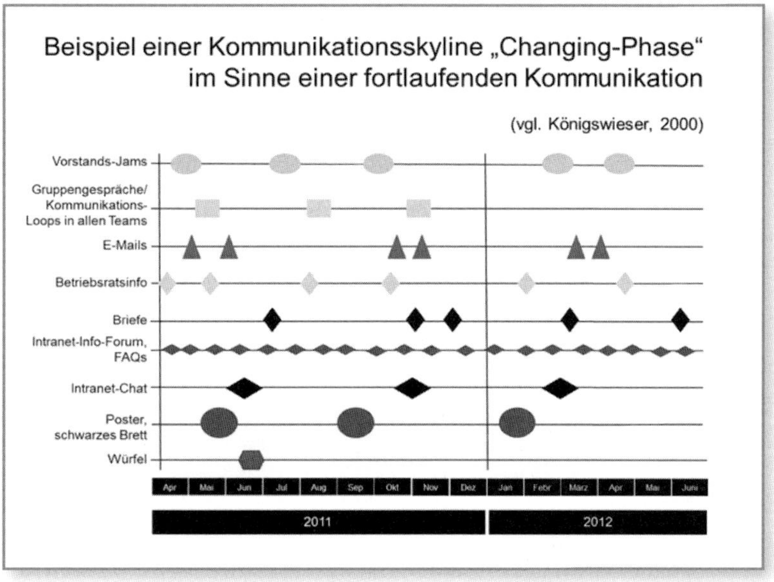

Abb.: Beispiel einer Kommunikationsskyline

Quellen/Literaturempfehlungen

- Watzlawick P., Beavin, Janet H. & Jackson, Don D. (1969): Menschliche Kommunikation. Wien: Huber.
- Königswieser, R. & Exner, A. (2009). Systemische Interventionen. Architekturen und Designs für Berater und Veränderungsmanager. Stuttgart: Klett-Cotta.

Leitfaden zur Erstellung eines Kommunikationskonzeptes und Blick in die Werkzeugkiste „Kommunikationsmedien“

Orientierung

Ziele:

Die Teilnehmer ...

- kennen die Fragen, die zur Erstellung eines Kommunikationskonzeptes wichtig und hilfreich sind
- vergegenwärtigen sich die Methoden und Instrumente, die sich in einer kommunikativen Werkzeugkiste befinden können
- können ein Kommunikationskonzept erstellen

Zeit:

30 Minuten

Material:

- Leitfaden zur Erstellung eines Kommunikationskonzeptes analog Teilnehmer-Zahl
- Evtl. Kopie „Übersicht verschiedenster Kommunikationsmedien“ alternativ PowerPoint-Chart; ggf. die Werkzeugkiste auch nur in Teilen am Flipchart entwickeln
- Pinnwände, Kärtchen, Stifte
- Konkreter Beispielsfall

Überblick/Hinweise:

Anhand der Fragen fällt es den Teilnehmern relativ leicht zu verstehen, welchen Perspektiven man sich im Veränderungsprozess stellen muss. Wenn es ein aktuelles reales Beispiel gibt und das Ergebnis entsprechend umgesetzt werden soll, dann für die ersten Entwürfe ca. 90 bis 120 Minuten kalkulieren.

Erläuterungen

Anhand dieser Hintergrundinformationen „werben“ wir im Training eindringlich für eine professionelle Kommunikationsarbeit und sprechen im Anschluss den Leitfaden (siehe ab Seite 142) zur Erstellung eines Kommunikationskonzepts durch. Dieses Arbeitspapier ist in der Arbeit mit „echten“ Change-Prozessen vielfach erprobt, gleichwohl kann es selbstverständlich durch eigene Punkte ergänzt werden, die Ihnen als Trainer wichtig sind.

Vorgehen Der Trainer avisiert vor dem Durchsprechen des Leitfadens, dass er die Teilnehmer bitten wird, ein Kommunikationskonzept zu den Punkten 1 bis 3 zu entwerfen. Entweder anhand eines konkreten Beispielfalls aus dem bzw. für das Unternehmen oder anhand eines Business Cases (Business Case „Kundenservice“). Wenn ein aktuelles gemeinsames Change-Projekt gegeben ist, ist die Arbeit an diesem realen Projekt natürlich vorzuziehen. Die Analyse der Interessengruppen, die Stakeholder Map (oder auch als PUMA = Projektumfeldanalyse bekannt), ist vielen Teilnehmern aus dem Projektmanagement vertraut. Je nachdem, kann man die Ziele einer solchen Analyse der Interessengruppen und die Vorgehensweise etwas ausführlicher darstellen oder auch nicht (siehe unten).

Leitfaden zur Entwicklung eines Kommunikationskonzeptes zur Begleitung von Veränderungsprozessen

1. Definition der relevanten Kommunikationszielgruppen: eine Stakeholder Map erstellen
   a) Welches sind die für den Veränderungsprozess relevanten Zielgruppen?
   b) Wer ist direkt betroffen?
   c) Wer ist indirekt betroffen (Nachbarbereiche...)?
   d) Wen brauchen wir als Unterstützer des Prozesses („Wenn wir diese nicht gewinnen, könnte der Prozess scheitern“)?
   e) Wer empfindet sich wohl als Gewinner bzw. als Verlierer in der neuen Situation? Interessengruppen nach Betroffenheitsgrad (=Gewinn-Verlust-Rechnung) clustern!

2. Wie wirkt der Change auf die Betroffenen?
   a) Welche Fragen werden sich die jeweiligen Zielgruppen/Betroffenen stellen?
   b) Welche Bedenken, welche Sorgen werden die direkt und die indirekt Betroffenen umtreiben?
   c) Welche Fragen stellen sich die potenziellen Gewinner und welche Fragen stellen sich die potenziellen Verlierer in der neuen Situation?

d) Welche Fragen werden die sich im Umfeld befindlichen Interessen-(Stakeholer-)Gruppen stellen?
e) Welche Chancen, Vorteile und Nutzen könnten wir für die jeweiligen Zielgruppen aufzeigen?
f) Welche Antworten können sofort gegeben werden? Gegebenenfalls FAQ-Liste erstellen und fortführen!

3. Welche Informationen („Info-Einheiten") sind wann zu kommunizieren? Welche wiederkehrenden Medieninstrumente setzen wir ein?
a) Wann werden „Notwendigkeit der Veränderung" und „Sinn, Nutzen und Ziel der Veränderung" jeweils vermittelt?
b) Wie stellen wir bei der Kommunikation sicher, dass die einzelnen Interessengruppen Wertschätzung erfahren? (Man muss „gut dastehen" können!!!)
c) Wer, also welche Kommunikationszielgruppen (siehe oben) soll wann was (welche Info-Einheit) wie (durch welche Medien) von wem erfahren? Welchen Vorlauf brauchen gegebenenfalls relevante Zielgruppen (WIWIZ: Die Regel bedeutet „Wichtig ist, wer Info zuerst erhält" und reflektiert darauf, dass man Meinungsbildner und Führungskräfte im Unternehmen unbedingt frühzeitig, gegebenenfalls vorab, informieren soll, wenn man sie für den Change gewinnen möchte. Dies geschieht, indem man zeigt, dass man sie sehr wichtig nimmt und deshalb „vorab" informiert).
d) Welche (wiederkehrenden) Medien nutzen wir?

4. Was könnte den Widerstand (Depression/Demotivation) bei den Betroffenen unnötig steigern?
a) Was passiert, wenn Widerstand, Ärger oder Depression/ Demotivation bei den Betroffenen (bzw. bei den der direkt betroffenen Interessensgruppe nahestehenden Menschen) wächst?
b) Was müssten wir tun, um den Widerstand zu erhöhen?
c) Was müssten wir tun, um die Motivation zu zerstören?

5. Welche partizipativen Themenfelder können wir anbieten? Wo/ab wann könnte man die Betroffenen einbeziehen?

Nachdem die Gruppe den Leitfaden durchgesprochen hat, werfen alle auch noch einen Blick auf die „Werkzeugkiste" verschiedener Kommunikationsmedien. Die Übersicht möglicher Kommunikationsmedien (als PowerPoint-Chart abrufbar) sollte eher kurz ausfallen: Das Ziel dieser Zusammenstellung ist, die Teilnehmer auf die kommende Gruppenarbeit einzustimmen und sie daran zu erinnern, welche Kommunikationsmedien sie vielleicht schon selbst genutzt bzw. erlebt haben sowie eine „Nachschlagemöglichkeit" zu bieten, welche Informations- und Kommunikationsmedien es gibt. Dies sollte der Trainer auch so den Teilnehmern sagen. Somit können die Teilnehmer dann für ihre Fallbearbeitung in „umfassenden" Werkzeugkisten stöbern. Der Trainer sollte noch darauf hinweisen, dass die Vorstellung der jeweiligen Konzepte durch die Gruppen nach dem Mittagessen stattfinden wird.

Download-Link in der Buchklappe

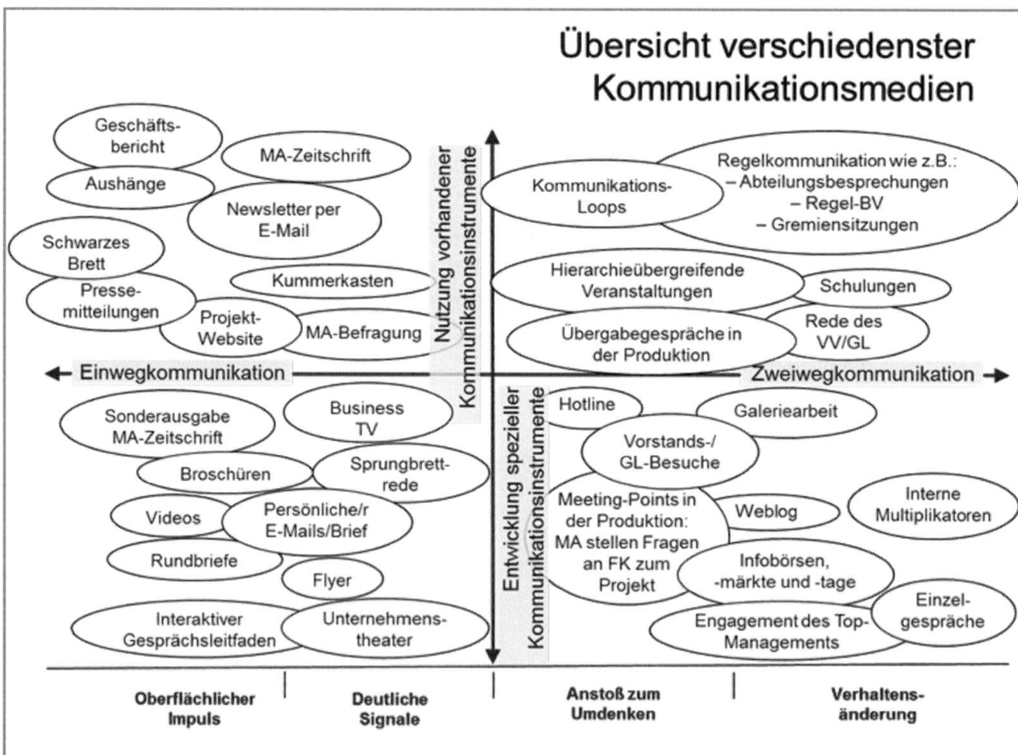

Abb.: Übersicht verschiedenster Kommunikationsmedien

Der Business Case „Kundenservice“: Ein Kommunikationskonzept entwerfen

Orientierung

Ziele:

- Methodenwissen zur Erstellung eines Kommunikationskonzepts vertiefen bzw. üben
- Erkennen, wo die Herausforderungen beim Entwurf eines Kommunikationskonzeptes liegen
- Verdeutlichen, dass es „den besten Weg“ nicht gibt („keine Maßnahme ohne Nebenwirkungen“), aber durchaus hilfreiche und zieldienliche Vorgehensweisen

Zeit:

90 Minuten Arbeitszeit (ohne Präsentation der Ergebnisse)

Material:

- Instruktionsunterlagen „Business Case Kundenservice“
- Leitfaden „Ein Kommunikationskonzept entwerfen“ analog Teilnehmerzahl
- Pinnwände (ggf. mit Überschriften-Kärtchen „Kommunikationskonzept“) vorbereiten (je nach Anzahl der Gruppen)
- Reichlich Moderationskarten, ggf. in verschiedenen Farben
- Wenn möglich, verschiedene Räume für die Gruppenarbeiten

Überblick/Hinweise:

- Gruppenarbeiten (zwei Gruppen sind sinnvoll – mehr nicht)
- Erarbeiten des Business Case „Kundenservice“ in Form einer Stakeholder Map und eines Kommunikationskonzepts

Vorgehen

Für den anstehenden Business Case „Kundenservice“, der die Start-Kommunikation im Rahmen eines Veränderungsprozesses zum Thema hat, bittet der Trainer seine Teilnehmer, die Fragen 1-3 aus dem Leitfaden (Seite 142 f.) zu bearbeiten: Also eine entsprechende Stakholder Map, eine Übersicht über Informationseinheiten und einen Ablaufplan zur Darstellung der notwendigen kommunikativen Schritte. Analog kann dies für einen konkreten Change-Prozess des Unternehmens geschehen.

Der Business Case (ein Echt-Fall!) ist erfahrungsgemäß weitgehend selbsterklärend. Gegebenenfalls kann der Trainer nochmals betonen, dass zum Zeitpunkt der Erstellung des Kommunikationskonzepts (also jetzt!) angenommen wird, dass nur zwischen dem Vorstand und Herrn Cuca (siehe unten: Business Case „Kundenservice") klar ist, wie in etwa das weitere Vorgehen sein soll (nämlich, die neue Führungsebene einzuziehen, die gewünschten definierten Führungskräfte bzgl. der neuen Aufgabe anzusprechen, die Teamstruktur zu ändern – siehe Organigramme alt/neu etc.). Dies alles ist noch nicht kommuniziert und auch nicht, dass die „alte" Leitung des Bereichs gekündigt hat und Herr Cuca den Bereich übernehmen wird. Das alles ist zu kommunizieren ... (Informationsstand der Mitarbeiter ist noch, dass der Leiter aktuell krank ist).

Business Case „Kundenservice" (Quelle: noesis)

In einem großen Finanzdienstleistungsunternehmen gibt es einen Bereich „Telefonischer Kundenservice" mit 108 Mitarbeitern. Die Mitarbeiter sind hoch qualifiziert. Ihre Aufgabe ist es, anspruchsvolle Kunden zu betreuen und deren Fragen zu beantworten. Die Mannschaft ist aktuell in sechs Teams zu je ca. 18 Teammitgliedern aufgeteilt. Jedes Team wird von einem Führungstandem geführt (aufgrund des Schichtbetriebs), wobei immer eine Führungskraft die Frühschicht im Team übernimmt und eine Führungskraft die Spätschicht.

Von den Mitarbeitern des Bereichs „Kundenservice" werden die eigenen Führungskräfte (= Teamleiter) anderen Kollegen gegenüber als „abgehoben", „mit sich selbst beschäftigt" und „arrogant" bezeichnet. Von den anderen Bereichen wird der Kundenservice (und zwar besonders auch von deren Führungskräften) generell ebenso gesehen.

Die Qualität der geführten Kundengespräche ist sehr hoch (hohe Kundenzufriedenheit); das haben Kundenbefragungen und „Mystery Calls" ergeben. Allerdings dauern die Gespräche zu lange (im Durchschnitt 10 Minuten, wobei es laut Benchmark aber nur 5 Minuten sein sollten). Die Anteile „ausgeloggter" Zeiten des Bereichs (Mitarbeiter in Nachbearbeitung/Vorbereitung) sind, wie vergleichbare Benchmarks zeigen, hingegen zu hoch.

Die Leitung des Bereichs „Kundenservice" ist schon seit einigen Wochen nicht mehr im Unternehmen gewesen. Zuerst war sie im Urlaub, dann krankgeschrieben und hat anschließend gekündigt. Sie wurde mit sofortiger Wirkung freigestellt. Der Vorstand hat nun entschieden, dass die Leitung eines thematisch angrenzenden Bereichs (telefonische Reklamationsbearbeitung mit 21 Mitarbeitern und drei Führungskräften), Herr Cuca, den Bereich neben seinem eigenen mitübernehmen wird. Herr Cuca hat dies dem Vorstand zugesagt. Dies ist der aktuelle Stand des Business Cases; es wurde aktuell noch nichts an die Mitarbeiter kommuniziert.

Herr Cuca hatte im Vorfeld einigen Kontakt zu den Führungskräften (normale Zusammenarbeit) des Bereichs „Kundenservice", der von beiden Seiten als „emotional negativ" besetzt bezeichnet wird.

Herr Cuca hat sich im Zuge seiner Zusage, die Leitung des Bereichs zu übernehmen, zu einem „Radical Change" und für die Definition einer neuen Aufbaustruktur im Kundenservice entschieden. Drei Abteilungen sollen von je einer Führungskraft geleitet werden, die jeweils wiederum vier Teamleiter führen. Die drei künftigen Abteilungsleiter wurden aus dem Kreis der bisherigen Teamleiter anhand einer Potenzialanalyse (Management-Audit), die vor einiger Zeit durchgeführt wurde, von Herrn Cuca in Zusammenarbeit mit dem Personal-Vorstand ausgewählt („ausgeguckt"). Die Kriterien waren: Durchsetzungskraft, hohe strategische Kompetenz, hohe Sozialkompetenz, ausgeprägte Ergebnis- und Zielorientierung.

Die drei Abteilungsleiter sollen vermehrt strategische Aufgaben und die Führung der Teamleiter wahrnehmen, die Teamleiter werden von der Projekt- und strategischen Arbeit entbunden und nehmen hauptsächlich Führungsaufgaben war. Sie sollen auch deutlich mehr im operativen Geschäft mitarbeiten (70 Prozent Führungsaufgaben, 30 Prozent operatives Geschäft).

Jedem Teamleiter werden ca. neun Mitarbeiter zugeordnet (wer in welches Team kommt, ist bereits entschieden). Dies dient dazu, die Strukturen aufzubrechen, die Führungskräfte stärker an das Team zu binden und die entsprechende Verantwortlichkeit zu erhöhen. Natürlich bleiben damit noch eine ganze Reihe Fragen offen. Diese sollen später mit den Abteilungsleitern gemeinsam bearbeitet werden.

Vom Vorstand bekam Herr Cuca den Auftrag, die „Ausgeloggt"-Zeiten um 30 Prozent zu reduzieren (innerhalb eines Jahres) und die Zusammenarbeit des Bereichs mit anderen Bereichen (Marketing, Kundenreklamation, Produktentwicklung) deutlich zu verbessern (gemessen an den Aussagen dieser Abteilungen). Zudem soll der Bereich im nächsten Jahr teilweise auch aktive Vertriebsaufgaben übernehmen.

Die Führungskräfte auf der Teamleiterebene und auf der Abteilungsleiterebene sollen sich künftig gegenseitig vertreten.

Im Rahmen der Umstrukturierung soll darauf geachtet werden, dass möglichst keine (oder nur wenige) Führungskräfte oder Mitarbeiter das Unternehmen verlassen, weil auf dem aktuellen Arbeitsmarkt entsprechend qualifizierte Mitarbeiter schwer zu rekrutieren sind. Die neuen Teamleiter, die man für die neue Struktur braucht, sind intern zu gewinnen. (Auch mit Mitarbeitern werden regelmäßig „Potenzialgespräche" durchgeführt; es gibt also Kandidaten.)

Die neue Struktur soll sobald wie möglich kommuniziert und eingeführt werden. Die nächsten vier Wochen ist keiner der drei künftigen Abteilungsleiter im Urlaub. Zwei bis drei der Teamleiter sind in den nächsten Wochen jeweils nacheinander im Urlaub.

Aufgabe

Bitte entwerfen Sie in Ihrem Team eine Stakeholder Map (mit Hinweisen auf gemeinsame Interessenthemen) und ein Kommunikationskonzept, in dem Sie darstellen, wie Sie an Stelle von Herrn Cuca die Reorganisation im Detail anpacken und kommunizieren (siehe auch: „Leitfaden zur Entwicklung eines Kommunikationskonzeptes" die Punkte 1-3). Sie haben dazu 90 Minuten Zeit. Bitte visualisieren Sie umfassend und präsentieren Sie anschließend in max. 10 Minuten Ihre Ergebnisse.

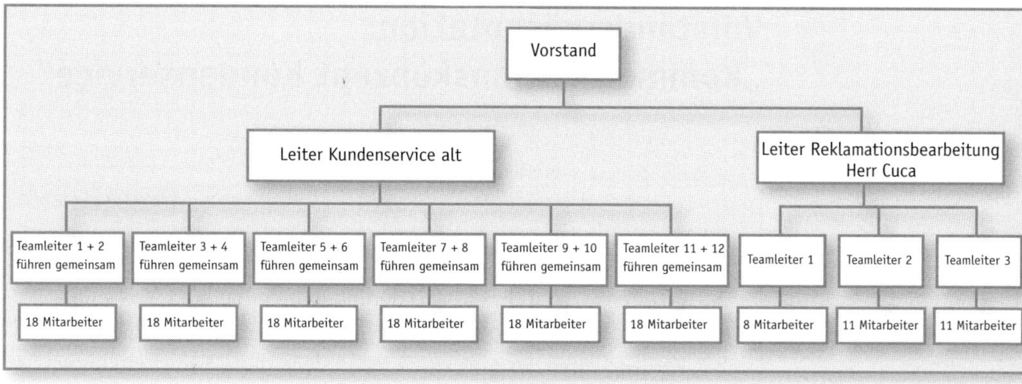

Abb.: Organigramm vor der Umstrukturierung

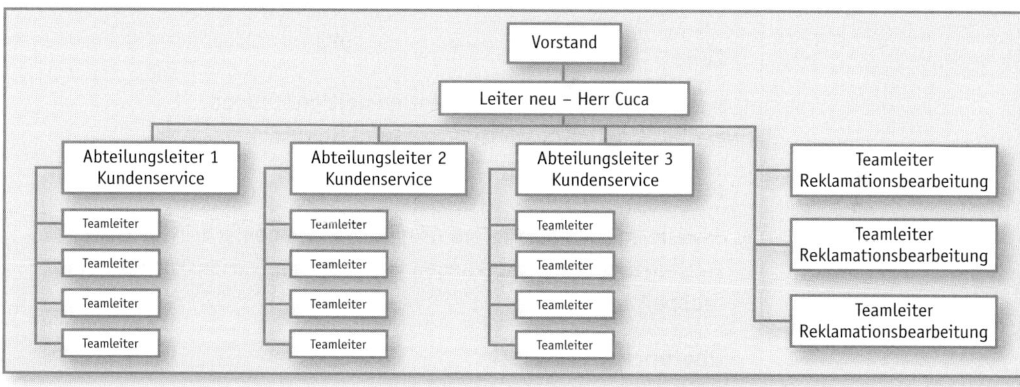

Abb.: Organigramm nach der Umstrukturierung

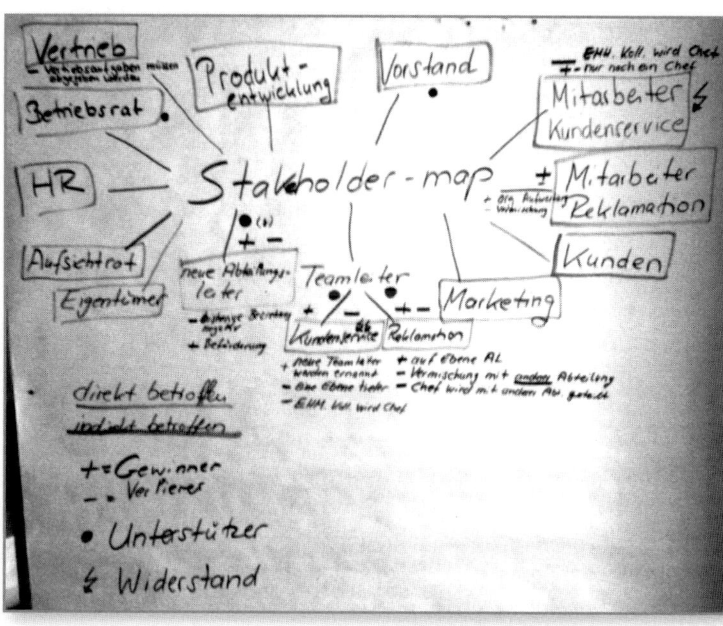

Abb.: Beispiel für eine mögliche Stakeholder Map

Vorstandspräsentation: „Kommunikationskonzept Kundenservice“

Orientierung

Ziele:

- Erkennen, wo die Herausforderungen beim Entwurf eines Kommunikationskonzeptes liegen
- Verdeutlichen, es gibt keine Maßnahme ohne Nebenwirkungen
- Methodenwissen zur Erstellung eines Kommunikationskonzeptes vertiefen bzw. üben

Zeit:

- Max. 10 Minuten Präsentationszeit pro Gruppe
- 20 Minuten Auswertungszeit pro Gruppe

Material:

Jeweils eine Pinnwand pro Gruppe mit der Überschrift „Protokoll/ergänzende Anmerkungen zum Kommunikationskonzept der Gruppe“

Überblick/Hinweise:

- Gruppenarbeit
- Diskussion der Vorteile der jeweiligen Vorgehensweise beim Ablauf der Kommunikation

Vorgehen

Nach dem Mittagessen finden dann die Präsentationen der Konzepte statt. Der Trainer fragt zunächst, welche Gruppe mit der Präsentation beginnen möchte. Damit hier eine kritische Würdigung der jeweiligen Konzepte stattfindet, gibt er mündlich (mit einem „Augenzwinkern“) folgende Instruktionen an diese Gruppe:

„Der Vorstand Ihres Unternehmens bittet Sie, ihm kurzfristig Ihre Gedanken und Ausführungen rund um Ihr Kommunikationskonzept vorzustellen. Sie bekommen dafür 10 Minuten Zeit. Es kommt nicht auf die Präsentationsform, nur auf die Inhalte an. Anschließend wird der Vorstand das Konzept wohlwollend kritisch hinterfragen, um Ihnen gegebenenfalls noch weiterführende Impulse für Ihr Kommunikationskonzept mitgeben zu können. Der Vorstand bittet Sie, die besprochenen Anregungen und

Hinweise direkt mitzuprotokollieren. Für diese Diskussion des Konzepts stehen 15 Minuten zur Verfügung."

Dann wird aus der jeweils anderen Gruppe „ein Vorstand" gebildet. Das heißt, jede Gruppe präsentiert vor Mitgliedern der jeweils anderen Gruppe. Das Mitvisualisieren der Diskussion übernehmen Mitglieder aus der präsentierenden Gruppe. Der Trainer begründet dieses Vorgehen:

„Wir werden gleich sehen, dass es nicht nur den einen und nur diesen richtigen Weg gibt, sondern dass es durchaus verschiedene gleichwohl gute Vorgehensweisen geben kann. Dass es aber zugleich sehr wichtig ist, sich die jeweiligen Vor- bzw. möglicherweise Nachteile oder Auswirkungen eines bestimmten Konzepts zu vergegenwärtigen, denn gerade beim Kommunikationskonzept gilt: ‚Keine Maßnahme ohne Nebenwirkungen' ... Entsprechend werden wir uns jetzt die verschiedenen Kommunikationskonzepte anhören und die jeweiligen Vorteile und möglichen Fallstricke gleich mitvisualisieren."

Ergänzende Anmerkungen zur Auswertung

Interessant ist, dass in der Stakeholder-Analyse häufig das „alte Team" von Herrn Cuca mit dem Argument „Die sind doch nicht betroffen" vergessen wird. In der Realität zeigte sich, dass dieses Team sehr wohl betroffen war, weil es jetzt seine Führungskraft teilen musste! Herr Cuca hatte nach der Reorganisation deutlich weniger Zeit für sein „altes" Team, was sich auch in einem entsprechenden Absinken der Zufriedenheit dieses Teams zeigte. Solche Effekte können durch eine gezielte Kommunikation im Vorfeld ein wenig gepuffert werden: Wichtig wäre in diesem Fall die frühzeitige Information des „alten" Teams. Die Teamleiter der Reklamationsabteilung sollten die wichtigsten/zentralen Informationen sehr kurz zum Beispiel direkt vor der unmittelbar anschließenden Information für die Teamleiter des Servicebereichs hören. Auch für die Teamleiter und Mitarbeiter der Reklamationsabteilung sollte eine Art Sprungbrett-Rede gehalten werden, mit dem zentralen Motto: „Wir schaffen das! Ich brauche Euch!"

Abschließend kann man als Trainer im Plenum noch ein SMARTIE zur Methode „Leitfaden zur Erstellung eines Kommunikationskonzepts" machen. Hier sollte der Trainer immer betonen, dass es keine Maßnahme ohne Nebenwirkungen gibt. Und dass man sich immer überlegen sollte, welche Nebenwirkungen man eher bereit ist zu akzeptieren. Abrunden kann man dann sehr gut mit der nun aufgeführten Matrix „Keine Maßnahmen ohne Nebenwirkungen".

Gedankenspiele: Keine Maßnahme ohne Nebenwirkungen

Orientierung

Ziele:

- Herausarbeiten, wo bei mangelnder Kommunikation von Themen welche Auswirkungen auftauchen
- Zum Nachdenken anregen

Zeit:

15 Minuten

Material:

Chart vorbereiten (als Kopie aus dem Buch analog Teilnehmerzahl oder als PowerPoint)

Überblick/Hinweise:

Die Arbeit mit diesem Chart bietet gegebenenfalls Gedanken für ein Transfer-Journal.

Vorgehen

Das nachfolgende Chart präsentiert der Trainer zur Abrundung des Besprochenen. Er weist darauf hin, dass die Matrix selbstverständlich keine physikalischen Gegebenheiten darstellt, also nicht „zwingend" ist. Die Matrix stellt Gedankenspiele dar, die wahrscheinlich sind und die auf mögliche Auswirkungen hinweisen. Sie dient dazu, für Auswirkungen zu sensibilisieren und alle zum Nachdenken anzuregen.

Quellen/Literaturempfehlungen

- Neuwaldegger Curriculum für systemische Unternehmensentwicklung 2008/2009: Kursunterlagen.

Gedankenspiele: „Keine Maßnahme ohne Nebenwirkungen“

(modifiziert nach Neuwaldegger Curriculum für systemische Unternehmensentwicklung 2008/2009)

Download-Link in der Buchklappe

Vision	+	Kommunikation	+	Notwendigkeit der Veränderung	+	Fähigkeit und Können	+	Konsequenzen-Management	+	Aktionspläne	=	**Wirkliche Veränderung**
	+	Kommunikation	+	Notwendigkeit der Veränderung	+	Fähigkeit und Können	+	Konsequenzen-Management	+	Aktionspläne	=	**Konfusion, Erstarrung**
Vision	+		+	Notwendigkeit der Veränderung	+	Fähigkeit und Können	+	Konsequenzen-Management	+	Aktionspläne	=	**Irritation, zu langsame Veränderung**
Vision	+	Kommunikation	+		+	Fähigkeit und Können	+	Konsequenzen-Management	+	Aktionspläne	=	**Widerstand**
Vision	+	Kommunikation	+	Notwendigkeit der Veränderung	+		+	Konsequenzen-Management	+	Aktionspläne	=	**Angst**
Vision	+	Kommunikation	+	Notwendigkeit der Veränderung	+	Fähigkeit und Können	+		+	Aktionspläne	=	**zu langsame Veränderung**
Vision	+	Kommunikation	+	Notwendigkeit der Veränderung	+	Fähigkeit und Können	+	Konsequenzen-Management	+		=	**Chaos**

Interessengruppen im Veränderungsprozess: Von Schnell- und Langsam-Adaptern

Orientierung

Ziele:

- Aufzeigen, mit welchen Einstellungen zu Beginn eines Veränderungsprozesses zu rechnen ist
- Verdeutlichen, dass nicht eine Einstellung grundsätzlich richtig oder falsch ist
- Herausarbeiten, wie motivierend mit den jeweiligen Einstellungen umgegangen werden kann

Zeit:

- 20 Minuten für die Bodenarbeit
- 30 Minuten für die Gruppenarbeit
- 30 Minuten für Präsentation und Diskussion

Methoden:

- Bodenarbeit analog Modell von Krebsbach-Gnad vorbereiten
- Gruppenarbeiten
- Wolken schreiben (Pinnwände, Kärtchen und Stifte)
- Film parat haben

Überblick/Hinweise:

Generell wichtige Perspektiven zum Thema Changeability

Vorgehen

Zum Start in die nächste Sequenz (nach der Pause) schauen sich die Teilnehmer die Videos/Steinzeitfilme – „Killing good ideas can harm your future!“ (2007) an:
www.youtube.com/watch?v=0ORnMYoWX9c

Anschließend kommentiert der Trainer das Gesehene:

„Die Videos zeigen auf sehr humorvolle Weise, dass auch beste Ideen Schutz und Unterstützung brauchen, um zu überleben. Und dass die Aussage ‚Wandel garantiert Widerstand' durchaus seine Berechtigung hat. Verschiedene Studien und Autoren weisen immer wieder darauf hin, dass die Menge derjenigen, die kritisch eingestellt sind und die der Ab-

wartenden gegenüber Veränderungen in Organisationen zu Beginn eines solchen Prozesses recht hoch ist ... Diese Aussagen decken sich mit den Erkenntnissen der Werbepsychologie: Hier spricht man von max. 3-5 Prozent von sogenannten ‚Schnell-Adaptern', die sich neuen Trends grundsätzlich gerne und umgehend zuwenden. Sie gewinnen die Gruppe der sogenannten ‚Gläubigen', also solche Zielgruppen, die prinzipiell ebenfalls offen für Veränderungen und Neues sind. Diesen beiden Zielgruppen gilt es, große Aufmerksamkeit zu schenken, sie wichtig zu nehmen und zu bestärken. Nur dann werden und bleiben sie die wichtigen Missionare für neue Themen ... Schauen wir uns diese Übersicht an ..."

Der Trainer präsentiert das folgende Flipchart.

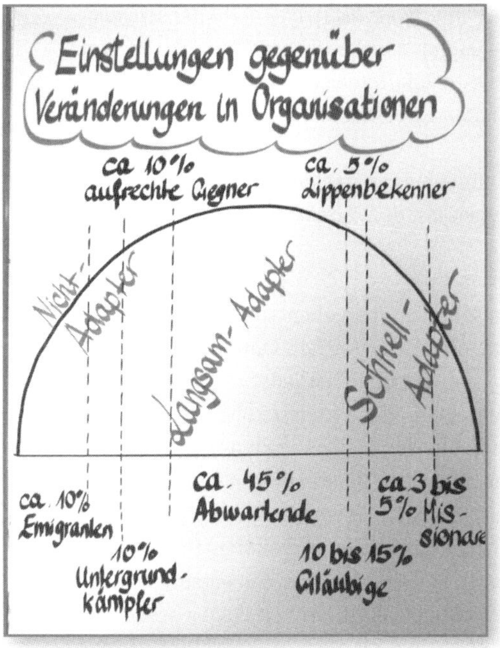

Abb.: Flipchart – Einstellungen gegenüber Veränderungen in Organisationen

„Diese Darstellung (im Ursprung formuliert von Krebsbach-Gnath) beschreibt die Verteilung von Einstellungen, die zu Beginn einer Veränderungstendenz wahrnehmbar sind: Hier spricht man von etwa 10 bis 15 Prozent ‚Gläubigen'. Also solchen Zielgruppen, die tatsächlich davon überzeugt sind, dass es eine Notwendigkeit für die betreffenden Veränderungen gibt und dass sie entsprechend auch den Nutzen und positive Effekte erkennen. Von dieser Gruppe unterscheiden sich die ‚Lippenbekenner' dadurch, dass sie zwar Gleiches bekunden, aber bei genauerem Hinterfragen nicht wirklich überzeugt sind. Die zahlenmäßig größte Gruppe umfasst zu Beginn einer Veränderungstendenz die ‚Abwartenden',

etwa 45 Prozent. Diese haben zu diesem Zeitpunkt keine Meinung zu den betreffenden Themen. Dies bedeutet nicht, dass ihnen die Themen wenig bedeutsam erscheinen, im Gegenteil. Sie sind auf der Suche nach relevanten Informationen und daher besonders beeinflussbar. Die ca. 10 Prozent der ‚aufrechten Gegner' kennzeichnet, dass sie klar der Meinung sind, dass man diese Veränderung nicht braucht und dies gegebenenfalls genauso glasklar kundtun. Sie beziehen Position und zweifeln nicht daran, dass diese die (einzig) richtige ist. Diese Position nehmen auch die sogenannten ‚Untergrundkämpfer' ein. Allerdings vertreten diese 10 Prozent ihre Sichtweisen nicht offen, sondern bringen ihre Argumente nur in vertrauten Zirkeln an. Und schließlich werden weitere 10 Prozent als ‚Nicht-Adapter' betrachtet. Die Werbepsychologie geht davon aus, dass sogenannte Nicht-Adapter sich einfach nicht für die jeweiligen Entwicklungen interessieren und gleichmütig ihr bisheriges Verhaltensmuster leben werden. Sie sind keine Gegner im eigentlichen Sinn, also nicht argumentativ aktiv, sondern haben kein Interesse an den entsprechenden Themen und versuchen ‚an ihnen vorbeizukommen' …"

Nun sollte der Trainer die Teilnehmer einbeziehen und nachfragen, wieweit sich deren Erfahrungen mit den dargestellten Anschauungen decken.

Dann sollte er darauf hinweisen, dass man eben auch dabei nicht von „guten" und „richtigen" Einstellungen sprechen kann, dass dies stets auf die jeweilige Situation ankommt und dass jeder der Teilnehmer sicher selber schon oft in der einen oder anderen Rolle war. Anschließend bittet er die Teilnehmer, das doch gleich noch auszuprobieren (entsprechend in der letzten Pause das Diagramm von Krebsbach-Gnath auf dem Boden visualisieren) und sich zu dem Diagramm zu begeben. Dann stellt er die auf Flipchart aufgeführten Arbeitsfragen (s. ab Seite 157) und bittet die Teilnehmer, sich pro Frage in das entsprechende Feld zu stellen. Auch die Teilnehmer selbst können Fragen stellen; dies wird gerne wahrgenommen und endet oft auch in Gelächter und in „gegenseitigem Aufziehen".

Wenn alle Teilnehmer Position für eine Frage bezogen haben, fragt der Trainer pro Feld nach: *„Was sind Ihre Überlegungen, die Sie dazu gebracht haben, sich hier zu positionieren?"* – dies aber ohne jede Wertung. Ziel dieser Übung ist es, die oben getroffene Aussage des Trainers sichtbar zu machen und den Respekt gegenüber anderen Menschen, die andere Einstellungen vertreten, zu stärken.

Im Anschluss geht der Trainer zum Teil 2 der Übung über.

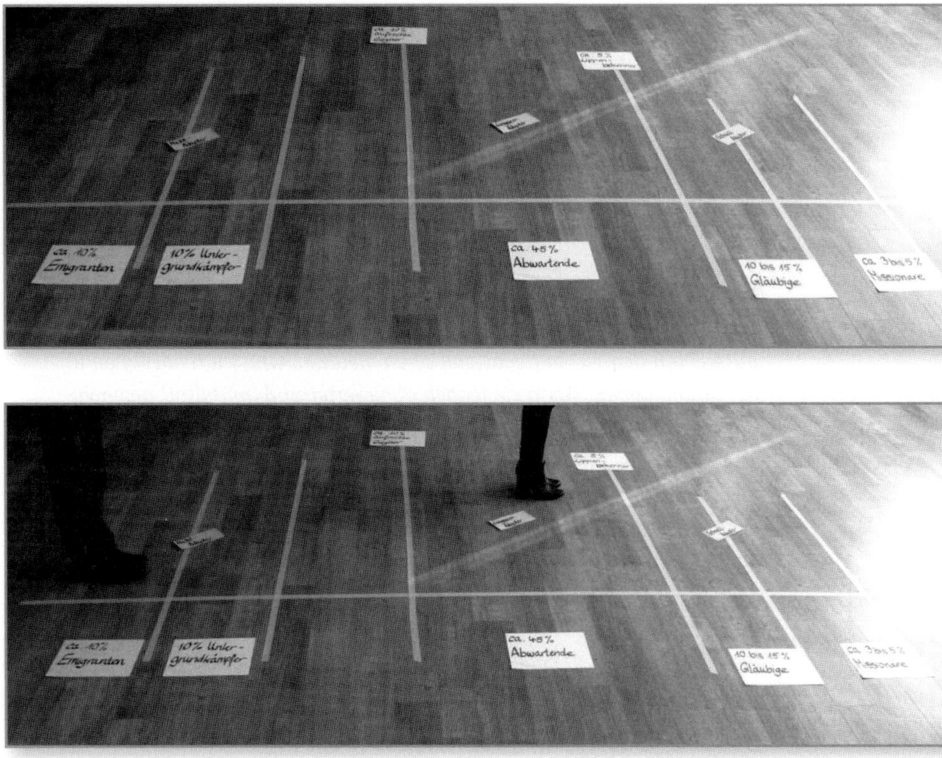

Abb. 1+2: Bodenaufstellung

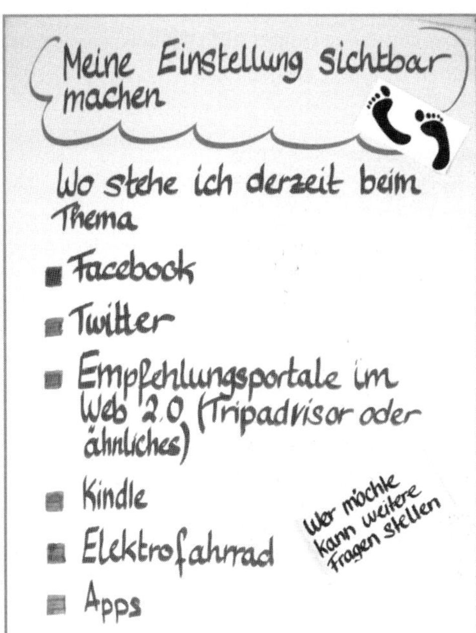

Abb 3: Flipchart – Meine Einstellung sichtbar machen

„Eine wichtige Frage ist nun, wie wir in unseren Veränderungsprozessen mit solchen Einstellungen zieldienlich und in unserem Sinn motivierend umgehen. Manchmal wird zum Beispiel den ‚aufrechten Gegnern' oder den ‚Nicht-Adaptern' deutlich mehr Aufmerksamkeit geschenkt als den ‚Gläubigen' ...! Diese werden aber unbedingt gebraucht und müssen motiviert bleiben, um die große Menge der ‚Abwartenden' anzustecken, das heißt zu begeistern!

Oder, wenn die ‚aufrechten Gegner' in ihren Meinungen offen abgewertet und ausgegrenzt werden, so ist das keine gute Idee. Solange die ‚aufrechten Gegner' aufrecht und offen bleiben, kann man mit ihnen in den Dialog gehen. Wenn sie jedoch abgewertet und ‚mundtot' gemacht werden, so steigt die Wahrscheinlichkeit, dass auch diese in den Untergrund gehen. Dann gäbe es womöglich schon 20 Prozent Untergrundkämpfer: Eine Guerilla, die nicht zu gewinnen ist, weil man sie und ihre Argumente nicht kennt. Die aber selbst höchst wirksam werden kann. Was also sind hilfreiche Möglichkeiten, um mit den verschiedenen Einstellungen voranzukommen? Dazu bitte ich Sie, sich in den folgenden drei Gruppenarbeiten Gedanken zu machen ... und weit und kreativ zu denken, aber dies in konkrete Vorschläge münden zu lassen ... Bitte verteilen Sie sich jeweils entsprechend Ihrem Interesse auf einer der drei Gruppen. Bitte achten Sie darauf, dass die Gruppen in etwa die gleiche Gruppenstärke haben ..."

Die entsprechenden Arbeitsfragen sollte der Trainer auf „Wolken" schreiben und den entsprechenden Gruppen mitgeben.

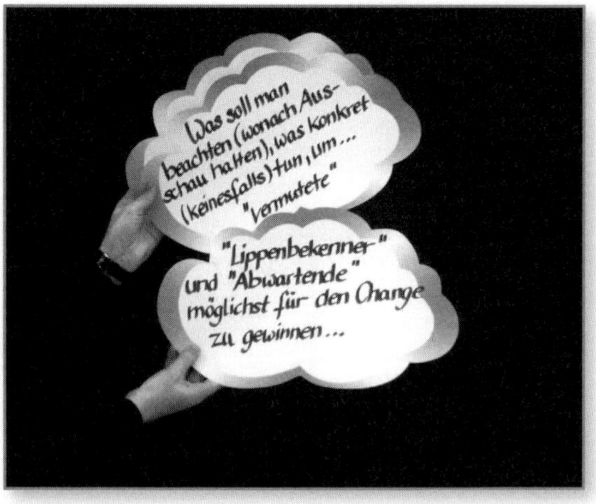

Abb.: Wolken

Gruppe 1 befasst sich mit den „Missionaren" und den „Gläubigen": Was sollte man beachten (wonach Ausschau halten), was konkret tun, um Missionare und Gläubige motiviert und „bei der Stange" zu halten?

Gruppe 2 befasst sich mit der vermuteten Gruppe von „Lippenbekennern" und „Abwartenden": Was sollte man beachten (wonach Ausschau halten), was konkret tun, was keinesfalls tun, um Lippenbekenner und Abwartende möglichst für den Change zu gewinnen?

Die Arbeitszeit für die Gruppen beträgt 30 Minuten. Die Teilnehmer werden aufgefordert, ihre Ergebnisse zu visualisieren und diese anschließend im Plenum vorzustellen. Für die Präsentation erhält jede Gruppe fünf Minuten Zeit.

Nach den Präsentationen (mit jeweils einer 10 Minuten umfassenden Diskussion, bei der auch weitere Anregungen pro Gruppe ergänzt werden können) sollte der Trainer ein Fazit ziehen und dann in Richtung Abschluss des Trainings steuern.

Quellen/Literaturempfehlungen

- Krebsbach-Gnath, C. (1992): Den Wandel im Unternehmen steuern. Frankfurt am Main: FAZ-Verlag.

Blick auf offene Fragen, Lernziele und Themenwünsche

Orientierung

Ziele:

Feststellen, inwieweit zum aktuellen Zeitpunkt
- mitgebrachte Fragen geklärt wurden
- Lernziele erreicht wurden
- Themenwünsche bearbeitet sind bzw. woran noch gearbeitet werden muss

Zeit:

20 Minuten (dies kann selbstverständlich auch länger dauern, wenn noch viele Fragen oder Lernziele offen sein sollten – bitte am Morgen entsprechend planen)

Material:

Keines

Überblick/Hinweise:

Trainer befragt die Teilnehmer zu den oben genannten Themen.

Vorgehen

Zum Einstieg in diese Sequenz des Trainings kann der Trainer darauf hinweisen, dass sich die Gruppe nun in Richtung Abschluss des Trainings bewegt. Dann schaut die Teilnehmerschaft gemeinsam auf die formulierten Fragen und Lernziele. Der Trainer liest diese laut vor und da, wo er denkt, dass die Gruppe das Thema bearbeitet hat, sagt er das auch und stellt den entsprechenden Bezug her (*„zu diesem Thema haben wir … gemacht und darauf die Antworten gefunden …“*).

Für einige Themen, die man eventuell nur „gestreift“ hat, kann man nun abschließend im Plenum einfach eine Runde Tipps sammeln. In diesen Fällen bittet der Trainer die Themengeber, die Tipps für sich mitzuschreiben. Wenn genügend Zeit bleibt, kann der Trainer dies selbstverständlich auch für die Teilnehmer tun. Ich weise in diesem Zusammenhang gerne darauf hin, dass diese Tipps eine Art Geschenk sind. Bestenfalls nimmt man diese Geschenke erst einmal mit, schaut sie zu Hause in Ruhe an und überlegt dann, wofür und wie man sie nutzen könnte. Man kann sie auch erst einmal ins Regal legen und abwarten, ob man sich mit einem der Geschenke anfreunden kann. Oder sie einfach irgendwann weiterverschenken ;-).

Wenn die Zeit nicht ausgereicht hat, alle Themen und Fragestellungen zu bearbeiten, dann sollte dies offen angesprochen und bedauert werden. Manchmal hilft an dieser Stelle ein Literatur-Tipp oder das Versprechen, dem Fotoprotokoll (falls eines geplant ist, was ich sehr empfehle) einen informativen Artikel oder Link beizufügen.

Dann kann man zur Abschluss-Runde überleiten ...

Das 5-Finger-Blitzlicht (Abschlussrunde)

Orientierung

Ziele:

Differenziertes Feedback zum Abschluss des Seminars erhalten

Zeit:

Ca. 3 Minuten pro Teilnehmer bei 12 Teilnehmer

Material:

Flipchart mit Bildern von 5 Fingern und den entsprechenden Stichworten

Überblick/Hinweise:

Die Teilnehmer geben der Reihe nach ein Feedback zum Seminar anhand der Leitsätze auf dem Flipchart.

Vorgehen

„Zum Abschluss des Trainings ist es mir sehr wichtig, ein differenziertes Feedback von Ihnen zu erhalten. Daher habe ich das ‚5-Finger-Feedback' für Sie als Methode hierzu ausgewählt. Was bedeuten die fünf Finger? Sie führen durch ihre Symbolik und zielen auf verschiedenste Perspektiven zum Feedback geben …

- *Daumen hoch bedeutet: Das war wirklich gut, das hat mir sehr gut gefallen …*
- *Zeigefinger hoch bedeutet: Achtung, hierauf sollte der Seminarleiter zukünftig achten, das sollte er besser machen …*
- *Mittelfinger hoch bedeutet: Das hat mir nicht gefallen. Vielleicht auch: Das hat mir nicht gepasst oder mich geärgert …*
- *Ringfinger hoch bedeutet: Das war wirklich eines meiner Highlights. Oder: Das waren meine Highlights, die Schmuckstücke während der drei Tage …*
- *Kleiner Finger hoch bedeutet: diese Themen, Fragestellungen … sind zu kurz gekommen …*

Ihr Feedback ist mir sehr wichtig. Daher bitte ich Sie, das durchaus ausführlich zu tun. Bitte legen Sie los …"

Zu beachten ist insgesamt nichts Besonderes. Selbstverständlich sollte man als Trainer die Feedbacks mitschreiben: Ob man dies an einer Pinnwand tut oder für sich auf einem Blatt, ist letztlich Geschmacksache.

Abb.: 5-Finger-Feedback

Schließlich sollte sich der Trainer bedanken, eine Abschluss-Rede halten und das Seminar beenden.

Eine Abschluss-Rede könnte zum Beispiel so lauten ...

„Frei nach Darwin hat die größten Chancen des Überlebens, wer anpassungsfähig und veränderungsbereit ist. Damit war und ist aber nie Stromlinienförmigkeit gemeint, eher das Gegenteil: das Ausrichten der eigenen Stärken und Fähigkeiten auf eine spezifische Umwelt, die Kompetenz, mit den Anforderungen des relevanten Wirkungsumfelds entsprechend der eigenen Gegebenheiten intelligent umzugehen. Ich habe gerade von einer Untersuchung gelesen, dass Vögel, die in Großstädten leben, deutlich lauter singen als ihre Artgenossen, die auf dem Land leben. Das ist notwendig, weil der Lärmpegel in Städten eben deutlich höher ist und wenn die Vögel diesen nicht übertönen würden, wäre es mit der Partnersuche nicht zum Besten bestellt. Eine geniale Anpassung.

Leider aber gibt es keinen ‚archimedischen Punkt', kein gesichertes Wissensfundament, das Auskunft über das richtige Maß an Kontinuität und Wandel gibt. Es gibt nur die Sicherheit, dass es beides braucht. Die notwendige Balance zu finden, besteht in der permanenten Beobachtung des Systems bzw. des Umfelds und im ständigen Ausbau der eigenen Changeability.

Notwendig ist die Fähigkeit, ‚Störungen' erst einmal zu integrieren, auszugleichen oder sie zu nutzen. Ebenso entscheidend ist die Fähigkeit, Widerstand zu zeigen, etwa als Zeichen des Identitätsschutzes, und eigensinnig zu sein. Und auch die Fähigkeit, sich zu wandeln. Daher möchte ich mit dem Gebet des heiligen Franziskus von Assisi abschließen, das aus dem Jahr 1248 stammt, und das zeigt, was nach wie vor gilt:"

Oh Gott gib mir ...

die Gelassenheit, das anzunehmen, was ich nicht ändern kann und
den Mut, das zu ändern, was ich ändern kann und
die Weisheit, zwischen beidem zu unterscheiden.

(Franziskus von Assisi)

Weitere Methoden und Planspiele zum Thema „Change-Kompetenz ausbauen“

I. Analyse ohne Paralyse: Den Wandel starten!

Schnellfinder

I. Analyse ohne Paralyse: Den Wandel starten

Analysemethoden für individuelle Belange

Analysemethoden auf taktischer (Gruppen-)Ebene

Analysemethoden auf strategischer Managementebene

Analysemethoden für individuelle Belange

Heldenreise im Angebot

Orientierung

Ziele:

- Die aktuelle persönliche Situation analysieren und reflektieren
- Einschränkende Selbst- und Weltbilder erkennen und hin zu chancenorientierterem Denken und Handeln verändern
- Ideen zur eigenen Entwicklungsarbeit gewinnen

Zeit:

Bei bis zu max. 12 Teilnehmern ca. 120 Minuten

Material:

- Transfer-Journale (Notitzblöcke) für die Teilnehmer
- DIN-A3-Blatt (analog Teilnehmerzahl)
- Wachsmalstifte und/oder Filzstifte und/oder Farbstifte
- Gegebenenfalls auch Material zum Aufkleben (Punkte, Sterne, Zeitschriften ...) sowie Klebestifte und Scheren
- Ein Tischblock, um den sich alle Teilnehmer setzen
- Instruktionen zur Heldenreise auf Flipchart sowie auf Arbeitsblättern für die Teilnehmer (analog Teilnehmerzahl)
- Instruktionsblatt Mandala DIN A5 oder kleiner (pro Teilnehmer)

Überblick/Hinweise:

Die Teilnehmer malen ein Bild, das ihre aktuelle Situation oder Befindlichkeit ausdrückt. Das Bild kann abstrakt oder konkret sein, gemustert oder auch monochrom, was auch immer; es geht nicht darum, schön oder gut malen zu können.

Erläuterungen

Ein Grundmuster von Märchen, Mythologien und auch Filmen ist das Motiv der Heldenfahrt oder Heldenreise. Viele Kinofilme basieren auf diesem Schema, wie beispielsweise die Star-Wars-Filme, Das Schweigen der Lämmer oder auch Pretty Woman. Das Muster der mythologischen Fahrt des Helden liegt zufolge verschiedenster Forschungen antiken Sagen ebenso wie germanischen Epen oder buddhistischen Gleichnissen zugrunde (vgl. S. Lipkowski, 2011). Es ist in drei große Etappen gegliedert. Die erste Etappe ist der Aufbruch: Der angehende Held hört einen Ruf: Er soll eine bestimmte Aufgabe übernehmen. Er wird häufig zuerst mit Unsicherheit oder Angst oder einer Weigerung reagieren, aber er stellt sich schließlich doch der Herausforderung. Oft bekommt er dabei Hilfe, diesen Weg zu gehen. Die zweite Etappe beschreibt den Weg durch das Land der Abenteuer. Hier muss sich der Held in einer Reihe von Prüfungen beweisen. Dann winkt die Belohnung ... Der veränderte Held macht sich auf zur Rückkehr, der dritten Etappe, die er nur zögerlich antritt. Schließlich findet er die Balance und integriert seine neuen Erfahrungen und Erkenntnisse in sein vorheriges Leben (vgl. S. Lipkowski, 2011).

Nach und nach wurden die Möglichkeiten der Arbeit mit dieser Metapher sowohl in der Therapie als auch im Coaching entdeckt. Unter anderem brachte der US-amerikanische Psychotherapeut Paul Rebillot die Schritte der Heldenreise in Verbindung mit Elementen der Gestalttherapie (Fantasiereisen, Körperarbeit, bildende Kunst) und entwickelte ein entsprechendes ganzheitliches Konzept.

Die klassischen Schritte der Heldenreise

1. Ruf: Erfahrung eines Mangels oder plötzliches Erscheinen einer Aufgabe.
2. Weigerung: Der Held zögert, dem Ruf zu folgen, beispielsweise, weil es gilt, Sicherheiten aufzugeben.
3. Aufbruch: Er überwindet sein Zögern und macht sich auf die Reise.
4. Auftreten von Problemen, die als Prüfungen interpretiert werden können.
5. Übernatürliche Hilfe: Der Held trifft unerwartet auf einen oder mehrere Mentoren.
6. Die erste Schwelle: Schwere Prüfungen, Kampf mit dem Drachen etc., der sich als Kampf gegen die eigenen inneren Widerstände und Illusionen erweisen kann.
7. Fortschreitende Probleme und Prüfungen, übernatürliche Hilfe.
8. Irritation und Transformation des Helden: Empfang oder Raub eines Hilfsmittels, z.B. eines Schatzes. Dieser Schatz kann in einer inneren Erfahrung bestehen, die durch einen äußerlichen Gegenstand symbolisiert wird.

9. Erreichen des gewünschten Ziels.
10. Verweigerung der Rückkehr: Der Held zögert, in die Welt des Alltags zurückzukehren.
11. Rückkehr: Der Held überschreitet die Schwelle zur Alltagswelt, aus der er ursprünglich aufgebrochen war. Er trifft auf Unglauben oder Unverständnis und muss das auf der Heldenreise Gefundene oder Errungene in das Alltagsleben integrieren.
12. Herr der zwei Welten: Der Heros vereint Alltagsleben mit seinem neu gefundenen Wissen und lässt somit die Gesellschaft an seiner Entdeckung teilhaben.

(Quelle: wikipedia.org/wiki/Heldenreise)

Beim Lesen der einzelnen Schritte der Heldenreise drängt sich die Analogie zum Change-Management regelrecht auf. Das „plötzliche Erscheinen einer Aufgabe" kann mit einem Change-Prozess, der von außen auf einen Mitarbeiter zukommt, gleichgesetzt werden. Beispielsweise Change-Agents, die den Projektauftrag erhalten, die Veränderung zu kommunizieren, wird es oft ähnlich ergehen. Sie fragen sich, ob sie diesen Job wirklich annehmen sollen und ob dieser nicht mehr Ärger als Lorbeeren bringen wird. Zwar sind sie als Helden ohne Schwert und Rüstung unterwegs (vgl. S. Lipkowski, 2011) und ihre Gegner speien kein Feuer, jedenfalls nicht real. Aber letztlich werden sie doch an manchen Stellen vor ähnlichen Herausforderungen wie ihre „klassischen" Kollegen stehen: Sie müssen wie Odysseus, Parsival oder auch der Star-Wars-Held Luke Skywalker ihre Grenzen überwinden, sich Herausforderungen stellen und vielfältige Bedrohungen abwenden. Deshalb können mythologische Helden den Change-Agents oder Mitgliedern des Change-Projekts als inspirierende Vorbilder dienen (vgl. S. Lipkowski, 2011). Auch für sie gibt es sozusagen eine Heldenreise „im Angebot"!

Mögliche Zielgruppen für die hier vorgestellte Methode:

- Mitarbeiter, die die Aufgabe der Change-Agents übernommen haben
- Projektteam-Mitglieder, die ein herausforderndes Projektthema bzw. -ziel bekommen haben
- Mitarbeiter, die eine Position angeboten bekommen, bei der sie nicht wissen, ob sie sie annehmen oder ablehnen sollen

Bestimmt hat jeder diese Bedenken, eine bestimmte Aufgabe oder eine bestimmte Herausforderung zu übernehmen, schon erlebt. Und auch die inneren Kämpfe, die damit einhergehen können. Insofern können die hier vorgestellten Teile der Methode der Heldenreise einen guten Leitfaden liefern, der hilft, sich mit diesen Themen auseinanderzusetzen.

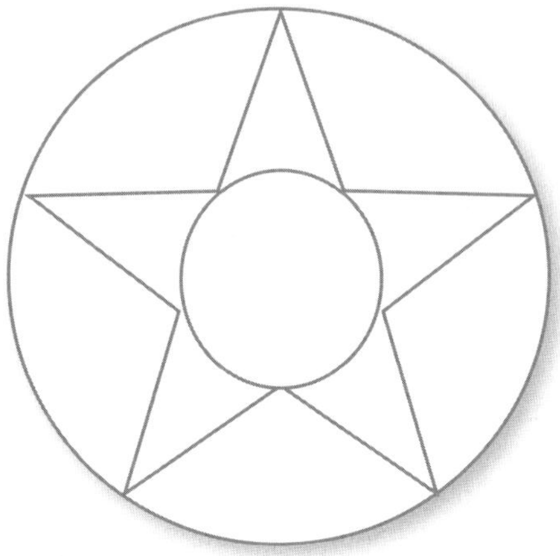

Vorgehen

Teil I: Einzelarbeit

Der Trainer/Moderator nimmt Elemente der oben gegebenen Erläuterungen, um das Vorgehen einzuleiten und Sinn zu stiften. Dann teilt er an jeden Teilnehmer ein DIN-A3-Blatt mit einer Pentagramm-Form und Kreisen aus. Während sich nun jeder Teilnehmer Schritt für Schritt in einer Einzelarbeit mit seinem persönlichen Auftrag, seiner persönlichen „Heldenreise" auseinandersetzen wird, erklärt der Trainer, dass für jeden Schritt ein Strahl des Pentagramms mit einem entsprechenden Ressourcenbild ausgemalt wird. Er erläutert, dass das Mandala bei der tatsächlichen weiteren Umsetzung der jeweiligen persönlichen Vorhaben helfen wird, die Aufmerksamkeit immer wieder auf die eigenen Ressourcen zu lenken. Es funktioniert als Metapher, nonverbal, als visuelles Hilfsmittel, um sich komplexe Zusammenhänge und die eigenen Möglichkeiten vor Augen zu halten und zu verinnerlichen. Der Trainer weist darauf hin, dass es auch eine Heldenreise sein kann, sich nicht für diese Aufgabe zu entscheiden. Auch dann werden die einzelnen Schritte der Methode „Heldenreise" hilfreich sein.

Manche Teilnehmer äußern die Befürchtung „Ich kann nicht malen!" Hier hilft es verständlich zu machen, dass es nicht darum geht, ein „nach irgendjemandes Geschmack besonders schönes Bild zu malen" sondern die eigenen Gedanken, Emotionen und Haltungen metaphorisch in ein Bild zu gießen. Dabei funktionieren grafische Muster, ein Spiel mit Farben, einfache Symbole oder Abstraktionen gleich gut.

Der Trainer gibt einen Überblick über die fünf Schritte und die gegebene Zeit und liest dann die erste Instruktion vor:

Schritt 1: Der Ruf, der Auftrag und das Zögern ...

- Es wird und es soll sich etwas ändern – und warum soll ich dabei sein?
- Was wird sich in meinem persönlichen und/oder beruflichen Kontext ändern, wenn ich (der Held) diesen Ruf annehme?
- Wie wird es persönlich und/oder beruflich weitergehen, wenn ich (der Held) den Ruf nicht annehme?
- Will ich (der Held) diesen Ruf wirklich annehmen? Wenn ja, warum? Wenn nein, warum nicht?
- Wieweit bin ich (der Held) bereit, Unplanbares und Unwägbares in Kauf zu nehmen?
- Was will ich (der Held) keinesfalls aufgeben und wie kann ich (der Held) Bewahrenswertes erhalten?

Der Trainer bittet die Teilnehmer darum, die Fragen schriftlich jeweils für sich zu beantworten und dann die eigenen Aussagen auf sich wirken zu lassen. Genau dieses Wirkenlassen, diese Konzentration kann weitere Klärung mit sich bringen: *„Während Sie sich die eigenen Aussagen nochmals durchlesen, lenken Sie die eigene Aufmerksamkeit darauf, welche Bilder, Metaphern oder Symbole vor Ihrem inneren Auge auftauchen. Bringen Sie diese dann in den ersten Strahl ein. Bitte verwenden Sie für das Mandala möglichst keinen Text. Lassen Sie sich Zeit."*

Pro Frage werden etwa 10 Minuten gebraucht. Der Trainer kann beobachten, wie weit die Teilnehmer jeweils sind. Wenn nicht alle fertig sind, kann er trotzdem weiter fortfahren. Weisen Sie als Trainer darauf hin, dass es später nochmals Zeit zur Vervollständigung geben wird.

Anschließend liest der Trainer die zweite Instruktion vor:

Schritt 2: Die helfende Kraft ...

Es wird Bedingungen und Menschen geben, die mich, wie immer ich mich entscheide, unterstützen:

- Was würde ich (der Held) brauchen, um mich auf die Reise zu begeben?
- Was würde ich (der Held) brauchen, wenn ich mich nicht auf diese Reise sondern auf eine andere Reise (welche?) begebe?

- Wer oder was könnte mich (den Helden) auf meiner Reise unterstützen und stärken?
- Wer oder was könnte mich (den Helden) auf meiner Reise begleiten?
- Welche meiner Fähigkeiten und Ressourcen haben mir (dem Helden) bei ähnlichen Reisen schon geholfen?

Der Trainer bittet die Teilnehmer wieder darum, die Fragen schriftlich jeweils für sich zu beantworten und dann die eigenen Aussagen auf sich wirken zu lassen. Er wiederholt: *„Während Sie sich die eigenen Aussagen nochmals durchlesen, lenken Sie die eigene Aufmerksamkeit darauf, welche Bilder, Metaphern oder Symbole vor Ihrem inneren Auge auftauchen. Bringen Sie diese dann in den zweiten Strahl ein. Bitte verwenden Sie keinen Text. Lassen Sie sich Zeit."*

Wieder werden etwa 10 Minuten Zeit gegeben, in der der Trainer beobachtet, wie weit die Teilnehmer jeweils sind. Dann liest er die dritte Instruktion vor:

Schritt 3: Der Kampf, das Abenteuer und die große Prüfung ...

- Welches sind meine (des Helden) größten Ängste?
- Welches könnten Krisen/die schlimmsten Ereignisse sein, die eintreten?
- Was sind die Befürchtungen bzgl. dieser Reise?
- Was könnten Fallstricke für mich (den Helden) sein?
- Wie habe ich (der Held) bisherige Herausforderungen gemeistert? Was hat mir (dem Held) dabei geholfen? Welche meiner Fähigkeiten und Ressourcen haben mir (dem Held) dabei geholfen?

Der Trainer bittet die Teilnehmer wieder darum, die Fragen schriftlich jeweils für sich zu beantworten. Und dann die eigenen Aussagen auf sich wirken zu lassen und wiederholt: *„Während Sie sich die eigenen Aussagen nochmals durchlesen, lenken Sie die eigene Aufmerksamkeit darauf, welche Bilder, Metaphern oder Symbole vor Ihrem inneren Auge auftauchen. Bringen Sie diese dann in den dritten Strahl ein. Bitte verwenden Sie keinen Text. Lassen Sie sich Zeit."*

Wieder wird der Gruppe 10 Minuten Zeit gelassen, in der der Trainer beobachtet, wie weit die Teilnehmer jeweils sind. Nun liest er die vierte Instruktion vor:

Schritt 4: Die Erkenntnis ...

- Welche Erkenntnisgewinne und Erfahrungserweiterungen werde ich (der Held) auf dieser Reise haben?
- Was werde ich (der Held) lernen können?
- Was werde ich (der Held) nach der Reise besser können als vorher?
- Welche kostbaren Entdeckungen werde ich (der Held) machen?
- Welche außerordentlichen Potenziale werden sich bei mir (dem Helden) entfalten?

Der Trainer bittet die Teilnehmer wieder darum, die Fragen schriftlich jeweils für sich zu beantworten und dann die eigenen Aussagen auf sich wirken zu lassen. Er wiederholt: *„Während Sie sich die eigenen Aussagen nochmals durchlesen, lenken Sie die eigene Aufmerksamkeit darauf, welche Bilder, Metaphern oder Symbole vor Ihrem inneren Auge auftauchen. Bringen Sie diese dann in den vierten Strahl ein. Bitte verwenden Sie keinen Text. Lassen Sie sich Zeit."*

Wieder vergehen etwa 10 Minuten Zeit. Dann liest der Trainer die fünfte Instruktion vor:

Schritt 5: Der Erfolg und die Belohnung ...

- Wofür wird es Anerkennung für mich (den Helden) geben, wenn ich diese Reise abgeschlossen habe?
- Wofür wird sich die Reise/das Abenteuer gelohnt haben?
- Was kann sich für mich (den Helden) dann zum Besten fügen?
- Was wäre eine angemessene Belohnung für mich (den Helden)?
- Wer wird für die Belohnung sorgen?
- Wessen Anerkennung wäre für mich (den Helden) am wichtigsten?
- Wie kann ich (der Held) selbst für angemessene Belohnung/Anerkennung sorgen?

Der Trainer bittet die Teilnehmer wieder darum, die Fragen schriftlich für sich zu beantworten und die eigenen Aussagen auf sich wirken zu lassen. Er wiederholt: *„Während Sie sich die eigenen Aussagen nochmals durchlesen, lenken Sie die eigene Aufmerksamkeit darauf, welche Bilder, Metaphern oder Symbole vor Ihrem inneren Auge auftauchen. Bringen Sie diese dann in den fünften Strahl ein. Bitte verwenden Sie keinen Text. Lassen Sie sich Zeit."*

Wieder können die Teilnehmer etwa 10 Minuten lang die Aufgabe in Einzelarbeit lösen.

Dann ermuntert der Trainer seine Teilnehmer, eine Art Motto oder Mantra in die Mitte zu schreiben und das Mandala vollständig auszumalen/auszugestalten (ca. weitere 10 Minuten). Wenn dies geschehen ist, bittet der Trainer mit Blick auf das eigene Mandala, noch folgende Sätze auf dem Instruktionsblatt zu ergänzen. Dazu erklärt er, dass dies einer Konzentration auf die wesentlichen Erkenntnisse dient und die Wirkung des Mandalas weiter verstärken wird. Wenn jemandem hierzu nicht gleich die richtigen Worte einfallen, dann kann dies auch gern später ergänzt werden.

Instruktionsblatt Mandala

Mein Mandala sagt mir:

- Meine Fähigkeiten und Ressourcen sind ...
- Immer wenn ..., dann werde ich ...
- Und das sagt mir ...
- Und das bedeutet für mich ...
- Und wenn ich dann ...
- Dann bringt mir das ...

Abb.: Ein Mandala entsteht

Teil II: Partnerarbeit

Der nächste Schritt erfolgt in Partnerarbeit. Hierfür bittet der Trainer seine Teilnehmer, sich jeweils paarweise zusammenzutun und sich gegenseitig das Mandala vorzustellen. Dies ist wichtig, damit sich die eigenen Erkenntnisse weiter vertiefen können. Möglicherweise entdecken die Teilnehmer beim „Sich-selbst-Zuhören" weitere neue Dinge über sich und können die eigene Arbeit auch angemessen würdigen. Wenn die Teilnehmerzahl ungerade ist, sollte der Trainer bei dieser Partnerarbeit mitmachen. Für diesen Fall sollten die Partnerzusammenstellungen unbedingt gelost werden.

Quellen/Literaturempfehlungen

- http://de.wikipedia.org/wiki/Heldenreise
- Taschner, F. (2010): Das Ressourcen-Mandala, in: Schmidt, G., Dollinger, A., Müller-Kalthoff, B. (2010). Gut beraten in der Krise. Konzepte und Werkzeuge für ganz alltägliche Ausnahmesituationen. Bonn: managerSeminare.
- Lipkowski, S. (2011): Der Held in uns, Veränderungen managen, in: ManagerSeminar Heft 159, Juni 2011.
- Rebillot, P. & Kay, M. (2011). Die Heldenreise. Das Abenteuer der kreativen Selbsterfahrung. Wasserburg am Inn: Eagle Books.

Was ich finde, dass Du brauchst ...

Orientierung

Ziele:

- Sich die eigene aktuelle Situation bzw. Befindlichkeit mithilfe von Metaphernarbeit bewusst machen
- Irritation im positiven Sinn auslösen
- Ideen zur eigenen Entwicklungsarbeit gewinnen

Zeit:

Bei bis zu 12 Teilnehmern ca. 90 Minuten

Material:

- Malpapier für Wasserfarben DIN A3 oder A4
- Wasserfarben, Pinsel und Becher mit Wasser
- Küchenrolle und Zeitungspapier
- Einen Tischblock, um den sich alle Teilnehmer setzen

Überblick/Hinweise:

Die Teilnehmer malen ein Bild, das ihre aktuelle Situation oder Befindlichkeit ausdrückt. Das Bild kann abstrakt oder konkret sein, gemustert oder auch monochrom, was auch immer; es geht nicht darum, schön oder gut malen zu können, sondern um ein Sich-Einlassen auf die augenblickliche Situation; das dauert maximal 10 Minuten. Dann wechseln die Teilnehmer, ohne ihr Bild mitzunehmen, drei Plätze weiter und ergänzen das nun vor ihnen liegende Bild nach dem Motto „Was dieses Bild braucht“; anschließend wird wieder an den eigenen Platz zurückgewechselt, jedes Bild und die entsprechenden Ergänzungen werden interpretiert und besprochen.

Erläuterungen

Diese Methode arbeitet sehr stark mit Metaphern. Für Niklas Luhmann, einem der wichtigsten Vertreter der soziologischen Systemtheorie, ist „... die Metapher der Schlüssel zur Komplexitätsbewältigung“. Denn die Metapher kann kognitive Komplexität reduzieren, indem sie Vieldeutigkeit zulässt, ja sogar sucht und somit hoch anschlussfähig wird. Was für Menschen in Worten manchmal schwer auszudrücken ist, weil es zu vielschichtig, vieldimensional und kaum strukturierbar wirkt, wird plötzlich einfach. Dadurch werden emotionale Einstellungs- und Handlungsebenen erreicht, die neue Möglichkeiten aufzeigen, wie Wirklichkeit wahrgenommen und interpretiert werden kann. Wahrnehmungsroutinen werden durchbrochen und andersartige Lösungsimpulse gefunden. Es entsteht Sinnstiftung mithilfe von Gestaltung, es entsteht Kunst. Der hier handelnde Mensch agiert in Rollen des Künstlers und Gestalters an sich selbst (vgl. J. Beuys, 1976).

Vorbereitungen

Vorbereitung

Auf einem Tischblock werden Zeitungen ausgelegt. Pro Teilnehmer wird ein Bogen Wasserfarbenpapier, ein Kasten mit Wasserfarben (dieser kann sehr einfach sein), ein mitteldicker Malpinsel (bitte nicht fein: das (ver-)führt die Teilnehmer dazu, schön malen zu wollen), ein Glas mit Wasser und reichlich Küchenkrepp-Papier (damit Malpinsel abgetrocknet und „Unglücke" aufgefangen werden können) ausgelegt.

Im gleichen Raum – oder notfalls in einem anderen Raum, in den die Gruppe anschließend umzieht – sollte auch ein Stuhlkreis sein (ohne Tische), in den man sich nach dem Malen begibt und in dem die Bilder besprochen und interpretiert werden.

Der Trainer sollte, wenn möglich, launchige Musik auflegen, weil diese zur Situation passend und persönlich als positiv stimulierend wahrgenommen wird.

Einsatzbereiche

Die Teilnehmer ...

- werden zu Change-Agents ausgebildet oder starten in ein schwieriges Projekt
- befinden sich in einer aus ihrer Sicht nicht zufriedenstellenden Situation
- wollen für sich selbst eine Standortbestimmung durchführen oder eine (berufliche) Entscheidung treffen
- wollen Ideen gewinnen, wie sie ihre aktuelle Situation zum Positiven entwickeln können

Vorgehen

Teil 1: Die Teilnehmer fertigen ein Bild an

Die Teilnehmer werden gebeten, an dem Tischblock Platz zu nehmen. Dann beginnt der Trainer mit der Instruktion:

„Möglicherweise erinnert Sie dieses Szenario an Schulzeiten. Und vielleicht erfreut es Sie, weil Sie schon immer gerne gemalt haben. Vielleicht denken Sie auch: ‚Oh Gott malen – das hab ich ja noch nie gekonnt!' Dieses eigene Vorurteil können Sie jetzt revidieren. Denn hier geht es nicht darum, nach irgendjemandes Geschmack ein Bild anzufertigen, sondern es geht darum, den eigenen Händen freien Lauf zu lassen. Und die eigene Emotionalität auf das Bild zu bringen, sich die eigene aktuelle Befindlichkeit beim Thema (... worum es sich eben aktuell dreht) vor Augen zu führen. Da dies manchmal nicht ganz einfach ist, habe ich die Form eines Bildes gewählt, die Form der Metapher. Denn diese sagt schließlich mehr als tausend Worte. Sie können ein abstraktes Bild malen oder ein konkretes. Sie können ein Muster malen oder ein monochromes Bild. Sie können viel auf das Bild malen oder recht reduziert sein. Lassen Sie einfach Ihre Hände mit dem Malpinsel in Richtung Farbkasten und Papierblatt wandern und denken Sie dabei an die aktuelle Situation/das aktuelle Thema. Und Ihre Hände werden wissen, was sie malen möchten ... Lassen Sie sich Zeit – etwas, ein Bild, eine Farbe, ein Thema wird auftauchen ... Bitte sprechen Sie jetzt nicht mehr miteinander – legen Sie einfach los. Sie haben ungefähr 10 Minuten Zeit ...“

Das Schweigen ist wichtig, damit Konzentration entsteht. An dieser Stelle kann der Trainer dann auch die Musik anstellen. Auch die Zeitansage ist wichtig, damit von vorneherein klar ist, dass jetzt kein fein ausgefeiltes Bild entstehen kann. Nach etwa 10 Minuten unterbricht der Trainer die Malenden, falls diese nicht sowieso schon fertig sind, und bittet die Teilnehmer, nun an einen anderen Platz zu wechseln.

„So ..., bitte halten Sie nun inne ... und beenden Sie vorerst Ihr Werk (den Teilnehmern Zeit lassen, den Malpinsel abzulegen). *Bitte wenden Sie Ihren Kopf nun nach links und zählen Sie von sich aus drei Plätze weiter. Bitte begeben Sie sich an diesen Platz, lassen Sie Ihr Bild einfach liegen* (die Teilnehmer wechseln die Plätze). *Nun bitte ich Sie, sich intensiv mit dem nunmehr vor Ihnen liegenden Bild zu befassen. Schauen Sie sich dieses Bild genau an: Welche Empfindungen, welche Gedanken, welche Ideen löst das Bild bei Ihnen aus? Sprechen Sie diese bitte nicht aus ... Und wenn Sie sich so auf dieses Bild einlassen ..., was haben Sie für Ideen und Gedanken, was dieses Bild braucht? ... Was könnte dieses Bild in positiver Weise ergänzen? Was könnte es vollständiger machen? Wie könnte es abgerundet werden? ... Was könnte das Bild brauchen:*

Bitte greifen Sie nun wieder zum Malpinsel und ergänzen Sie das Bild …"

Manchem Teilnehmer fällt es sehr schwer, in ein fremdes Bild einzugreifen, manche sind sofort dabei. Der Trainer lässt dem Ganzen einfach Zeit und kommentiert nichts weiter. Wenn jemand nichts ergänzt, dann sollte er das auch so stehen lassen. Nach weiteren fünf Minuten bittet der Trainer die Teilnehmer nun zu ihren eigenen Bildern zurückzukehren, diese an sich zu nehmen und sich in den Stuhlkreis zu begeben.

Teil 2: Die Teilnehmer interpretieren die Bilder

Nun erklärt der Trainer, dass die Bilder jetzt besprochen werden.

„Ziel ist es, die Bilder ein wenig zu entschlüsseln und nach den Botschaften, Angeboten und Ideen, die in diesen stecken, zu suchen. Wir werden jedes einzelne Bild betrachten. Zuerst darf, wer möchte, interpretieren, was ihm dieses Bild sagt. Dies wird nicht gewertet, diskutiert und schon gar nicht zerredet. Jeder der mag, bietet seine eigenen subjektiven und damit richtigen Interpretationen an. Hier gibt es kein Richtig und kein Falsch. Anschließend werden wir den jeweiligen ‚Ergänzer' bitten zu sagen, was ihm zu dem Bild durch den Kopf gegangen ist, was er ergänzt hat und was er geglaubt hat, warum das Bild genau diese Ergänzung braucht. Der jeweilige Künstler hört hier genau hin, nach dem Motto: Was können ihm diese Sichtweisen, diese Interpretationen mitgeben? Was kann die Ergänzung bedeuten? Was sagt die Ergänzung, worum er sich kümmern sollte, was ihn weiterbringen würde, wofür er sorgen sollte? Dann erklärt der Künstler selbst abschließend, was er im Nachhinein zu seinem eigenen Bild sagen möchte. Wie im echten Künstlerleben muss er aber nichts zu seinem Werk sagen, wenn er nicht möchte. Das Ganze wird ca. fünf Minuten pro Bild brauchen. Wer möchte mit seinem Bild beginnen?"

Hinweise

Diese Runde ist erfahrungsgemäß für alle Beteiligten sehr spannend. Manchmal muss man als Trainer hier entsprechend ein wenig auf die Zeit achten. Manche Teilnehmer finden, dass ihr Bild nun nicht mehr ihr eigenes ist. Dies sollte der Trainer unbedingt würdigen und darauf hinweisen, dass gleichwohl eine hilfreiche Botschaft in der Ergänzung stecken kann. Insbesondere in diesem Fall kann der Trainer (alle) Teilnehmer bitten, sich einen Ausschnitt aus ihrem Bild auszuschneiden, der am meisten repräsentiert, worum es ihnen geht und sich diesen Ausschnitt zum Beispiel in das Transfertagebuch oder ins Handout zu kleben. Das wird immer als passend angenommen. Die Methode bedarf keiner weiteren Nachbesprechung.

Abb.: Teilnehmer fertigen ein Bild an

Quellen/Literaturempfehlungen

- Harlan, V., Rappmann, R. & Schata, P (1976): Soziale Plastik. Materialien zu Joseph Beuys. Achberg: Achberger Verlagsanstalt.
- Harlan, V. (1986): Was ist Kunst? Werkstattgespräch mit Joseph Beuys. Stuttgart: Urachhaus.

Riemann-Thomann-Modell – Reloaded

Orientierung

Ziele:

- Sich die eigenen Persönlichkeitsausprägungen (im Vergleich mit anderen) vor Augen führen
- Die eigenen Persönlichkeitsausprägungen in Bezug zu den Auswirkungen des aktuellen Veränderungsprozesses setzen
- Ideen zur eigenen Entwicklungsarbeit gewinnen

Zeit:

- Instruktion: ca. 20 Minuten
- Bodenarbeit: ca. 30 Minuten
- Partnerarbeit: ca. 40 Minuten
- Gesamt bei bis zu 12 Teilnehmern: ca. 90 Minuten

Material:

- Riemann-Thomann-Schema auf Flipchart
- Riemann-Thomann-Schema auf dem Boden mit Tesakrepp ausgelegt
- Kommunikationsdimensionen (siehe unten) als PowerPoint oder auf der Pinnwand visualisiert
- Im Falle, dass ein Partner-Feedback gemacht werden soll, ein Instruktions-Flipchart mit den Aussagen „Wieweit hätte ich den Kollegen ebenso an diesem Punkt positioniert oder deutlich woanders?“ & „Weswegen erlebe ich das so?“
- Flipchart mit Instruktion zur Partnerarbeit
- Transfer-Journal pro Teilnehmer (Notizbüchlein)

Überblick/Hinweise:

- Die Teilnehmer lernen die Dimensionen des Riemann-Thomann-Schemas sowie die jeweiligen zugehörigen Kommunikationsstile kennen und schätzen sich diesbezüglich jeweils selbst ein.
- Dann reflektieren sie, wo in Bezug auf den aktuellen Veränderungsprozess die eigenen Persönlichkeitsausprägungen möglicherweise als Fallstricke wirken können, wo sie nutzbar gemacht werden können und definieren eine entsprechende eigene Handlungsstrategie.

Erläuterungen

In jedem Veränderungsprozess treffen Menschen mit höchst unterschiedlichen Bedürfnissen, Werten und Glaubenssätzen auf Forderungen, auf die sie entsprechend höchst unterschiedlich reagieren. Um diese Unterschiede und ihre Bedeutung für Kommunikation und Reaktionen zu verstehen, kann das Riemann-Modell herangezogen werden. Danach lassen sich in Analogie zu den Grundformen der Angst vier menschliche Grundausrichtungen beobachten: das Bedürfnis nach Nähe (z.B. zwischenmenschlicher Kontakt, Harmonie, Geborgenheit), nach Distanz (z.B. Unabhängigkeit, Ruhe, Individualität), nach Dauer (z.B. Ordnung, Regelmäßigkeiten, Kontrolle) und nach Wechsel (z.B. Abwechslung, Spontaneität, Kreativität). In Veränderungsprozessen werden vor allem die Dimension Wechsel bzw. Dauer angesprochen, die dann als Unterschiede zwischen Herangehensweisen und Reaktionen wahrnehmbar werden.

Dabei verstand schon Riemann seine Typologisierung nicht als eine endgültige Kategorisierung, sondern er geht davon aus, dass das Riemann-Thomann-Modell mit seinen vier Grundströmungen als Kompass dienen kann, um sich selbst zu reflektieren und zu lernen, mit seinen Bedürfnissen und Ängsten besser umzugehen und mehr Wahl- und Handlungsfreiheit zu erzielen.

Abb.: Das Riemann-Thomann-Schema (modifiziert nach E. Stahl, 2007)

Die vier Pole des Riemann-Thomann-Schemas stehen auch für einen jeweils unterschiedlichen persönlichen Kommunikationsstil, der nach Stahl (2002) wie folgt beschrieben werden kann:

Nähe

- Befehle werden als Wünsche deklariert: „Ich würde mich freuen, wenn Du …"
- Ablehnung wird formuliert als: „Ich kann nicht" statt „Ich will nicht …"
- Forderungen werden nicht ausgesprochen oder als „Wir" geäußert: „Wir brauchen jetzt mal frische Luft" statt „Ich will, dass das Fenster geöffnet wird"
- Konflikte werden eher vermieden
- „Dissidenten" werden wie „verirrte Schafe" behandelt, d.h., durch sanften Druck und die Vermittlung von Schuldgefühlen zur Ordnung gerufen

Distanz

- Persönliche Empfindungen und Wertungen werden unpersönlich formuliert nach dem Motto: „Es wäre wünschenswert …"
- Gefühle werden zurückgehalten bzw. abgewiesen: „Bitte bleiben Sie sachlich …"
- Hilfe und Unterstützung werden kaum erbeten oder angeboten
- Mit Lob und dem Aussprechen von Zuneigung wird sehr sparsam umgegangen
- Es wird streng zwischen Berufs- und Privatleben unterschieden: „Das gehört nicht hierher …"

Dauer

- Es geht darum, wer Recht hat
- Argumente werden durch Prinzipien ersetzt: „Es gehört sich …", „Grundsätzlich gilt bei uns …"
- Umgangsformen und Hierarchien werden streng beachtet
- Man entschuldigt sich sofort, wenn Regeln oder Prinzipien nicht eingehalten werden können
- Prinzipienverletzungen werden wie Ketzerei behandelt: „Das gehört sich nicht. Man muss …"

Wechsel

- Regelbrüche gelten als Verlebendigung und Bereicherung: „Ich hab da eine tolle Idee …"
- Ideen werden in die Tat umgesetzt, ohne die Zustimmung der anderen abzuwarten: „Ich mach schon mal gerade …"

- Ablehnung wird eher selten offen und konfrontativ kommuniziert, sondern dadurch, dass das Thema gewechselt oder ein weiterer neuer Vorschlag gemacht wird
- Spannungen werden nach Möglichkeit schnell entschärft: „Nun seien Sie doch nicht so ernst/traurig/böse/nachtragend ..."
- Regelverstöße werden augenzwinkernd hingenommen: „Er hat es nicht so gemeint!"

Vorgehen

Teil 1: Bodenarbeit

Der Trainer erklärt das Riemann-Thomann-Schema (siehe die Erläuterungen oben). Dann bittet er die Teilnehmer, sich selbst in diesem Schema, das auf dem Boden ausgelegt ist (Achsen & Achsenbezeichnungen) zu positionieren:

„Dabei kommt es nicht auf mathematische Genauigkeit an, sondern es geht um eine ungefähre Einschätzung nach dem Motto: ‚Wo in diesem Achsenkreuz finde ich mich in etwa wieder?' (man kann hier auch noch mal auf die Zielsetzungen der Übung eingehen). *Dazu braucht man keine Exaktheit – nur eine ungefähre Idee, was die eigenen Bedürfnisse und Werthaltungen betrifft, was einem wichtig ist. Eine ungefähre Einschätzung von ... bis reicht."*

Wenn alle Teilnehmer Position bezogen haben, fragt der Trainer jeden einzelnen Teilnehmer: *„Aufgrund welcher Bedürfnisse und Werte haben Sie sich hier positioniert?"* Er sollte durchaus vertiefend nachfragen: *„Und was spielt noch eine Rolle, und was noch ...?"* Wenn die Teilnehmer einander recht gut kennen, kann man auch zwei Kollegen aus der Gruppe bitten, jeweils Feedback zu geben. In diesem Fall sollte die Auswahl mit der Frage getroffen werden: *„Von wem möchten Sie Feedback zu Ihrer Positionierung bekommen – ohne weitere Begründung?"*

Dann sollte Feedback gegeben werden, nach dem Motto: „Wieweit hätte ich den Kollegen ebenso an diesem Punkt positioniert oder deutlich woanders?" – „Weswegen erlebe ich das so?" Sollte der Feedback-Nehmer irritiert sein, dann sollte der Trainer darauf hinweisen, dass diese Re-Positionierung die Wirkung der jeweiligen Person auf die beiden Feedback-Geber beschreibt. Und dass diese Wirkung im zweiten Schritt der Übung mitreflektiert werden sollte, weil sie noch weitere Anregungen geben kann. Wenn man möchte, kann man anschließend auch noch den Selbsttest zu den Dimensionen von Riemann durchführen (um ein weiteres Feedback zu bekommen, keine Wahrheit!).

Teil 2: Partnerarbeit

Nun geht es in den zweiten Teil der Übung. Der Trainer bittet die Teilnehmer, sich mit einem Partner zusammenzufinden. Ich empfehle hier nicht zu losen, sondern eine persönliche Wahl zu ermöglichen, weil die kommende Reflexion mit gegenseitigem Vertrauen und Sympathie mehr Offenheit bewirken kann. Bei einer ungeraden Teilnehmerzahl sollte sich ein Trio bilden. Dann bittet der Trainer die Teilnehmer mit Blick auf ihre Persönlichkeitsausprägungen, Bedürfnisse und Werte folgende Fragen mit dem Seminarpartner zu diskutieren:

Flipchart mit Instruktion zur Partnerarbeit ...

Mit Blick auf meine Persönlichkeitsausprägungen, Bedürfnisse und Werte ...

Wo und wie in Bezug auf den aktuellen Veränderungsprozess ...
- wirken meine Persönlichkeitsausprägungen möglichweise als Fallstricke?
- können meine Persönlichkeitsausprägungen nutzbar gemacht werden?

Wenn Folgendes eintrifft (...), welche persönlichen Handlungsstrategien lassen sich für mich daraus ableiten?
- ...
- ...
- ...

Bitte bearbeiten Sie dieses Schema nacheinander für beide Partner. Nehmen Sie sich pro Partner etwa 20 Minuten Zeit. Bitte halten Sie die für Sie wichtigsten Punkte in Ihrem Transfer-Journal fest.

Es ist kein weiteres Debriefing notwendig. Man kann aber im Plenum nochmals nach Erfahrungen, Fragen oder abschließenden Anmerkungen der Teilnehmer fragen.

Varianten

Der Trainer kann auch zusätzlich einen Selbsttest für die Teilnehmer zur Verfügung stellen. Diese sind im Internet reichlich zu finden, im Herbst 2013 u.a. auf www.dr-markt.at/schularzt/?Referate.

Quellen/Literaturempfehlungen

- Riemann, F. (1961): Grundformen der Angst und die Antinomien des Lebens. Basel/München: Ernst Reinhardt.
- Stahl, E. (2002): Dynamik in Gruppen – Handbuch der Gruppenleitung. Weinheim, Basel: Beltz.
- Stangl, W., Riemann, F.: Grundformen der Angst. URL: http://arbeitsblaetter.stangl-taller.at/EMOTION/Riemann.shtml Aufgerufen am 19.11.2013.
- Riemann-Thomann-Modell. URL: http://de.wikipedia.org/wiki/Riemann-Thomann-Modell. Aufgerufen am 19.11.2013.

Analysemethoden auf taktischer (Gruppen-)Ebene

Familiengeschichten

Orientierung

Ziele:

- Eine Analyse der aktuellen Team- oder auch Bereichssituation vornehmen, die die Beteiligten zum Lachen bringt und bei der sie Spaß haben
- Über die Arbeit mit Metaphern Themen leichter ansprechbar machen
- Ideen für Veränderungsansätze gewinnen

Zeit:

- Instruktion: ca. 15 Minuten
- Gruppenarbeiten: 45-60 Minuten
- Vorlesen der Ergebnisse: 10 Minuten
- Kein Debriefing – gegebenenfalls weitere Ausarbeitungen mit anderen Methoden

Material:

- Schreibutensilien
- Papier/Notizblöcke pro Teilnehmer
- Sammlung der Fragen kopiert pro Teilnehmer

Überblick/Hinweise:

Der Trainer liest Fragen vor nach dem Motto „Wenn Sie eine große Familie wären, was ...?" – und die Teilnehmer beantworten diese Fragen durch das Aufschreiben von Stichworten. Anschließend formulieren/entwickeln sie gemeinsam in einer Gruppenarbeit eine „Geschichte" über diese Familie, die im Plenum vorgetragen wird.

Erläuterungen

Über die Bedeutung von Metaphernarbeit wurde in diesem Buch schon gesprochen (siehe Seite 178). Gerade bei dieser Übung wird deutlich, dass mithilfe von Metaphern vieles ausgesprochen werden kann, ohne dass dies nachgearbeitet oder mit konkreten (vielleicht manchmal verletzenden) Beispielen hinterlegt werden muss. Trotzdem steht klar im Raum, worum es geht, allerdings von vorneherein mit einer großen Portion Humor.

Diese Art von Metaphernarbeit ist sicherlich nicht für alle Unternehmenskulturen und alle Veränderungsvorhaben geeignet. Entsprechend hilfreich und notwendig ist es, eine solche Vorgehensweise vorab mindestens mit einigen Einzelpersonen aus der betreffenden Kultur und einigen Meinungsbildnern/Hierarchen „anzutesten". Erfahrungsgemäß gilt: Je jünger das Durchschnittsalter in einem Unternehmen, desto unkomplizierter ist die Anwendung der Methode. Auch bei technikaffinen Unternehmen findet diese Art von „Analyse-Arbeit" Anklang.

Bevor man in die Instruktion zu „Familiengeschichten" geht, sollte man als Trainer aufzeigen, worum es bei dieser Übung geht. Analog der genannten Orientierung lassen sich folgende Zielsetzungen formulieren:

- Eine Analyse der aktuellen Team- oder auch Bereichssituation vornehmen, die die Beteiligten zum Lachen bringt und bei der sie Spaß haben
- Über die Arbeit mit Metaphern Themen leichter ansprechbar machen
- Ideen für Veränderungsansätze gewinnen

Vorgehen

Der Trainer bittet die Teilnehmer, sich mit Schreibblock und Schreibutensil zu versorgen (keine Moderationsstifte) und sich möglichst entspannt und bequem hinzusetzen. Er erklärt, dass er gleich eine Reihe von Fragen vorlesen wird nach dem Motto „Stellen Sie sich vor, Sie und Ihre Kollegen sind eine große Familie ..." und sie bitten wird, spontan Assoziationen und Antworten beziehungsweise entsprechende Stichworte aufzuschreiben. Er weist darauf hin, dass das Ganze etwa 15 Minuten dauern wird und dass im Anschluss Gruppen gebildet werden, die aus diesen Stichworten gemeinsam eine Geschichte über diese Familie schreiben werden. Dies kann eine Science-Fiction-Story, ein Krimi oder ein Märchen sein. Was auch immer und wozu immer man gemeinsam auch Lust hat. Diese Geschichten werden dann vorgelesen, aber nicht hinterlegt oder im Detail analysiert.

Falls mit den Inhalten weitergearbeitet werden soll, sollte der Trainer darauf hinweisen, dass dies auf einer sehr allgemeinen Ebene geschehen wird.

Obwohl man den Fragebogen an die Teilnehmer austeilt, hat es sich bewährt, die Fragen vorzulesen und dazwischen jeweils Zeit zu geben, etwas aufzuschreiben. Dabei kann man sich einfach danach richten, wann die meisten Teilnehmer mit dem jeweiligen Aufschreiben fertig sind.

Die Gruppengrößen für die Erstellung der „Familiengeschichten" sollten zwischen 4-6 Teilnehmern liegen, damit sich jeder Teilnehmer mit seinen Stichpunkten wirklich einbringen kann.

Beim Vorstellen der Familiengeschichten im Plenum sollte der Trainer darauf achten, dass diese möglichst nicht kommentiert werden. Nach jeder Geschichte sollte er den Applaus starten. Wenn man möchte und dies passt, kann man die Familiengeschichten auch mit einer bestimmten (Film-)Musik an- bzw. abmoderieren.

Die Übung „Familiengeschichten" kann man gut am Ende eines Arbeitstages plazieren. Die Geschichten können dann zum Beispiel während des Abendessens zwischen den verschiedenen Gängen eines Menues vorgelesen werden.

Wenn man die Familiengeschichten als Basis für eine weitere Bearbeitung von Themen wählt, so kann dies zum Beispiel mit folgenden Arbeitsfragen geschehen:

- Welche Themen sind in den Familiengeschichten aufgetaucht, bei denen sich aus unserer Sicht unbedingt etwas ändern und bessern muss?
- Woran konkret würden wir erkennen, dass sich bei dem jeweiligen Thema etwas im gewünschten Sinn verändert hat?
- Was wäre der Nutzen einer solchen Veränderung für ... (unseren Bereich, das Team, jeden einzelnen Kollegen ...)?

Instruktion „Familiengeschichten"

Stellen Sie sich vor, Sie und Ihre Kollegen sind eine große Familie. Schreiben Sie spontan die Assoziationen, Stichworte und Ideen auf, die Ihnen zu den Fragen einfallen.

Wenn Sie eine Familie wären ...

- Wie sieht die Familienstruktur aus? Gibt es Vater? Mutter? Onkel, Erbtanten ...? Wen noch?
- Welche Rollen gibt es in der Familie? (Wer ist zum Beispiel „Seelentröster", „schwarzes Schaf" ...?)
- Wie sehen die Familienbande aus? Welche Verbindungen gibt es?
- Was unternimmt die Familie zusammen? Zu welchen Gelegenheiten oder Anlässen trifft sie sich?
- Was ist gerade bei der Familie los? Worüber spricht die Familie gerade?
- Welche Hobbys hat die Familie? Was tun alle/einige leidenschaftlich gerne?
- Was wird in der Familie belohnt? Was ist in der Familie superwichtig?
- Was wird bestraft? Was darf man in der Familie keinesfalls tun? Was sind Tabus in der Familie?
- Wofür gibt die Familie Geld aus?
- Worüber streitet die Familie?
- Wer hat offiziell in der Familie das Sagen? Wie ist das inoffiziell?
- Wer ist in der Familie für welche Aufgaben zuständig?
- Welche Rituale gibt es in der Familie?

Bitte stellen Sie sich im Anschluss in Ihrer Gruppe Ihre jeweiligen Ideen, Assoziationen und Stichworte gegenseitig vor. Entscheiden Sie dann, welche Art von Geschichte Sie über die Familie entwerfen möchten: zum Beispiel ein Märchen, einen Krimi oder eine Science Fiction Story. Hierfür haben Sie 45 Minuten Zeit.

Geben Sie Ihrer Familiengeschichte eine Überschrift und lesen Sie diese anschließend im Plenum vor.

Team-Vernissagen

Orientierung

Ziele:

- Eine intuitive Analyse der aktuellen Team- oder auch Bereichssituation vornehmen, die die Beteiligten zum Schmunzeln bringt und bei der sie Spaß haben
- Über die Arbeit mit Metaphern Themen leichter ansprechbar machen
- Ideen für Veränderungsansätze gewinnen

Zeit:

- Instruktion: ca. 5 Minuten
- Gruppenarbeiten: 10-15 Minuten
- Vernissage: bei 3 Gruppen ca. 20 Minuten
- Kein Debriefing – gegebenenfalls weitere Ausarbeitungen mit anderen Methoden

Material:

- Je eine Pinnwand pro Gruppe bei max. 5 (besser nur 4) Teilnehmern pro Gruppe (eher kleiner), beschriftet mit: „Was uns gerade umtreibt"
- Dicke verschiedenfarbige Moderationsstifte, ggf. ergänzend Wachsmalkreiden
- Flipchart mit Instruktion „Fragen an die Kunstexperten"

Überblick/Hinweise:

Der Trainer bittet die Teilnehmer, ein Bild von der aktuellen Situation im Bereich (Team, Unternehmen) nach dem Motto „Was uns gerade umtreibt" zu zeichnen und dabei nicht zu sprechen. Anschließend gehen alle Teilnehmer von Bild zu Bild, wobei jeweils das Team der vorgelagerten Gruppe das Bild des anderen Teams interpretiert, so wie dies möglicherweise ein Kunstexperte tun würde. Dies ist stets mit viel Schmunzeln und Humor verbunden.

Erläuterungen

Auch bei dieser Übung wird deutlich, dass mithilfe von Metaphern vieles leichter und weniger belastend bearbeitet werden kann. Zudem bringt „Team-Vernissagen" stets eine Menge Spaß. Wiederum ist wichtig, dass auch diese Art von Metaphernarbeit nicht für alle Unternehmenskulturen und alle Veränderungsvorhaben geeignet ist. Wenn man das Unternehmen und seine Kultur nicht kennt, sollte man vorab die Methode mit einigen Personen insbesondere auch Meinungsbildnern/Hierarchen aus dem betreffenden Unternehmen durchsprechen und nachfragen, ob diese glauben, dass die Kollegen sich auf diese Übung einlassen und dabei Spaß haben werden.

Bevor man zur Instruktion für „Team-Vernissagen" schreitet, sollte man als Trainer/Moderator unbedingt viel „Produktinformationen" geben und verdeutlichen, was man mit dieser Übung erreichen kann und was nicht.

Analog der genannten Orientierung lassen sich folgende Zielsetzungen formulieren:

- Eine intuitive Analyse der aktuellen Team- oder auch Bereichssituation vornehmen, die die Beteiligten zum Schmunzeln bringt und bei der sie Spaß haben
- Über die Arbeit mit Metaphern Themen leichter ansprechbar machen
- Ideen für Veränderungsansätze gewinnen

Dies ist keine Übung, um detaillierte Informationen über Probleme zu gewinnen. Es geht eher darum, eine Ausgangsbasis zu schaffen, um anschließend mit einem klaren „Solution-Fokus" in Richtung Ziele und Veränderungen zu arbeiten.

Vorgehen

Der Trainer lost die jeweiligen Teamzusammensetzungen aus. Dies stellt einigermaßen sicher, dass sich nicht die Teilnehmer zusammenfinden, die eher „analytisch-kognitiv" strukturiert sind oder sich anstecken beim „Ich kann nicht zeichnen". Er bittet die Teilnehmer, sich an die vorbereiteten, beschrifteten Pinnwände zu begeben (unbedingt an jeder Pinnwand verschiedenfarbige Stifte auslegen) und ein Bild zur aktuellen Situation zu zeichnen, nach dem Motto: „Was uns gerade umtreibt".

„Bei dieser Übung soll bitte nicht gesprochen werden. Beginnen Sie einfach irgendwo auf dem Blatt das zu zeichen, was Sie passend finden und Sie werden sehen, dass sich das dann ganz gut zu den Bildern der Kollegen zusammenfügen wird. Es geht darum, Symbole oder Metaphern oder Botschaften zu entwerfen, nicht darum, schön zu zeichnen. Es geht darum, Spaß zu haben und vielleicht einen zeichnerischen Dialog auf

dem Papier zu entwickeln ... Sie werden dafür 10 bis maximal 15 Minuten Zeit zur Verfügung haben. So und jetzt bitte loslegen."

Manche Teilnehmer brauchen ein wenig Zeit, bis sie Mut fassen, loszulegen und schauen vielleicht erst einmal eine Weile zu. Dazu kann sie der Trainer gegebenenfalls auch ermutigen. Wenn ca. 15 Minuten vergangen sind, sind meist schon einige Teilnehmer fertig. Der Trainer beendet entsprechend die Zeichenaktion und ruft die Teilnehmer bei einem Bild zusammen. Dabei achtet er darauf, wer die Teilnehmer der vorgelagerten Gruppe sind. Diese werden gebeten, nun das Bild des anderen Teams zu interpretieren, so, wie dies möglicherweise ein Kunstexperte tun würde. Dabei verweist der Trainer auf das Flipchart mit der Instruktion „Fragen an die Kunstexperten" und bittet die „Kunstexperten" mit einem Schmunzeln, doch einige Fragen zu dem Bild zu beantworten: *„Dabei können Sie bitte gerne jede Interpretationsfreiheit nutzen. Schließlich ist, wie wir wissen, das, was uns der Künstler sagen wollte, das eine, und das, was wir in dem Bild lesen und was uns die Kunsthistoriker sagen, das, was zählt."*

Anschließend sollte der Trainer die Fragen auf dem Flipchart vorlesen.

Flipchart mit Instruktion „Fragen an die Kunstexperten"

- Was wollten uns die Künstler mit diesem Bild sagen?
- Wie interpretieren Sie die Details auf diesem Werk? In welchem Zusammenhang sehen Sie diese?
- Was sehen Sie, dass wir nicht sehen?
- Welchen Titel würden Sie dem Bild geben?

Der Trainer sollte nach den Aussagen der Kunstexperten den Applaus starten. Nun sollte man auch die Künstler selbst bitten, noch etwas zu ihrem Werk und zu ihren Botschaften zu sagen. Wenn dies ganz anders ist, als die Interpretation der „Kunstexperten", gibt es meist großes Gelächter. Dabei sollte der Trainer darauf achten, dass nichts „zerredet" wird. Denn was hier wirklich wahr ist und was nicht, ist keine Frage! Jede Interpretation gilt – wie im echten Leben! Das kann man einfach sagen. Nach und nach wird jedes Bild besprochen.

Wenn man die „Team-Vernissagen“ als Basis für eine weitere Bearbeitung von Themen wählt, so kann dies zum Beispiel mit folgenden Arbeitsfragen geschehen:

- Welche Themen sind in den „Team-Vernissagen“ aufgetaucht, bei denen sich aus unserer Sicht unbedingt etwas ändern und bessern muss?
- Woran konkret würden wir erkennen, dass sich bei dem jeweiligen Thema etwas im gewünschten Sinn verändert hat?
- Was wäre der Nutzen einer solchen Veränderung für ... (unseren Bereich, das Team, jeden einzelnen Kollegen...)?

Systemischen Eigen-Sinn von Organisationen erkennen: Die Analyse der Unternehmenshistorie

Orientierung

Ziele:

- Eine Analysemethode zur Erfassung der Glaubenssätze und Werthaltungen im Unternehmen (Bereich, Team) kennenlernen
- Verdeutlichen, wie Hypothesenbildung und Analysearbeit zusammenhängen
- Aufzeigen, wie die Analyseergebnisse in die Veränderungsarbeit und entsprechende Maßnahmen einfließen können

Zeit:

- Analyse der Historie: ca. 60 bis 120 Minuten (je nach Größe des analysierten Bereichs und des betrachteten Zeitrahmens)
- Präsentation und Diskussion der Ergebnisse: ca. 30 bis 60 Minuten (siehe oben)
- Hypothesenbildung: ca. 60 bis 120 Minuten (siehe oben)

Material:

- Pinnwände, Kärtchen, Stifte
- Diese Übung funktioniert nur für den „Echtfall"

Überblick/Hinweise:

- Schon während der gemeinsamen Arbeit ergeben sich für die Teilnehmer enorm viele Erkenntniseffekte zum Beispiel durch erweiterten Informationsaustausch ...
- Diese Analysearbeit wird stets als sehr wertvoll für alle Beteiligten erlebt.

Erläuterungen

Wenn man davon ausgeht, dass zwei Drittel aller Veränderungsprozesse fehlschlagen, dann ist einer der Gründe darin zu suchen, dass Veränderungen häufig (immer noch) viel zu technisch und mit beachtlichen Machbarkeitsfantasien angegangen werden. In meiner nun 20-jährigen Beratererfahrung musste ich das immer wieder erleben und konnte mich oft genug nicht mit meinen „psycho-logischen" Weltlandkarten einbringen. Unternehmen als nichttriviale, hochkomplexe Systeme haben ihren Eigen-Sinn und eine hohe Eigendynamik, die sich nicht nur einer mechanistischen Steuerung entziehen (H. von Foerster, 1988). Das Unternehmen bzw. seine Protagonisten entscheiden autonom und sich selbst steuernd (vgl. Exner, 2009), welche Impulse sie aufnehmen. Entsprechend reagiert das System Unternehmen in seinem Eigen-Sinn, indem es bestimmte Informationen ignoriert oder aufnimmt und sich an den es umgebenden Kontext anpasst.

Der Eigen-Sinn eines Unternehmens, die im System geltenden Spielregeln, Glaubenssätze und Werte (nach dem Motto: „Macht Sinn/macht keinen Sinn" oder „Ist richtig/ist falsch") sind ausschlaggebend dafür, ob bestimmte Informationen als Anstoß für Veränderungen aufgenommen oder ignoriert werden, kurz: ob es der Information gelingt, anzukoppeln. Ankoppeln kann meist das, was in die bestehenden Muster passt. Entsprechend ist es nicht unwahrscheinlich, dass wichtige Informationen aus dem umgebenden Kontext – seien es technische Entwicklungen, strukturelle Veränderungen des Marktes oder Aktivitäten des Wettbewerbs – nicht aufgenommen, sondern ausgeblendet werden. Was dazu führt, dass sich solche Systeme „überleben", dass es sie nicht mehr gibt: Swissair, Kodak & Co. lassen grüßen. (Leica-Chef Ralf Coenen im Jahre 2005 zur digitalen Fototechnik „Sie passt weder zu uns noch zu unseren Kunden" gab sich hier nicht anders als Kaiser Wilhelm II., der sagte: „Ich glaube an das Pferd. Das Automobil ist nur eine vorübergehende Erscheinung.")

Daher kann man Systeme nur „einladen" sich zu verändern, aber nicht zwingen, denn das System kann sich letztlich nur selbst verändern (siehe: *http://de.wikipedia.org/wiki/Autopoiesis, Autopoiesis/Morphogenese*, vgl. H. Maturana 1990, G. Schmidt 2010). Jeder Veränderungsimpuls, jede Information durchläuft somit eine Gratwanderung zwischen Ankopplung, Irritation, Veränderungswunsch oder Verdrängung und Abwehr (Exner, 2009). Ist die Irritation zu groß, kann sie genauso abgeblockt werden, als wenn sie zu gering ist.

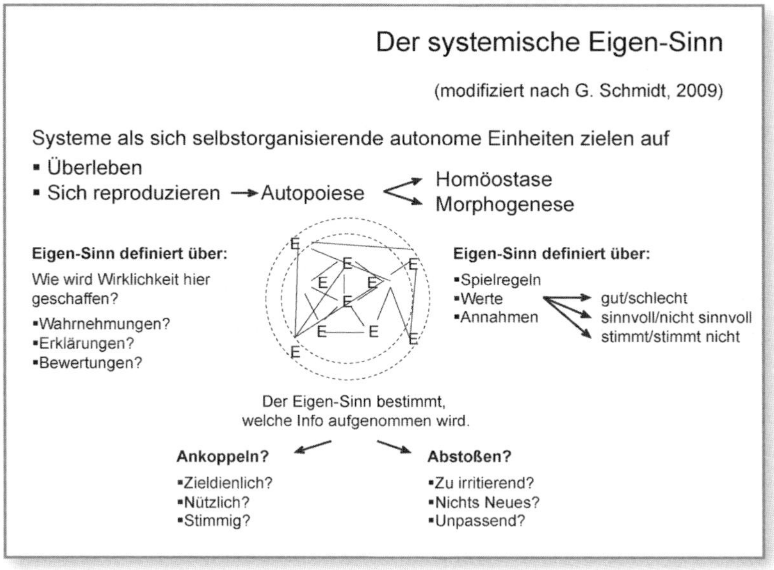

Abb.: Der systemische Eigen-Sinn

Ein konkretes Beispiel aus der Praxis ist das Sommermärchen der Fußball-WM 2006 (vgl. R. Lanwehr & S. Böhlich, 2010). Es war das Resultat eines beeindruckenden Veränderungsprozesses, der von Jürgen Klinsmann gesteuert wurde. Kurze Zeit später scheiterte Klinsmann als Trainer von Bayern München nicht minder spektakulär. Wie ist diese Diskrepanz erklärbar? Dazu müssen wir uns die Systeme „WM" und „FC Bayern München" etwas genauer anschauen. Rund um die Fußball-EM 2004 und die Zeit danach gab es erhebliche Turbulenzen: Die Mannschaft war überaltert und offensichtlich demotiviert, Rudi Völler war nach dem Scheitern 2004 frustriert zurückgetreten. Keiner wollte den Trainerjob. Dann tauchte Jürgen Klinsmann auf. Er arbeitete schon bei den ersten Interviews mit Visionen: Deutschland wird Weltmeister! Diese junge Mannschaft ist hoch motiviert und wird attraktiven Fußball spielen. Er stellte sich vor seine Spieler, wenn etwas schieflief, setzte auf Partizipation und Selbstmanagement des Teams und entwickelte eine Kultur des Vertrauens. Er holte sich Experten ins Team, die anerkannt und gleichberechtigt miteinander arbeiteten. Mit einem nahezu identischen Verhaltensmuster startete Klinsmann bei den Bayern. Aber hier konnte er nicht andocken. Das System konnte nicht davon überzeugt werden, dass dieses Vorgehen Sinn macht, dass es notwendig und zielführend ist. Seine Vision für den FC Bayern hatte nicht die Wirksamkeit wie die Vision für die anstehende WM. In diesem System galten andere Werte, Glaubenssätze und Spielregeln (vgl. R. Lanwehr & S. Böhlich, 2010).

Rund um das Thema Hypothesenbildung

Die vorgestellten Überlegungen sind (nichts als) Hypothesen. Sie sind Erklärungsmodelle, die (hier im Nachhinein!) plausibel machen, warum ein bestimmtes Vorgehen mehr oder weniger erfolgreich war. In der professionellen Beratungsarbeit spielt die prospektive und transparente Hypothesenbildung eine zentrale Rolle. Aufgrund der Analyse der Gegebenheiten (Artefakte, Methoden, Verhaltensweisen ...) im Unternehmen werden entsprechende Hypothesen (also Erklärungsmodelle, man könnte auch sagen Annahmen) darüber erstellt, wie das System „tickt" und welche Maßnahmen daher das Unternehmen den gewünschten und vorab definierten Zielen näher bringen.

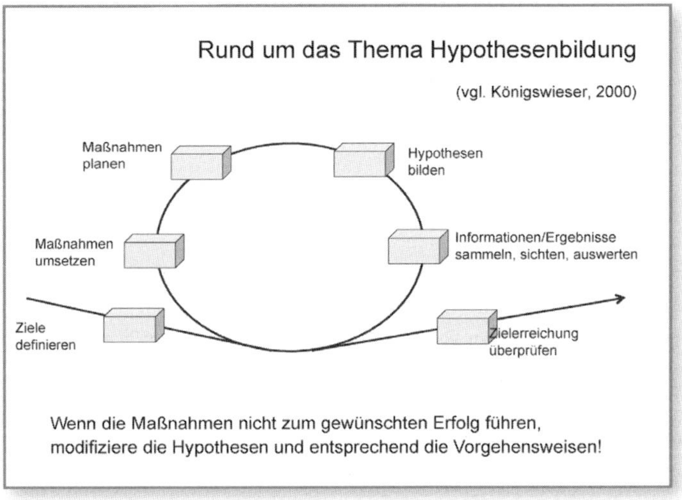

Abb.: Rund um das Thema Hypothesenbildung

Wenn die Maßnahmen den Veränderungsprozess in Richtung der gewünschten Ziele voranbringen, geht man davon aus, dass die vorab formulierten Hypothesen annähernd stimmig waren. Wenn nicht, so lautet die zentrale Regel: „Modifiziere die Hypothese und ändere entsprechend die Vorgehensweisen. Dabei wird folgender Kreislauf ggf. mehrmals durchlaufen (vgl. R. Königswieser, 2000):

- Ziele definieren
- Informationen/Ergebnisse sammeln, sichten, auswerten
- Hypothesen bilden
- Maßnahmen planen
- Maßnahmen umsetzen
- Zielerreichung prüfen

Die Hypothesenbildung ist ein zentraler Bestandteil der nachfolgend vorgestellten Methodik „Analyse der Unternehmens-(Bereichs-, Team-) Historie".

Vorgehen

Der Trainer führt in die Analyse der Unternehmens-(Bereichs-, Team-) Historie ein:

„Wie kann man vorgehen, um eine Idee bzw. Hypothesen zu kreieren, ob eine Veränderung von der Organisation angenommen wird oder eher nicht ...? Um die Balance zwischen ‚Ergibt Sinn für uns' und ‚Ergibt keinen Sinn' zu erfassen, in der sich letztlich der Grad der Veränderungsbereitschaft manifestiert, kann es sehr hilfreich sein, den ‚Lebensweg' eines Unternehmens (Bereichs, Teams) nach charakteristischen Mustern zu analysieren. Hier sind rückblickend insbesondere Umbruchphasen bedeutsam. Wie ist das Unternehmen mit solchen Umbruchphasen umgegangen? Wieweit wurden diese Phasen von innen heraus ‚evolutionär' oder von außen (neuer Inhaber, Krisenmanagement ...) ‚revolutionär' angelegt? Solche Musteranalysen liefern Informationen (und dienen der Hypothesenbildung), um abzuschätzen, mit welchen Maßnahmen die gewünschten Veränderungen zu erzielen sein könnten (vgl. Exner, 2010).

Schauen wir uns hierzu die Metapher ‚Biotop' an: Stellen Sie sich vor, man würde das Unternehmen als ein ganz spezielles Biotop sehen und Sie als Führungskraft/Management sind der Gärtner. Auch ein guter Gärtner weiß nicht bis ins Detail, wie sein Biotop funktioniert, und er wird immer wieder Überraschungen erleben. Aber er weiß: Wenn es sich bei seinem Biotop um eine Wüste handelt, dann wird etwas Wundersames passieren, wenn er Wasser zuführt. Wenn es sich aber um einen Sumpf handelt, dem er Wasser zugibt, wird wahrscheinlich gar nichts passieren (vgl. Exner, 2010). Wir können also bestimmte Hypothesen darüber formulieren, wie ein System tickt und wie es entsprechend auf bestimmte Interventionen reagiert. Unsere Handlungsergebnisse (Ziele) müssen entsprechend überprüft und gegebenenfalls die Hypothesen modifiziert werden.

Für die Historien-Analyse können wir uns das Unternehmen als Ganzes anschauen oder auch Teilbereiche des Unternehmens oder auch Teams – je nachdem, um welches Vorhaben es uns geht. Die Analyse der Historie bildet die Grundlage für entsprechende Hypothesen darüber, welche Maßnahmen das Unternehmen (den Bereich, das Team) in Richtung der vorab definierten Ziele voranbringt. Oder anders ausgedrückt ‚Was das Unternehmen braucht, um im Sinn der gewünschten Zukunft voranzukommen'."

Schritte der Unternehmens-(Bereichs-, Team-)Analyse

Schritt 1

Die Wendepunkte: Erstellen Sie eine Auflistung der wichtigsten Wendepunkte im Unternehmen (Bereich/Team) seit seiner Entstehung: der positiven wie negativen, der vom Unternehmen (Bereich/Team) selbst initiierten wie der von außen auf das Unternehmen (Bereich/Team) zugekommenen.

Schritt 2

Die zeitliche Reihenfolge: Bringen Sie die Ereignisse in eine zeitliche Reihenfolge, ordnen Sie diese dann auf einer horizontalen Zeitachse an und positionieren Sie sie zudem auf einer vertikalen Achse (0 bis 5 = Wendepunkte, die mit überwiegend positiven Klimaentwicklungen im Unternehmen (Bereich/Team) einhergingen, sowie 0 bis 5 Wendepunkte, die mit einer überwiegend negativen Klimaentwicklung einhergingen).

Schritt 3

Die Analyse der Wendepunkte: Kennzeichen Sie die Wendepunkte, inwieweit die damit einhergehenden Maßnahmen mittel- bis langfristig erfolgreich (3 Sterne = höchst erfolgreich) bzw. nicht erfolgreich (3 Blitze = höchst desaströs) waren. (Hier ggf. innehalten und unterschiedliche Sichtweisen diskutieren.)

„Analysieren Sie dann jeden einzelnen Wendepunkt hinsichtlich der nachfolgenden Fragestellungen. Visualisieren Sie die Antworten in Stichpunkten mit."

Analyse der Wendepunkte – Fragen zu Schritt 3

- Wieweit wurde der Wendepunkt von innen bzw. von außen initiiert? Weswegen wurde er initiiert: Welche Hypothesen können wir diesbezüglich aufstellen?
- Welche Fähigkeiten, Ressourcen oder Erfahrungen haben dabei geholfen, diesen Wendepunkt zu initiieren oder durchzustehen? Welche Hypothesen können wir diesbezüglich aufstellen?
- Was hat zum Erfolg an/ab diesem Wendepunkt beigetragen? Welche Glaubenssätze, Annahmen und/oder Werte? Was kann das Unternehmen (der Bereich/das Team) entsprechend besonders gut? Welche Hypothesen können wir diesbezüglich aufstellen?

- An den Wendepunkten mit schwierigen nachfolgenden Entwicklungen: Was zeigt sich, was das Unternehmen (der Bereich/das Team) eher noch nicht kann? Welche Glaubenssätze, Annahmen und Werte könnten hinderlich sein? Welche Hypothesen können wir diesbezüglich aufstellen?
- Was hat das Unternehmen (der Bereich/das Team) aus den verschiedenen Wendepunkten insgesamt gelernt? Was (als Fähigkeit, Glaubenssatz, Wert) wurde gelernt, auf das man von diesem Zeitpunkt an bauen konnte? Welche Hypothesen können wir diesbezüglich aufstellen?

Schritt 4

Welche Fazits, Annahmen und Hypothesen lassen sich aus der Analyse in Bezug auf die von uns geplante Veränderung aktuell ziehen?

- Welche besonderen Fähigkeiten und Ressourcen hat das Unternehmen (der Bereich/das Team)?
- Welche (Art von) Veränderungen/Verhaltensweisen fallen dem Unternehmen (dem Bereich/dem Team) leicht?
- Welche (Art von) Veränderungen/Verhaltensweisen fallen dem Unternehmen (dem Bereich/dem Team) noch schwer?
- Mit Blick auf die intendierten Veränderungen:
  - Welche aktuell fördernden/hinderlichen Werte und Glaubenssätze sind erkennbar?
  - Was wird eher schwer-, was eher leichtfallen?
  - Worauf sollten wir also besonders achten?
  - Welche ersten Ideen für Veränderungsmaßnahmen tauchen auf?

„Bitte präsentieren Sie die Ergebnisse Ihrer Gruppenarbeiten anschließend im Plenum.“

Diese Fragestellungen werden in Gruppen bis zu sechs Teilnehmern bearbeitet. Die Bearbeitungszeit kann zwischen 60 Minuten und 2 Stunden liegen. Anschließend präsentieren die Gruppen die Ergebnisse (ca. 10 Minuten).

Äußerst aufschlussreich ist die Gegenüberstellung der Ergebnisse von zwei Gruppen. Die Fragen „Wo decken sich Sichtweisen und wo unterscheiden sie sich?“ liefern insbesondere Informationen über Glaubenssätze, Werthaltungen und Einstellungen des jeweils betrachteten Systems.

Hinweise

Bei der Analyse der Unternehmenshistorie ist es sehr hilfreich, „interne" Beteiligte an Bord zu haben. Dabei kann es den Internen schwerfallen, als „Teil des Musters" das Muster zu erkennen. Externen, die Teil des gemeinsam gebildeten Beratungssystems sind, kann das natürlich genauso schwerfallen. Sie werden aber vermutlich andere Muster (Glaubenssätze, Werthaltungen …) erkennen. Da es darum geht, möglichst zutreffende Hypothesen darüber zu bilden, wie das Unternehmen „tickt", sind alle Sichtweisen und Hypothesen sehr wichtig. Es ist zu prüfen, ob die formulierten Hypothesen nebeneinander stehen bleiben können (kompatibel sind) oder ob man bestimmte Hypothesen priorisiert. Im besten Fall sind alle Beteiligten hoffentlich im positiven Sinn irritiert.

Abb.: Beispiel „Analyse der Bereichshistorie"

Quellen/Literaturempfehlungen

- Exner, A., Exner, H. & Hochreiter, G. (2009): Selbststeuerung von Unternehmen. Ein Handbuch für Manager und Führungskräfte. Frankfurt, New York: Campus Verlag.
- Königswieser, R. & Exner, A. (2008): Systemische Interventionen. Architekturen und Designs für Berater und Veränderungsmanager. Stuttgart: Schäffer-Poeschel, 9. Aufl.
- Maturana, H. & Varela, F. (1990): Der Baum der Erkenntnis: Die biologischen Wurzeln des menschlichen Erkennens. München: Goldmann Verlag.
- Schmidt, G., Dollinger, A. & Müller-Kalthoff, B. (2010): Gut beraten in der Krise. Konzepte und Werkzeuge für ganz alltägliche Ausnahmesituationen. Bonn: managerSeminare.
- van der Brug, J. & Locher, K. (2003): Unternehmen Lebenslauf: Biographie, Beruf und persönliche Entwicklung. Ein Workshop für alle, die ihr Arbeitsleben bewusst gestalten wollen. Stuttgart: Urachhaus Verlag.
- Lanwehr, R. & Böhlich, S. (2010): Zwischen Spielfeld und Kabine – Veränderungsprozesse im Profifußball. OrganisationsEntwicklung. Zeitschrift für Unternehmensentwicklung und Change-Management, Heft 3/Jahrgang 2010.
- Autopoiesis. URL: http://de.wikipedia.org/wiki/Autopoiesis Aufgerufen am 19.11.2013.

Die Analyse des Wirkungsumfelds mithilfe der Netzwerkdarstellung

Orientierung

Ziele:

- Methode zur Analyse des Wirkungsumfelds ausprobieren
- Zeigen, wie konkret ein gemeinsames Bewusstsein und ein gemeinsames vertieftes Verständnis zu einem Thema, etwa zur Notwendigkeit der Veränderung, geschaffen werden kann

Zeit:

- Schritt 1: ca. 45 bis 60 Minuten
- Schritt 2: ca. 30 bis 45 Minuten

Material:

Vorbereitungen für Schritt 1 & 2:

- Instruktion zur Gruppenarbeit 1 & 2 auf Flipchart
- Gegebenenfalls das Fischzucht-Beispiel und weitere Pinnwand parat haben
- Jeweils 2 Pinnwände analog zur Gruppenzahl (Überschrift 1: Analyse des Wirkungsumfelds mithilfe der Netzwerkmethode von ... , Überschrift 2: Auswertung & Hypothesenbildung)
- Eine Legende in die untere Ecke der 1. Pinnwand schreiben:
  - Kärtchen für Variablen, die wir direkt beeinflussen können, mit grünem Ausrufezeichen versehen
  - Kärtchen für Variablen, die wir nicht beeinflussen können, mit rotem Blitz versehen
- Moderationskärtchen in einer jeweils einheitlichen Farbe und farbige Stifte bereitlegen
- Pinnwände für ungestörtes Arbeiten akustisch gut voneinander trennen

Überblick/Hinweise:

- Während der Arbeit ergeben sich hier häufig wichtige Diskussionen darüber, welcher Einfluss des relevanten Wirkungsumfelds wie einzuschätzen ist oder welche Zusammenhänge gesehen werden.
- Außerdem ergeben sich häufig positive Aha-Effekte, wenn neue Perspektiven oder Informationen auftauchen.
- Die Übung ist eine gute Vorbereitung, um die Notwendigkeit eines Veränderungsprozesses nachdrücklich zu unterstreichen und eine diesbezügliche Synchronisation herzustellen.

Erläuterungen

Die Herausforderungen, mit denen wir es im Unternehmensumfeld zu tun haben, sind meist hochkomplex und stark vernetzt. Nahezu zwangsläufig konstruiert jeder Mensch seine eigene Weltkarte, selektiert Informationen aufgrund seiner eigenen Erfahrungen und Bedürfnisse und reduziert auf diese Weise die gegebene Komplexität. Um zu einem differenzierten und synchronisierten gemeinsamen Bild zu kommen, empfiehlt es sich daher, ein Modell der Zusammenhänge und Fakten klar vor Augen zu haben. Dies wird mithilfe der Netzwerkmethode erreicht (vgl. T. Stäudel, 2010).

Die Visualisierung anhand der Netzwerkmethode (vgl. T. Stäudel, 2010)

- stößt einen gemeinsamen Denk- und Handlungsprozess an,
- erzeugt ein gemeinsames Verständnis der Gesamtsituation,
- sichert die Wahrnehmung wichtiger Einflussgrößen,
- ermöglicht es, Zusammenhänge besser analysieren und diskutieren zu können und
- ermöglicht es, Chancen und Risiken klarer zu erkennen,
- erleichtert die Hypothesenbildung anhand eines transparenten Modells und
- erleichtert damit die Durchführung von Kontrollschleifen hinsichtlich der Zielerreichung und des Erfolgs.

Vorgehen

Schritt 1: Die Gruppenarbeit zur Analyse des Wirkungsumfelds mithilfe der Netzwerkmethode

Für die Analyse des Wirkungsumfelds sollten zwei Gruppen mit der gleichen Aufgabenstellung arbeiten oder, falls die Teilnehmer kein gemeinsames Veränderungsprojekt haben, zwei bis drei exemplarische Beispiele aus der Gruppe genommen werden. Die Teams konstituieren sich nach dem jeweiligen Wirkungsumfeld, das sie analysieren möchten ..., die Peers helfen durch Fragen. Die nachfolgend dargestellte Vorgehensweise orientiert sich an der Arbeit von Stäudel (vgl. T. Stäudel, 2010) in einer vereinfachten Anwendung.

Instruktion zur Gruppenarbeit 1 (auf Flipchart)

- Sammeln Sie auf Moderationskärtchen externe Wirkungsumfeldvariablen, die aktuell auf den von Ihnen betrachteten Bereich einwirken.
- Kennzeichnen Sie diejenigen Variablen, bei denen Sie selbst eingreifen (etwas „drehen") können.

- Skizzieren Sie mit Pfeilen die direkten Aus- bzw. Einwirkungen (was wirkt sich direkt auf was aus?) und beschreiben Sie in Stichworten die Wirkungsweise der Variablen (dies neben den Pfeil schreiben).

Achtung: Die Wirkungsweise muss (und kann auch nicht) keineswegs mathematisch genau sein. Sie soll „nur" dazu beitragen, Verständnis, Hypothesen und Ideen generieren zu können.

Ergänzende Hinweise

Der Trainer sollte seine Teilnehmer darauf aufmerksam machen, dass sie die maximal 15 wichtigsten Variablen auswählen sollen. Wenn man mehr auswählt, ist zu vermuten, dass man zu sehr ins Detail geht (vgl. Stäudel: „Ebenen-Niveau des Systems"), was nicht hilfreich wäre. Er sollte außerdem vorschlagen, dass die Teilnehmer bei Uneinigkeit diese Punkte nach kurzer Diskussion am besten gut sichtbar visualisieren. Inwieweit die unterschiedlichen Sichtweisen dann tatsächlich Auswirkungen haben, wird man bei der Hypothesenbildung bearbeiten.

Auch sollte der Trainer darauf hinweisen, dass die erarbeitete Visualisierung des Wirkungsumfelds sehr gut in einem „Change-Cockpit" (etwa dem Büro eines Projektleiters, dem entsprechenden Besprechungsraum etc.) aufgehängt werden kann/sollte. Auf dieses Bild kann immer wieder Bezug genommen werden, es kann ergänzt oder verfeinert werden und es sorgt so immer wieder für ein gemeinsames Verständnis der Situation.

Ein Beispiel

Die Methode kann vorab auch an einem Beispiel verdeutlicht werden. Hier bietet sich das Beispiel Fischzucht an (vgl. T. Stäudel, 2010). Man kann die Teilnehmer bitten sich vorzustellen, sie wären Besitzer eines Fischteichs und wollten sich veranschaulichen, welches die Wirkungsumfeld-Variablen für ihre Fischzucht sind, um ihre Fischzucht Erfolg versprechend steuern zu können. Nun kann man die Wirkungsumfeld-Variablen auf Zuruf auf Kärtchen schreiben. Variablen sind Fische, Sauerstoffgehalt des Wassers, Wassertemperatur, Algenmenge im Wasser, Anteil der Phosphate (Düngemittel im Wasser) ... Diese Variablen kann der Trainer erst einmal mitschreiben und gegebenenfalls die wichtigsten selbst ergänzen.

Dann diskutiert die Gruppe, welches die Variablen wären, die man selbst (nicht) direkt beeinflussen kann:

„Wassertemperatur können wir nicht beeinflussen, die ist abhängig vom Wetter, Phosphate auch nicht, denn die sind abhängig von den Bauern in der Umgebung und deren Düngeverhalten … (hierzu die roten Blitze auf die entsprechenden Kärtchen zeichnen). *Beeinflussbare Variablen* (grüne Ausrufezeichen auf diese Kärtchen malen) *sind die Anzahl der Fische, denn die könnten wir herausfischen, gegebenenfalls auch einsetzen …"*

Dann skizziert die Gruppe die Beziehungen zwischen den einzelnen Variablen:

„Welche Variablen wirken hier direkt auf welche anderen Variablen ein? Und welche wirken direkt auf die Menge der Fische ein? … Auf die Menge der Fische wirkt natürlich das Futter ein, aber auch die Menge der Algen sowie die der organischen Stoffe (‚Dreck'), die den Sauerstoffgehalt dezimieren bzw. die Fische ersticken lassen …" Dieses dient nur als Beispiel zur Veranschaulichung. Man muss das nicht exakt und schon gar nicht zu Ende ausarbeiten.

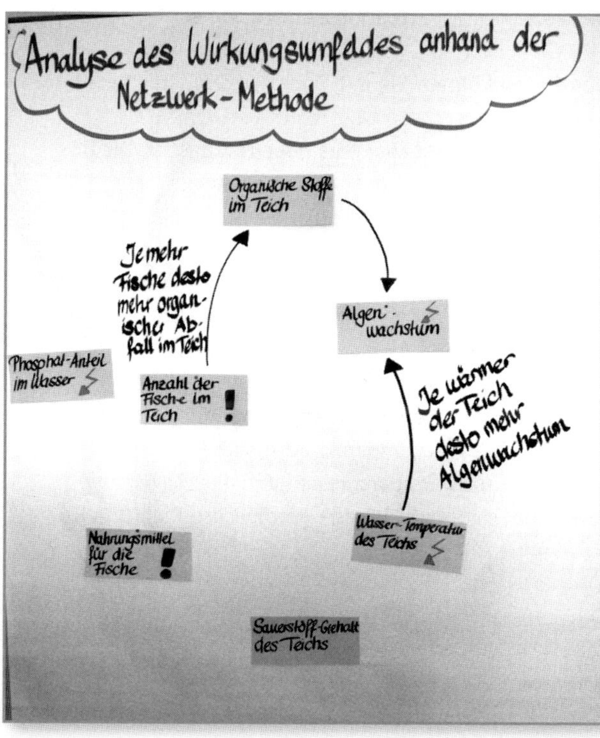

Abb.: Analyse des Wirkungsumfelds anhand der Netzwerkdarstellung

Falls in zwei Gruppen mit der gleichen Aufgabenstellung gearbeitet wurde (im „Echtfall"), ist ein Abgleich der Netzwerkdarstellungen, also eine Präsentation der Zwischenergebnisse aus Schritt 1 interessant: Wo decken sich die Sichtweisen und wo unterscheiden sie sich? Auf welche Kenntnisse, Erfahrungen bzw. Erklärungsmodelle (Hypothesen!) beziehen sich die Sichtweisen? Nicht unbedingt ist dabei eine Einigung nötig, allerdings sollten die unterschiedlichen Sichtweisen dokumentiert und regelmäßig reflektiert werden. Möglicherweise kommt man trotz unterschiedlicher Sichtweisen auch im nächsten Schritt, der Auswertung der Analyse des Wirkungsumfelds, zu gleichen Schlüssen. Entsprechend sollten alle anschließend mit der Auswertung der Ergebnisse des Wirkungsumfelds fortfahren.

Schritt 2: Auswertung der Analysen des Wirkungsumfelds und Hypothesenbildung

Instruktion zur Gruppenarbeit 2 (auf Flipchart)

1) Was sind die Ziele, die wir erreichen wollen (das gewünschte Ergebnis in der betreffenden Situation)?

2) Welche Hypothesen können Sie mit Blick auf die Wirkungsumfeld-Analyse formulieren?

- Was ist bei Ihnen im Markt los? Was bedeutet das für Ihr Unternehmen?
- Wohin entwickelt sich der Markt? Was bedeutet das für Ihr Unternehmen?
- Was passiert bei Ihnen, wenn nichts passiert, also alles so weiterläuft wie bisher (Notwendigkeit?)? Was heißt das dann für Ihr Unternehmen?
- Worin besteht (also) die Notwendigkeit der Veränderung?
- Wieweit macht es Sinn, an den Variablen, bei denen Sie eingreifen können, etwas zu „drehen"?
- Wieweit müssten Ihrerseits ganz neue „Variablen" (Aspekte) eingefügt werden, um etwas in eine gewünschte Richtung „drehen" zu können?

Präsentation der Gruppenarbeiten

Im Anschluss präsentieren und diskutieren die Gruppen (falls zwei oder mehrere Gruppen an dem Thema gearbeitet haben). Hier kommt es darauf an, ob die Methode zu Übungszwecken oder für den „Echtfall" durchgeführt wurde. Im Falle von Übungszwecken kann man ein abschließendes SMARTIE durchführen, um die Methode zu verankern. Im „Echtfall" wäre der nächste Schritt, sich aufgrund der gebildeten Hypothesen konkrete Vorgehensweisen zu überlegen, die das System seinen oben formulierten Zielen beziehungsweise den gewünschten Ergebnissen näher bringt.

Quellen/Literaturempfehlungen

- Stäudel, T. & Holicki, G. (2010): Krisen in komplexen Systemen vorhersagen: Eine Workshop-Methode für den Umgang mit Vernetztheit, in: Schmidt, G., Dollinger, A. & Müller-Kalthoff, B. (2010): Gut beraten in der Krise. Konzepte und Werkzeuge für ganz alltägliche Ausnahmesituationen. Bonn: managerSeminare.

II. Mobile perpetuum: Den Wandel vorantreiben!

Schnellfinder

II: Mobile perpetuum: Den Wandel vorantreiben!

Motivationsmethoden für individuelle Belange

Motivationsmethoden auf taktischer (Gruppen-)Ebene

Motivationsmethoden auf strategischer Managementebene

Motivationsmethoden für individuelle Belange

Future mobiles – eine persönliche Zukunftsvision entwickeln

Orientierung

Ziele:

- Bei den Teilnehmern ein nachhaltiges Verständnis für die Bedeutung der Arbeit mit Visionen fördern
- Die Teilnehmer sollen den Effekt von motivierenden Visionen bei sich selbst wahrnehmen und zugleich erkennen, welche Anforderungen an die Formulierung einer Vision zu stellen sind, damit sie motivierend wirkt

Zeit:

- Pro Teilnehmer-Sequenz (pro Paar: jeder erzählt 2-5 Min. von seiner persönlichen Vision) ca. 4-10 Minuten; je nach Häufigkeit der Wiederholungen und Dauer der Sequenzen zwischen 30 und 60 Minuten
- Teilnehmerzahl: 8 bis maximal 16 Teilnehmer

Material:

- Im Raum werden Stühle analog zur Teilnehmerzahl gebraucht und Platz für einen entsprechenden Innen- bzw. Außenkreis
- Arbeitsfragen auf Flipcharts
- Auswertungsfragen auf Flipchart

Überblick/Hinweise:

Die Teilnehmer haben meist viel Spaß bei dieser Übung und sind emotional beflügelt, wenn die Auswertung durchgeführt wird.

Erläuterungen

Der Titel der Übung soll im Sinne von „Zukunft(-svorstellung) mobilisiert bzw. motiviert“ und auch des Mobil-Seins (Wechseln in der Gruppe) verstanden werden. Die Teilnehmer sollen dafür gewonnen werden, für sich ein Zukunftsbild zu entwerfen, zu welchem Zweck auch immer.

Mensch und Unternehmen brauchen Sinn und Visionen, um erfolgreich zu sein. Das ist eine alte Erkenntnis, die in den vergangenen Jahrzehnten wieder zunehmend Beachtung gefunden hat. Wenn ein Mensch eine plastische und kraftvolle und nicht nur eine farblose und schwache Vorstellung von seinem Ziel hat, ergeben sich daraus wichtige Folgewirkungen (vgl. M. zur Bonsen, 1994):

- Eine klare und emotionale Zielvorstellung entwickelt Anziehungskraft: Menschen werden von emotionalen Vorstellungen förmlich angezogen – von negativen wie von positiven. Skifahrer können vermutlich folgendes Beispiel gut nachvollziehen: Beim Skifahren können wir beobachten, wie zum Beispiel Anfänger den einzigen Strommast auf der ganzen Piste mit hoher Sicherheit treffen. Woher kommt das? Weil sie sich intensiv mit einem – hier allerdings emotional stark negativ besetzten – Ziel befassen: dem Strommast, auf den sie auf keinen Fall zufahren wollen! Daher sind solche Strommasten auch immer gut mit Stroh gepolstert.
- Wenn Menschen wissen „wofür“, für welchen Sinn und welchen Nutzen, suchen sie Möglichkeiten, Hindernisse zu überwinden! Mit einer kraftvollen Vorstellung von einer wünschenswerten Zukunft wandelt sich das Verständnis vom Machbaren und Nichtmachbaren. Der Visionär glaubt an die Möglichkeiten der Realisierung und sucht sie: „Wer ein Wofür hat, für den ist fast jedes Wie erträglich.“ (Friedrich Nietzsche)
- Klare, eigenverantwortliche Prioritätensetzung wird einfacher: Wer sein Handeln am Maßstab seiner Vision misst, tendiert weniger dazu, sich mit Nebensächlichkeiten aufzuhalten, die für ihre Verwirklichung nutzlos sind.
- Intuitive Kreativität wird geweckt: Menschen mit klaren Visionen haben mehr Ideen, die zur Realisierung ihres Ziels führen. Denn eine Vision bewirkt, dass vom Gehirn wahrgenommene Eindrücke auch ohne bewusstes Zutun per Selbstorganisation so zusammenfügt werden, dass sich hilfreiche und zieldienliche Ideen formieren.
- Persönliche „Ansteckungskraft“ wird größer: „Nur wer selbst brennt, kann andere entzünden“, sagt der Volksmund!
- Die Vision wirkt im Sinne einer sich selbsterfüllenden Prophezeiung.

Ein Beispiel

Die Wissenschaft unter Führung der System- und Erkenntnistheoretiker hat dies immer wieder bestätigt: Eine erwartete Zukunftsvorstellung beeinflusst unser Handeln in beachtlicher Weise. Hierzu lohnt der Blick auf eine Untersuchung, die in der Zeitschrift brand eins, Heft 12/2008, zum Thema Glück vorgestellt wurde: Richard Wiseman, ein Glücksforscher der Universität Hertfordshire in England, führte folgendes Experiment durch. Er schaltete in einer Tageszeitung eine Anzeige, in der er Leser dazu aufforderte, sich bei ihm zu melden, wenn sie sich

- entweder für außergewöhnlich glücklich oder
- für außergewöhnlich unglücklich hielten.

Zugleich hatte er in derselben Zeitung noch eine weitere Anzeige platziert, die darauf hinwies, dass derjenige, der an dem Experiment von Richard Wiseman teilnahm, 200 Pfund bekommen könne. Richard Wiseman fand Folgendes heraus: Über 80 Prozent der Leser, die sich als außergewöhnlich glücklich bezeichneten, hatten auch die zweite Anzeige gesehen und forderten die Geldsumme bei ihm ein. Jedoch hatten lediglich knapp 20 Prozent der Leser, die sich für außerordentlich unglücklich hielten, die zweite Anzeige ebenfalls bemerkt! Was für ein Ergebnis! Wir werden also Chancen der Zukunft nur wahrnehmen, wenn wir an sie glauben, wenn wir sie plastisch vor Augen haben.

Eine sehr schöne Übung, die zeigt, welche Anforderungen an eine ausformulierte Vision gestellt werden, ist die nachfolgende Übung „Future mobiles". Wenn wir zum Beispiel mit Change-Agents arbeiten, kann die Übung sehr gut auf die positivsten Erwartungen der Agents in Bezug auf die Ergebnisse der Veränderungen für sie persönlich sowie auf die Ergebnisse ihres Einsatzes als Change-Agent bezogen werden.

Verwendungszweck

Die Übung kann generell als Einführung in das Thema „Visionsarbeit" genutzt werden. Aber auch, wenn es darum geht, dass die Teilnehmer erkennen sollen, wie wichtig es ist und welche Auswirkungen es hat, dass bzw. wenn man für sich selbst ein klares emotionales Zukunftsbild entwickelt. Im Einzelnen zum Beispiel, wenn ...

- auch eine persönliche Standortbestimmung vorgenommen wird
- persönliche (berufliche) Entscheidungen anstehen
- eine Kennenlern-Runde zum Start von länger andauernden Curricula gemacht wird; hier kann man zusätzliche Fragestellungen ergänzen, die Zielvorstellung mit dem Abschluss des Curriculums verbinden und gegebenenfalls die Gesprächszeit modifizieren (jeder

2 Min.), sodass abschließend jeder mit jedem gesprochen hat (dann muss man den Kreismodus schließlich öffnen)

- ein Projektteam startet: hier kann man die Visionsfragen ebenfalls mit dem erfolgreichen Abschluss des Projekts verbinden
- Change-Agents für die Begleitung von Veränderungsprozessen gewonnen werden sollen – hier ebenfalls die Visionsfrage mit der Arbeit als Change-Agent verbinden, nach dem Motto: „Was kann sich bestenfalls für mich aus dieser Arbeit entwicklen"
- im Anschluss Visionsarbeit für einen Bereich oder ein Unternehmen gemacht wird

Vorgehen

Stühle werden in zwei ineinanderliegenden Kreisen aufgestellt, sodass sich jeweils zwei Stühle gegenüberstehen. Zwischen den Stuhlpaaren wird so viel Platz gelassen (etwa 1,5 m), dass sich die sich austauschenden Menschen nicht akustisch gestört fühlen bzw. am besten kaum gegenseitig hören können. Die eine Hälfte der Teilnehmer nimmt im Innenkreis Platz, die andere Hälfte im Außenkreis, und zwar so, dass man einander ansieht.

Nun folgen die Instruktionen zur Übung. Diese können auf 2 bis 3 Flipcharts unterstützend visualisiert sein.

„Bitte erzählen Sie sich gegenseitig von Zielen oder Vorhaben, die Sie in den nächsten 3-5 Jahren erreichen möchten. Sie können von Vorhaben beruflicher oder persönlicher Art sprechen: Es kann sein, dass Sie einen bestimmten Wissensstatus oder eine bestimmte Position erreichen oder eine bestimmte Art von Tätigkeit ausführen möchten. Es kann sein, dass Sie einen bestimmten Traum realisieren möchten ..., eine Wohnungsrenovierung, einen Garten anlegen, eine Familie gründen, einen Umzug in Ihre Traumgegend anstreben oder auch ein Ferienhaus kaufen ... Was immer Ihnen hier vorschwebt. Bitte erzählen Sie nach dem folgenden Schema (Hilfsfragen): ...

- *Was konkret möchte ich hier erreichen?*
- *Was ist das Wunderbare, wenn ich das erreicht habe?*
- *Was konkret wird mich (und vielleicht auch andere? wen?) dann erfreuen, begeistern?*
- *Was konkret könnte man an mir beobachten, wenn dieses Vorhaben realisiert ist?*
- *Wie werde ich mich fühlen, wenn das Vorhaben realisiert ist?*

Nach 5 (3 oder x) *Minuten erhalten Sie ein Zeichen und dann erzählt Ihr Gegenüber von seiner Vision. Danach rücken die Teilnehmer aus dem*

Innenkreis weiter und erzählen anderen Kollegen (Teilnehmern) ihre Visionen."

Auswertung

Die Teilnehmer werden gebeten zu erzählen, wie es ihnen in der Übung ging, was ihnen aufgefallen ist und was besonders motivierende Visionen kennzeichnet. Der Trainer visualisiert die Stichworte mit und würdigt die Ergebnisse. Die Flipchart-Überschrift könnte lauten: „Kennzeichen einer (motivierenden) Vision"

Quellen/Literaturempfehlungen

- zur Bonsen, M. (1994): Führen mit Visionen. Der Weg zum ganzheitlichen Management. 2.Aufl., Wiesbaden: Gabler.
- Wiseman, R., in: brand eins Wirtschaftsmagazin, 2008, Heft 12.

Horror-Ich und Wunsch-Ichs: Worauf ich einzahlen will

Orientierung

Ziele:

Sich klarmachen,

- wie wichtig klare, wohlgeformte Zielsetzungen sind; die Attraktivität wohlgeformter Ziele entdecken;
- in welche Zielrichtung das eigene Verhalten einzahlt und
- eine anhaltende Entscheidungshilfe für sich selbst etablieren

Zeit:

- Intro: 10 Minuten
- Einzelarbeit: 30 Minuten
- Partnerarbeit pro Seminarpartner: 30 Minuten

Material:

- Pro Teilnehmer ein T-Puzzle (4-teiliges Puzzle, das zusammengesetzt ein „T" ergibt)
- Flipchart mit „Attraktiv mit Sogwirkung sind Ziele dann, wenn man sich immer wieder vor Augen führt ..."
- Flipchart mit der Überschrift „Das T-Puzzle"
- Arbeitsfragen in Kopie für jeden Teilnehmer
- Flipchart mit Instruktionsfragen

Überblick/Hinweise:

Die Teilnehmer veranschaulichen sich zuerst, wie wichtig es ist, das Ziel klar vor Augen zu haben, damit man zu einer Lösung bzw. entsprechenden Maßnahmen kommt. Anschließend erstellen sie für sich verschiedene Szenarien, wie sie in 3 bis 5 Jahren leben bzw. arbeiten könnten und zwar ein Szenario im Sinne des Horror-Ichs und eines oder mehrerer in Form von Wunsch-Ichs. Diese Szenarien werden bewertet und priorisiert und sollen im Fall verschiedener Handlungsoptionen eine Entscheidungshilfe sein.

Erläuterungen

Diese Methode stammt im Original von Gunther Schmidt. Gerade in Zeiten der Veränderungen und des Umbruchs ist es für Menschen immer wieder sehr schwierig, Orientierung für sich zu bekommen und

Entscheidungen zu treffen. Ob dies nun Entscheidungen sind wie „Gehe oder bleibe ich" oder „Übernehme ich diese Aufgabe oder lieber eine andere" oder eher eine generelle Unzufriedenheit mit einer Situation betrifft. Eine sehr grundlegende Methode, sich hier auszurichten, ist nachfolgend dargestellt. Dabei geht es stets darum, die eigenen Wahlmöglichkeiten zu erweitern, diese bewusst zu machen und Selbstverantwortung anzuregen. Die Methode ist sowohl im Einzelcoaching als auch in der Gruppe anwendbar.

Die Instruktion zur eigentlichen Aufgabe wird hier nicht direkt angegangen, sondern über eine kleine Brücke angepackt.

Vorgehen

Der Trainer verteilt jeweils ein Puzzle-Päckchen des „T-Puzzles" an jeden Teilnehmer. Er bittet die Teilnehmer, aus den Teilen ein ganz normales T zusammenzusetzen, so wie das vorne auf der Schachtel abgebildete. Zudem weist er darauf hin, dass, wer das Puzzle fertig hat, es bitte solange mit dem Schächtelchen abdecken möge, bis alle anderen Teilnehmer ebenfalls fertig sind. Im Allgemeinen können die Teilnehmer das Puzzle in den allermeisten Fällen nicht zusammensetzen, vorausgesetzt, die Teilnehmer kennen das Spiel nicht (wenn es ein/zwei Teilnehmer kennen, ist das überhaupt kein Problem).

Abb.: Das T-Puzzle

Nach einer Zeit von 4-5 Minuten bittet der Trainer die Teilnehmer, ihre Arbeit kurz zu unterbrechen und malt auf Flipchart ein T (siehe Flipchart-Abbildung) mit dem Hinweis: *„So also soll unser Ziel aussehen ... Wir wissen weiter von unserem Endergebnis, dass es aus vier Teilen zusammengesetzt ist und dass es eine komische Ecke hat."*

Dann malt er verschiedene Varianten, wie man das T vier Mal durchteilen könnte und orientiert sich dabei genau an den Formen der Puzzleteile, die den Teilnehmern vorliegen. Während er das tut, beginnen die meisten Teilnehmer damit, das T richtig zusammenzusetzen und plötzlich ist es ganz einfach. Das ist immer ein schönes Aha-Erlebnis zum Thema „Aufgaben vom Ziel her anpacken"; das Puzzle dürfen die Teilnehmer behalten.

Abb.: Flipchart – Das T-Puzzle

Unter das Flipchart schreibt der Trainer dann „Am Anfang schon das Ende im Sinn haben". Und erzählt anschließend, was Vermeidungsziele bewirken. Etwa das Beispiel vom Anfänger-Skifahrer, der mit hoher Sicherheit auf den einzigen Strommast am ganzen Hang auffährt. Warum? Weil er sich auf ein Vermeidungsziel konzentriert nach dem Motto: „Da darf ich nicht hinfahren" (vgl. Seite 216). Oder das Beispiel vom Kurven fahren mit dem Motorrad: Sobald man sich auf die Pylonen konzentriert, zwischen denen man ja hindurchfahren sollte, fährt man diese der Reihe nach um. Auch hier gilt: Man darf sich nicht darauf konzentrieren, wo man nicht hinwill, sondern muss sich Fixpunkte suchen, zu denen man hinwill. Entsprechende Dynamiken ergeben sich analog für persönliche Ziele. Diese sollte man sich möglichst klar, plastisch und anschaulich ausmalen, um sie zu erreichen. Dann gewinnen die Ziele eine hohe Anziehungskraft. Wenn man „am Anfang schon das Ende im Sinn hat", wird die Zielerreichung deutlich wahrscheinlicher. Und je attraktiver das persönliche Ziel ausgemalt wird, desto stärker ist seine Sogwirkung! Daher gilt es zu beschreiben, wie attraktive Ziele mit Sogwirkung gestaltet sein sollen.

Auf Flipchart darstellen:

Attraktiv mit Sogwirkung sind Ziele dann, wenn man sich immer wieder vor Augen führt ...

- Was konkret soll sein? Was ist da ... (und nicht: Was ist weg)? Sondern eben: Was konkret ist beobachtbar?
- Was geschieht ...? Was ist zu sehen, zu hören, zu fühlen, zu riechen? Was fängt an ... (und nicht: Was hört auf)?
- Was ist selbst gestaltbar? Was tue ich... (und nicht: Was sollten andere ändern)?

Dabei können positive, attraktive Ziele noch mehr Sogwirkung entfalten, wenn diesen kontrastierende Ziele („Das will ich keinesfalls") gegenübergestellt werden. Dies hat Gunther Schmidt (vgl. u.a. G. Schmidt, 2010) in mehreren Veröffentlichungen immer wieder betont.

Teil 1: Einzelarbeit

Zunächst erhalten die Teilnehmer die Aufgabe, anhand der nachfolgend vorgestellten Fragen ein Horror-Ich und ein oder mehrere Wunsch-Ichs zu entwerfen. Mehrere Wunsch-Ichs dann, wenn den Teilnehmern bei der Arbeit mehrere Szenarien einfallen, bei denen sie sich nicht entscheiden können. Bei der Instruktion greift der Trainer vorab die oben genannten Erläuterungen nochmals auf, warum man dies in genau der nachfolgend dargestellten Methode tun kann. Zeit für die Einzelarbeit: 30 Minuten

Instruktion Einzelarbeit „Horror-Ich und Wunsch-Ichs"

„Bitte entwerfen Sie nun mindestens zwei Bilder für mögliche Entwicklungen für sich selbst: Stellen Sie sich vor, wie Sie in 3-5 Jahren arbeiten und leben werden und zwar einerseits in Form eines Horror-Ichs (nach dem Motto: ‚Das wäre schrecklich, wenn ich so geworden wäre; so will ich nicht werden') und in Form von mindestens einem, gerne aber auch mehreren Wunsch-Ichs (nach dem Motto: ‚Das würde mir gut gefallen, wenn ich so geworden wäre. Das gefällt mir. So würde ich zufrieden mit mir sein'). Bitte lassen Sie Krankheiten und Schicksalsschläge in Ihren Überlegungen weg.

Konzentrieren Sie sich auf das, was Sie selbst herbeiführen könnten. Also auf Ichs, die Sie selbst ‚gestaltet' und ‚entwickelt' haben könnten. Beantworten Sie die nachfolgend dargestellten Fragen erst für ein mögliches Horror-Ich und dann für mögliche Wunsch-Ichs. Halten Sie Ihre Gedanken gerne ausführlich fest, sodass Sie diese in der nachfolgenden Partner-Arbeit darstellen können."

1) Bild der Horror-Ich-Person

„Welche Horror-Ich-Szenarien fallen Ihnen spontan ein? Woran machen Sie die unterschiedlichen Szenarien fest? An beruflichen Kriterien? An privaten Kriterien? Folgende Fragen helfen bei der Beschreibung …"

- Wie sieht Ihre Horror-Ich-Person aus? Was tut sie gerade privat? In welchem Umfeld lebt sie? Wie lebt sie? In welchem Umfeld arbeitet sie? Was arbeitet sie? Wie sieht die Umgebung aus? Wie ist sie gekleidet? Welche beruflichen und privaten Beziehungen gehören zu ihr? Was tut sie in ihrer Freizeit? Mit wem teilt sie die Freizeit? Wie verbringt sie ihre Wochenenden?
- Was sagt die Horror-Ich-Person über sich selbst? Über ihre Art zu leben und zu arbeiten? Wie klingt die Stimme der Zukunftsperson? Was sagen andere, Freunde, Familie, Berufskollegen über sie?
- Wie fühlt sich die Horror-Ich-Person? Wie ist sie körperlich „unterwegs"? Wie ist ihre Körperhaltung? Wie fühlt sich ihr Rücken an? Der Bauch? Der Kopf? Die Beine und die Arme?
- Was denkt die Horror-Ich-Person? Was denkt sie über sich? Was wagt sie nicht zu denken? Was denkt sie über andere? Was denkt sie über andere, was sie nicht sagt? Was denken andere über sie? Was bereitet Sorgen? Was macht wütend?

2) Bild der Wunsch-Ich-Person

„Welche Wunsch-Ich-Szenarien fallen Ihnen spontan ein? Woran machen Sie die unterschiedlichen Szenarien fest? An beruflichen Kriterien? An privaten Kriterien? Wählen Sie für jedes Wunsch-Ich-Szenario ein extra Blatt für die Beschreibung …"

- Wie sieht Ihre Wunsch-Ich-Person aus? Was tut sie privat? In welchem Umfeld lebt sie? Wie lebt sie? In welchem Umfeld arbeitet sie? Was arbeitet sie? Wie sieht die Umgebung aus? Wie ist sie gekleidet? Welche beruflichen und privaten Beziehungen gehören zu ihr? Was tut sie in ihrer Freizeit? Mit wem teilt sie die Freizeit? Wie verbringt sie ihre Wochenenden?

- Was sagt die Wunsch-Ich-Person über sich selbst? Über ihre Art zu leben und zu arbeiten? Wie klingt die Stimme der Wunsch-Ich-Person? Was sagen andere, Freunde, Familie, Berufskollegen über sie?
- Wie fühlt sich die Wunsch-Ich-Person? Wie ist sie körperlich „unterwegs"? Wie ist die Körperhaltung der Wunsch-Ich-Person? Wie fühlt sich der Rücken an? Der Bauch? Der Kopf? Die Beine und die Arme?
- Was denkt die Wunsch-Ich-Person? Was denkt sie über sich? Was wagt sie nicht zu denken? Was denkt sie über andere? Was denkt sie über andere, was sie nicht sagt? Was denken andere über die Wunsch-Ich-Person? Was macht sie glücklich? Was macht sie zufrieden?

3) Die Beziehung zur Wunsch-Ich-Person

Wenn es verschiedene Wunsch-Ich-Personen gibt, dann wird der nachfolgende Abschnitt entweder für jede Wunsch-Ich-Person gemacht oder es wird nach der Durcharbeit pro Fragen-Abschnitt für eine Wunsch-Ich-Person jeweils geprüft, ob die Fragen für andere Wunsch-Ich-Personen jeweils anders beantwortet werden würden – und wenn ja, wie. Dieser Abschnitt muss nicht auch für die Horror-Ich-Person gemacht werden. Teilweise sind Fragen hierzu beinhaltet.

- Welche Wege können zur Wunsch-Ich-Person führen? Was ist auf diesen Wegen zu beachten? Wieweit ist der aktuell eingeschlagene Weg hilfreich?
- Welche Weggabelung sollte beachtet werden? Welche Weggabelung kann heute schon gesehen werden?
- Welche Schritte wären hilfreich auf diesen Wegen? Welche Alltagshandlungen wären besonders hilfreich auf diesem Weg zur Wunsch-Ich-Person? Welche Alltagshandlungen würden der Wunsch-Ich-Person Kraft geben? Welche würden auf das Konto dieser Wunsch-Ich-Person einzahlen? Welche Alltagshandlungen würden eher auf das Konto der Horror-Ich-Person einzahlen? Welche Schritte würden Sie eher der Horror-Ich-Person näher bringen? Wie könnte die Wunsch-Ich-Person Ihnen Kraft geben, die eher hilfreichen und zieldienlichen Schritte zu tun? Wie könnte die Wunsch-Ich-Person Sie ermutigen, Sie motivieren?

4) Verabredungen zum Bilanz-Meeting

„Bitte vereinbaren Sie nun mit sich selbst regelmäßige Bilanz-Meetings, in denen Sie die Fragen zum Bilanz-Meeting bearbeiten (siehe unten). Damit diese Bilanz-Meetings stattfinden, die Sie selbst Ihrer Wunsch-Ich-

Person immer näher bringen, ist es hilfreich, für sich selbst zuerst die nachfolgenden Fragen zu beantworten: ...“

- Was wäre eine gute Zeit, diese Bilanz-Meetings mit sich selbst durchzuführen? (Zum Beispiel: Jeden ersten Samstag im Monat beim Aufwachen oder Frühstück. Jeden letzten Freitag im Monat beim Einschlafen.)
- Inwieweit wäre die konkrete Anwesenheit weiterer Personen bei den Bilanz-Meetings mit sich selbst hilfreich? (Zum Beispiel der Lebenspartner, ein guter Freund, ein Haustier ...)
- Was oder wer könnte Ihnen helfen, diese Bilanz-Meetings regelmäßig durchzuführen? (Ein Post-it am Spiegel, eine regelmäßig wiederkehrende E-Mail an sich selbst, ein Bild Ihrer Wunsch-Ich-Person an der Wand ...)

Fragen zum Bilanz-Meeting

- Inwieweit habe ich in der vergangenen Zeit meine Horror-Ich-Person bzw. meine Wunsch-Ich-Person gestärkt? Wie sieht meine prozentuale Einschätzung aus?
- Was habe ich getan, um die Wunsch-Ich-Person zu stärken? Was hat mir geholfen, das hinzukriegen? Was noch? Was könnte ich noch tun? Was mehr, was weniger, was anders tun?
- Was oder wer könnte mir noch helfen, meiner Wunsch-Ich-Person näher zu kommen?
- Was werde ich also ab sofort tun, wenn ...

„Bitte nutzen Sie nur diese Fragen. Bleiben Sie gelassen mit sich selbst und würdigen Sie Ihre ‚Ehrenrunden‘ in den alten Mustern, die auf das Konto der Horror-Ich-Person gehen. Niemand kann an allen Fronten zugleich kämpfen oder die Zukunft bestimmen. Man kann aber sehr wohl ‚kraftvoll die Wahrscheinlichkeit für Gewünschtes erhöhen‘ (G. Schmidt, 2010).“

Nun werden die Teilnehmer gebeten, ihre Ausarbeitungen jeweils einem Seminarpartner vorzustellen. Dies wirkt verstärkend und steigert die Nachhaltigkeit der Vorsätze. Zudem ist es für alle Perfektionisten dieser Welt immer wieder tröstlich zu sehen, dass andere Menschen ähnliche Probleme haben.

Teil 2: Partnerarbeit

Für die Partnerarbeit stellen sich jeweils zwei Seminarpartner ihre bisherigen Ausarbeitungen vor. Die Aufgabe des Partners ist, an unklaren Stellen nachzufragen und dazu beizutragen, Antworten und Erkenntnisse möglichst klar und plastisch zu gestalten, damit diese an Nachhaltigkeit gewinnen. Die Arbeitszeit pro Person beträgt etwa 30 Minuten. Diese Instruktion kann auf Flipchart oder einfach mündlich gegeben werden.

Diese Übung bedarf im Allgemeinen keines weiteren Debriefings.

Quellen/Literaturempfehlungen

- Schmidt, G., Dollinger, A. & Müller-Kalthoff, B. (2010): Gut beraten in der Krise. Konzepte und Werkzeuge für ganz alltägliche Ausnahmesituationen. Bonn: managerSeminare.
- Das T-Puzzle ist u.a. zu bestellen über: *www.bartlgmbh.de*.

Das Ressourcen-Triple

Orientierung

Ziele:

Sich selbst für Veränderungssituationen stärken, sodass diese im eigenen Sinn lösungsorientiert und zieldienlich bewältigt werden können

Zeit:

45-60 Minuten pro Person

Material:

- Der VAKOG-Leitfaden
- Es sollten ausreichend Gruppenräume/Rückzugsorte für die Gruppenarbeit vorhanden sein

Überblick/Hinweise:

- Die Teilnehmer gehen in Dreiergruppen zusammen.
- Sie unterstützen sich gegenseitig dabei, drei persönliche Ressourcen aufzudecken, auf die sie in Veränderungssituationen zurückgreifen können.

Erläuterungen

Diese Technik ist eine modifizierte Version der „Absorptionsmethode", (A. Hoffmann, 2009). Sie zielt darauf ab, sich selbst für und in einem Veränderungsprozess zu wappnen, zu motivieren und zu stärken.
In der Übung rufen sich die Teilnehmer zunächst Kompetenzen bzw. Fähigkeiten bzw. Ressourcen (ich nutze hier gerne alle drei Begriffe, denn Humor zum Beispiel empfinden viele Menschen nicht als Fähigkeit, aber als Ressource können sie Humor durchaus sehen) ins Bewusstsein, die bei der Bewältigung eines Veränderungsprozesses nützlich sind. Sie fokussieren sich dann pro Person auf drei Fähigkeiten (Kompetenzen, Ressourcen ...) und suchen bei sich selbst nach Situationen und Erfahrungen, in denen sie diese Fähigkeiten bereits gezeigt haben. Anschließend verankern sie diese so, dass sie für sich selbst bei Bedarf wieder gut vor Augen geführt werden können – nach dem Motto: „Das habe ich ja da und da schon gekonnt und gezeigt, dass ich es kann."

Vorgehen

Der Trainer bittet die Teilnehmer, sich in Dreiergruppen zusammenzufinden. Jedes Trio bekommt die Aufgabe, sich gegenseitig dabei zu unterstützen, ein persönliches Ressourcen-Triple zu entwickeln.

Schritt 1: Beschreiben und bewerten der Veränderungssituation (3-5 Minuten)

Zunächst beginnt ein Teilnehmer (der Erzähler) damit, sich die Veränderungssituation, die auf ihn zukommen wird oder in der er sich befindet, vorzustellen und den anderen zu beschreiben. Er nimmt eine Einschätzung vor, wie stark ihn diese Situation auf einer Skala von 1 (gering) bis 10 (hoch) belastet oder vermutlich belasten wird und teilt seinen Kollegen dies mit.

Schritt 2: Finden von persönlich stärkenden Kompetenzen/ Fähigkeiten/Ressourcen (bis zu 10 Minuten)

Anschließend unterstützen die Kollegen den Erzähler dabei, drei Kompetenzen/Fähigkeiten/Ressourcen zu finden, die für diesen im Umgang mit der Veränderungssituation hilfreich und nützlich scheinen (z.B. Gelassenheit, Humor, die Fähigkeit, sich abzugrenzen, offene Kommunikation, ...). Die Kollegen dürfen gerne Vorschläge machen, auswählen wird selbstverständlich der Erzähler. Es ist wichtig darauf zu achten, dass die gefundenen Fähigkeiten (Ressourcen, Kompetenzen) von der Bedeutung her nicht zu dicht aneinander liegen. Die Begriffe „sich gut abgrenzen können" und „auf sich selbst achten" wären beispielsweise semantisch zu nahe beieinander und würden somit keinen Mehrwert schaffen.

Schritt 3: Finden von konkreten Situationen, in denen die betreffenden Fähigkeiten (Ressourcen, Kompetenzen) schon nutzbringend eingesetzt/angewandt werden konnten und vertiefen dieser Situationen anhand des VAKOG-Leitfadens (20 Minuten)

Wenn der Erzähler drei Kernkompetenzen („Das Ressorcen-Triple") gefunden hat, erinnert er für jede Ressource eine konkrete Situation, in der er die jeweilige Ressource schon einmal nutzbringend einsetzen konnte. Das ist manchmal nicht ganz einfach und kann einige Zeit dauern. Mit etwas Geduld findet man hier aber immer Situationen – und wenn es in einem ganz anderen Zusammenhang ist (beispielsweise fand eine Teilnehmerin lange keine Situation, in der sie mutig etwas gefordert hatte. Erst als wir auf ihre Kinder zu sprechen kamen, stellte sich heraus, dass sie für diese sehr wohl mutig fordern konnte).

Dann soll sich der Erzähler die betreffenden Situationen nacheinander so konkret wie möglich vor Augen führen: Wie genau lässt sich die betreffende Situation beschreiben, was hat der Erzähler getan, wie hat der Erzähler konkret reagiert, was hat er gesagt, wie hat er sich gefühlt usw. Als Hilfsmittel dazu erhalten die Teilnehmer den VAKOG-Leitfaden. VAKOG steht für die fünf Sinnesmodalitäten visuell, auditiv, kinästhetisch, olfaktorisch und gustatorisch. Der Erzähler erinnert und beschreibt anhand des Leitfadens jede Situation so genau wie möglich. Seine Partner unterstützen ihn dabei, indem sie die Fragen des VAKOG-Leitfadens stellen und die Antworten vertiefen und konkretisieren. Dabei sind nicht für alle Beteiligten diese Modalitäten gleich wichtig bzw. präsent. Als Fragensteller/Partner in dieser Übung verweilt man da, wo es dem Erzähler leichter fällt, sich auszudrücken. Wir haben dem VAKOG-Leitfaden noch die Dimension „Denken – Was haben Sie sich gedacht/in dieser Situation gedacht?" hinzugefügt, weil Fragen hierzu aus unserer Erfahrung sehr ergiebig sein können. Für die Beteiligten (auch den Erzähler) ist es hilfreich, sich die Erinnerungen zu notieren, damit man sie nochmals wiederholen und vertiefen kann.

VAKOG-Leitfaden zu Vertiefung der Fähigkeiten, Kompetenzen und Ressourcen

V: Wie können Sie die Situation beschreiben – so konkret als möglich? Was ist in der Situation zu sehen? Wie haben Sie (der Erzähler) sich verhalten? Wie haben Sie reagiert?

A: Was haben Sie gesagt? Was waren die konkreten Worte? Was haben Sie gehört? Welche weiteren Geräusche haben Sie wahrgenommen?

K: Wie war Ihre Körperhaltung in dieser Situation? Wie war die Position Ihrer Schultern? Ihres Kopfes? Ihres Oberkörpers? Ihrer Arme? Wie haben Sie sich gefühlt? Wo am ehesten haben Sie das gefühlt? Wo noch? Waren Sie zufrieden mit sich? Stolz? Wo haben Sie das gefühlt?

O: Was haben Sie eventuell gerochen? Oder, wenn Sie etwas gerochen hätten, nach was hätte die Situation gerochen?

G: Was haben Sie geschmeckt? Oder, wenn Sie etwas geschmeckt hätten, nach was hätte die Situation geschmeckt?

&

D: Was haben Sie sich in dieser Situation gedacht?

Schritt 4: Wiederholen, vertiefen und ankern der gefundenen Ressourcenerfahrungen (gesamt 10 Minuten)

Wenn sich der Erzähler seine drei Ressourcen in den Situationen bewusst und intensiv vor Augen geführt hat, werden diese nun noch mal zusammengefasst, ohne die Situationen erneut zu benennen. Dies geschieht durch einen der begleitenden Partner beispielsweise so:
„Du hast gezeigt, dass Du Dich sehr wohl abgrenzen kannst. Dabei hast Du zum Beispiel Folgendes gesagt ... und auch Folgendes ... Und während Du das gesagt hast, hast Du gedacht: ‚Schau an, das kann ich also so klar aussprechen. Das finde ich richtig gut'. Und dabei hast Du den anderen gerade angeschaut, Deinen Körper aufgerichtet und Deine Brust. Du hast gefühlt, wie sich Dein Rücken stark anfühlt und dass eine gute Distanz zwischen Dir und Dein Gegenüber liegt ...“

Bevor man dies als Partner zusammenfasst, bittet man den Erzähler, sich eine bestimmte Geste zu suchen, die er während des Erzählens zu den betreffenden drei Ressourcen ausführen kann und als passend empfindet. Dies kann zum Beispiel das Drücken des kleinen Fingers sein oder eine Geste, als würde man etwas ruhig und doch nachhaltig mit den Händen von sich schieben oder auch ein ruhiges, langsames Klopfen mit den Handflächen auf den Oberarmen oder Oberschenkeln. So soll ein Körperanker geschaffen werden, der bei Bedarf wieder genutzt und damit die Ressourcen wieder in Erinnerung rufen kann. Für alle drei Ressourcen kann dies die gleiche Geste sein oder auch eine Abfolge von Gesten – wie das dem Erzähler am liebsten ist.

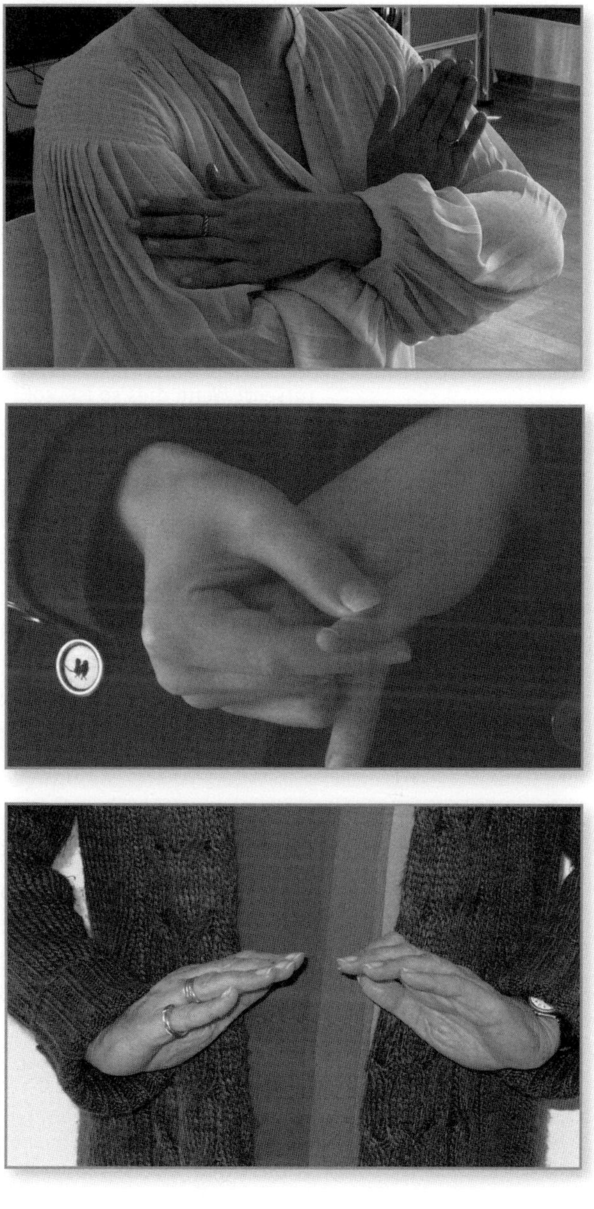

Abb. 1-3: Beispiele von Körperankern

Während das Gegenüber die Aussagen zusammenfasst und ruhig spiegelt (das „Mitgehen" darf gerne auch körperlich sein) bittet man den Erzähler, die von ihm gewählte(n) Gesten auszuführen.

Zum Abschluss bittet man den Erzähler, für sich die Gesten nochmals auszuführen und sich das eben Gehörte dabei innerlich selbst zu erzählen.

Schritt 5: Erneute Bewertung der Situation und „Übungsauftrag" vereinbaren (3 Minuten)

Nun bittet man den Erzähler, erneut eine Einschätzung bezüglich des betreffenden Veränderungsprozesses einzunehmen: *„Mit Blick auf die bei Dir vorhandenen Ressourcen, wie belastend fühlt sich die Situation auf einer Skala von 1 (gering belastend) bis 10 (hoch belastend) nun an?"* Bestenfalls ist der Erzähler 2-3 Skalenpunkte nach unten gerutscht! Wenn dies so ist, sollten die Partner den Erzähler beglückwünschen und noch mal deutlich machen, dass er sich am besten ab jetzt zweimal täglich das Besprochene selbst erzählt und dabei seine Gesten ausführt, damit in Erinnerung bleibt, worüber er als Ressource, Fähigkeit und Kompetenz verfügt.

Wenn die gefühlte Belastung nicht geringer geworden ist, sollte der Trainer nachfragen, was der Erzähler jetzt aus seiner Sicht bräuchte, damit dies der Fall wäre. Anschließend kann er entweder nachfragen, wie der Erzähler hier entsprechend für sich selbst sorgen könnte oder mit einer anderen Technik weiterarbeiten.

Quellen/Literaturempfehlungen

- Dr. Arne Hofmann zitiert nach Andrea Höppner & Peter Gerecke; Ausbildung zum EMDR Coach 2013.
- Hofmann, A. (2009): The Absorption Technique in Luber, M. EMDR Scripted Protocols. Special Populations. 275-280.

Motivationsmethoden auf taktischer (Gruppen-)Ebene

Priming

Orientierung

Ziele:

Eine gemeinsame Strategie entwickeln, um andere von einer bestimmten Idee oder Handlungsweise zu überzeugen

Zeit:

Je nach Anzahl der bearbeiteten Fragen zwischen 60 und 120 Minuten

Material:

- Flipchart mit Instruktion „Kopfstand-Technik"
- Wenigstens 3 Pinnwände, Stifte, Klebepunkte (z.B. grüne und blaue, analog Teilnehmerzahl mal 3-5)
- Fragen auf Wolken vorbereiten

Überblick/Hinweise:

Eine Gruppe von „Missionaren" (Change-Agents, Projektteammitglieder, Promotoren) vereinbart, eine bestimmte Information zu einem bestimmten Veränderungsthema ins Unternehmen zu tragen. Diese Information muss keineswegs schon direkt zum Veränderungsthema selbst in Beziehung stehen, sondern dient dem „Aufmerksammachen", der „Aufmerksamkeitsfokussierung" der Beteiligten.

Erläuterungen

Priming steht als Fachbegriff in der Psychologie dafür, dass die Verarbeitung einer bestimmten Information durch die vorangegangenen Reize oder Informationen, die eine Person erhält, beeinflusst wird. Eines der zentralen Beispiele aus der Wahrnehmungspsychologie ist der Versuch von Stephen Palmer (1975): Er zeigte Versuchspersonen sehr kurz das Bild eines Brotlaibs; 40 Prozent aller Versuchspersonen konnten diesen Brotlaib identifizieren. Wenn die Versuchspersonen vorher das Bild einer Küche sahen, dann konnten 80 Prozent der Versuchspersonen den Brotlaib identifizieren. Sie konnten das allerdings nicht, wenn die Bilder vorab nichts mit Küche oder Essen zu tun hatten (vgl. D. Kahnemann, 2013). Man könnte also zusammenfassend formulieren, dass die Vorinformation entscheidend dafür war, was die Versuchspersonen wahrnahmen. Ein „Prime" ist somit eine Art „Vorreiz", der dem eigentlichen Reiz einen Weg bereiten beziehungsweise bahnen soll. Mit Priming ist auch die Bahnung von bestimmten Verbindungen im Gehirn gemeint.

Manche Menschen kennen die Begrifflichkeit auch aus der Werbung oder aus Spielfilmen, wo man durch subliminale Darbietungen die Konsumbereitschaft potenzieller Kunden erhöhen will. Etwa, wenn der Kommissar im „Tatort" eine bestimmte Uhr trägt oder einen bestimmten Whiskey trinkt. So ähnlich ist der Begriff beziehungsweise die Methode im Change-Management auch zu verstehen. Dadurch, dass bestimmte Personen über den Veränderungsprozess positiv sprechen, gefragt oder ungefragt, und dadurch, dass sie einheitliche Botschaften senden, soll die Bereitschaft anderer Menschen erhöht – man könnte auch sagen, gebahnt – werden, sich auf diesen Veränderungsprozess einzulassen.

Vorgehen

Zum Vorgehen generell

Eine Gruppe von „Missionaren" (Change-Agents, Projektteammitglieder, Promotoren) vereinbart, eine bestimmte Information zu einem bestimmten Veränderungsthema ins Unternehmen zu tragen. Diese Information muss keineswegs schon direkt zum Veränderungsthema selbst in Beziehung stehen, sondern dient dem „Aufmerksammachen", der „Aufmerksamkeitsfokussierung" der Beteiligten. Dabei ist wichtig, dass alle „Missionare" darauf achten, immer die drei gleichen Punkte anzusprechen und sich im Wortlaut ziemlich gut abzustimmen. Mehr Themenpunkte „verwässern" das Vorgehen. Allerdings kann man auch „in Wellen" arbeiten: Das heißt, nach einer bestimmten Zeit eine neue Informationswelle einläuten.

Ein Beispielsfall:
In einem Unternehmen sollte ein neues CRM-System eingeführt werden. Als dies bekannt wurde, entstand bereits im Vorfeld sehr viel Ablehnung und Skepsis, ohne dass Detailinformationen bekannt waren. Die Mitglieder des Projektteams analysierten in einem ersten Schritt, was sie bisher gehört hatten, was denn die Kollegen am bisherigen alten System als besonders gut und was als weniger nützlich oder gar als schwierig empfunden hatten. Sie vereinbarten dann, dass sie ab sofort a) wann immer möglich darauf hinweisen würden, dass die Kollegen am alten System immer XY bemängelt hatten und b) fragen würden, was es denn den Kollegen erleichtern würde, sich auf ein neues System einzulassen. Letzeres wurde auch dokumentiert und in Teilen bei der Einführung des Systems beachtet, bereitete aber zugleich die Kollegen darauf vor, sich einzulassen. Das kann man nun als Kleinigkeit betrachten und argumentieren, dass sich die Mitarbeiter doch sowieso auf das neue CRM-System hätten einlassen müssen, wozu also der Aufwand? Nun, das neue CRM-System wurde, obwohl es in manchen Belangen durchaus aufwendiger zu handhaben war als das alte, entgegen der ersten „Aufwallungen", relativ schnell gut genutzt, und Daten wurden umfassend eingegeben.

Arbeitsfragen, um mögliche zieldienliche Vorabinformationen zu definieren:

Für die Erarbeitung möglicher Vorabinformationen hat es sich als äußerst hilfreich erwiesen, mit unterschiedlichen Fragestellungen zu arbeiten und vor allem auch die Kopfstand-Technik (vgl. B. Eberle, 1997) zu nutzen. Aus einer im besten Fall Fülle von Ideen werden konkrete Botschaften ausgewählt, die dann „gesendet" werden.

Der Einsatz der Kopfstand-Technik

Statt der klassischen Aufgabenstellung, also „Welche Vorinformation müssten wir geben, damit die Betroffenen möglichst offen für die Veränderungsthemen sind", dreht man die Fragestellung um. Das bedeutet also hier: *„Welche Vorabinformationen, welche Gerüchte müsste man streuen, damit sich möglichst großer Widerstand gegen das Veränderungsvorhaben entwickelt?"* (Umkehrung der Frage). Anschließend werden die gefundenen Ideen Punkt für Punkt umgekehrt (Umkehrung der Lösungsideen), um Maßnahmenansätze zu finden, die auf die Offenheit der Betroffenen zielen.

Gruppenarbeit zur ...

Bearbeitung folgender Fragen mithilfe der „Kopfstand-Technik“:

- Welche Vorabinformationen, welche Gerüchte müsste man streuen, damit sich möglichst großer Widerstand gegen das Veränderungsvorhaben entwickelt?
- Welche Ansätze können wir hieraus ableiten, was wir stattdessen tun sollten, um möglichst große Offenheit der Betroffenen zu erzielen?
- Bewertung der Handlungsmöglichkeiten (mit 3-5 Klebepunkten pro Teilnehmer):
  - a) In welchen Vorabinformationen sehen wir die größten Hebel, womit bewegen wir am meisten im gewünschten Sinn (beispielsweise 3-5 grüne Klebepunkte)?
  - b) Worüber könnten wir in einer zweiten Welle noch einmal nachdenken, um weitere Hebel zu definieren (beispielsweise 3-5 gelbe Klebepunkte)?

Brainstorming zu weiteren möglichen Arbeitsfragen:

- Welche Vorinformationen könnten hilfreich sein, damit die Betroffenen eine Hoffnung schöpfen, dass das Neue für sie nützlich sein könnte?
- Welche schon immer mal beklagten Zustände könnten mit dem neuen Vorgehen/System verbessert werden? Welche Hinweise kann man entsprechend geben?
- Welche Vorabinformationen könnten die Notwendigkeit des Veränderungsvorhabens unterstreichen?

Wenn die Botschaften im Sinne der größten Hebel gewichtet worden sind, vereinbaren die „Missionare“

a) die Art der Botschaften, zum Beispiel ...
- Erzählen von Botschaften (antworten, ohne gefragt zu werden)
- Fragen zum Thema formulieren, um andere wichtig zu nehmen
- Jeder nimmt sich drei Personen („Offene“, „Skeptiker“, „Widerständler“) vor, die er für die Veränderung gewinnen bzw. in positivem Sinne „anstecken“ möchte

b) bei welchen Gelegenheiten diese „gesendet" werden können, zum Beispiel wenn folgende Aussagen kommen:

- „Und, was bringt uns das jetzt?"
- „Auf Dauer funktioniert das nicht!"
- „Spätestens nächstes Jahr ist wieder alles anders!"
- Oder: im Aufzug, beim Mittagessen, am Kaffee-Automat ...

Hinweise

Hier kann durchaus eine Diskussion über die „Angemessenheit" oder Ehrlichkeit der Methode in Gang kommen. Meine Haltung hier ist, dass die Methoden aus einem Werkzeugkoffer stammen, aus dem jeder entnehmen kann, was für ihn passt. Jeder Koch hat sein Lieblingsmesser und jeder Handwerker sein Lieblingswerkzeug. Und jeder Change-Manager seine Lieblingsmethoden. Ich habe die Erfahrung gemacht, dass die Methode sehr nützlich sein kann. Zum Beispiel auch im Rahmen ganz anderer Prozesse: Ein Team eines Unternehmens hatte ein recht schlechtes Image und konnte diesen Ruf einfach nicht loswerden. Wir haben im Team ausgehandelt, dass wir ein solches Priming, neben anderen Methoden, ausprobieren. Jedes Teammitglied hat fortan bei den unterschiedlichsten Gelegenheiten, im Aufzug, beim Mittagessen und wo auch immer erzählt, was ein Mitglied des Teams gerade Gutes, Interessantes, Positives für das Unternehmen auf die Beine stellt. Selbstverständlich musste/sollte auch eine solche Aktion der Wahrheit entsprechen.

Quellen/Literaturempfehlungen

- Kahneman, D. (2012): Schnelles Denken, langsames Denken. Siedler Verlag.
- Palmer, S. (1975): The effects of contextual scenes on the identification of objects, in: Memory and Cognition. Nr. 3, 1975, S. 519–526.
- Eberle, B. (1997): Scamper on: Games for Imagination Development. Prufrock Press.
- Luther, M. (2013): Das große Handbuch der Kreativitätsmethoden. Bonn: managerSeminare.

de Bono meets Change

Orientierung

Ziele:

- Dezidiertes Feedback zu einer bestimmten Vorgehensweise oder zu einem Workshop-Ergebnis bekommen
- Unterschiedliche Perspektiven, Überlegungen und Bewertungen sichtbar machen
- Eine Standortbestimmung zu einer bestimmten Situation vornehmen
- Differenzierte Ideen über mögliche weitere Vorgehensweisen bekommen

Zeit:

Bei 12 Teilnehmern ca. 45-60 Minuten je nach Anzahl der zu bearbeitenden Fragen

Material:

- Raum mit viel Platz (mind. 5 Meter „Durchmesser" in alle Richtungen, siehe unten)
- Flipchart mit de Bono-Anleitung
- Flipchart mit Arbeitsfragen
- Pinnwand für Notizen durch den Moderator
- Stern mit den verschiedenen de Bono-Betrachtungsperspektiven mit Kreppband auf dem Boden aufgeklebt (die Strahlen genügen – der Kreis außenherum ist nicht notwendig)
- „Felderbeschriftungen" (gelber Hut, roter Hut...)

Überblick/Hinweise:

Die Teilnehmer ordnen sich per Bodenarbeit einer bestimmten de Bono-Perspektive/einem bestimmten Feld zu. Damit machen sie für ihren eigenen Blickwinkel/ihr eigenes Feedback eine bestimmte Wertung bzw. Haltung transparent. Dies erleichtert es allen übrigen Personen, auch mit kritischen Perspektiven konstruktiv umzugehen und vielfältige Perspektiven zu nutzen.

Vorgehen

Vorbereitungen:

de Bono-Stern mit Felderkennzeichnung auf den Boden kleben:

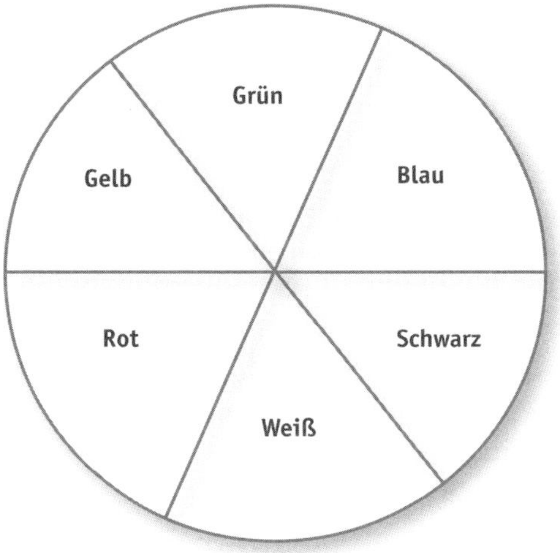

Flipchart mit de Bono-Anleitung:

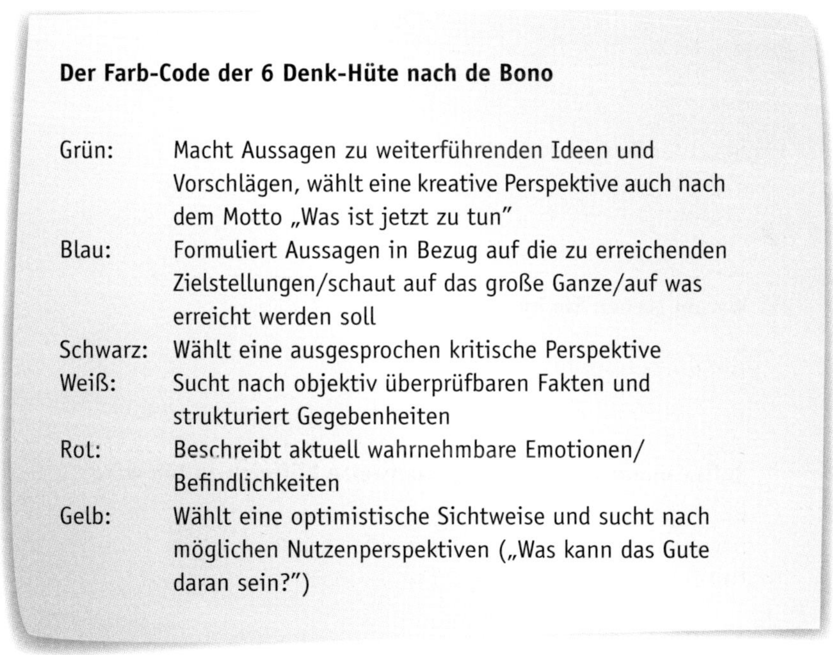

Der Farb-Code der 6 Denk-Hüte nach de Bono

Grün:	Macht Aussagen zu weiterführenden Ideen und Vorschlägen, wählt eine kreative Perspektive auch nach dem Motto „Was ist jetzt zu tun"
Blau:	Formuliert Aussagen in Bezug auf die zu erreichenden Zielstellungen/schaut auf das große Ganze/auf was erreicht werden soll
Schwarz:	Wählt eine ausgesprochen kritische Perspektive
Weiß:	Sucht nach objektiv überprüfbaren Fakten und strukturiert Gegebenheiten
Rot:	Beschreibt aktuell wahrnehmbare Emotionen/ Befindlichkeiten
Gelb:	Wählt eine optimistische Sichtweise und sucht nach möglichen Nutzenperspektiven („Was kann das Gute daran sein?")

Flipchart mit möglichen Arbeitsfragen/Beispielen:

de Bono meets Change

Reflexion 1
Wenn Sie auf den aktuellen Stand unseres Change-Projektes schauen, was glauben Sie, was wir jetzt besonders im Auge haben sollten? – Bitte stellen Sie sich in das betreffende Feld.

Reflexion 2
Wenn Sie an die Begleitung durch unser Top-Management/unseren Lenkungsausschuss denken, was treibt Sie hier gerade um? – Bitte stellen Sie sich in das betreffende Feld.

Reflexion 3
Wenn Sie an unseren kommenden Workshop denken, welche Perspektive ist hier gerade für Sie vorrangig? Bitte stellen Sie sich in das betreffende Feld.

Pinnwand für Notizen durch den Moderator:

Warum stehen Sie hier?

- ___

Reflexionen: Was jetzt möglicherweise hilfreich zu tun wäre

- ___

Diese Bodenarbeit ist für vielfältigste Fragestellungen äußerst nützlich: Sie bringt im wahrsten Sinn des Wortes Bewegung ins Geschehen. Dabei ist die de Bono-Methode an sich nun nicht besonders neu, aber in dieser Bodenarbeit mit dieser Transparenz macht es den Teilnehmern deutlich mehr Spaß, relevante Fragen zu betrachten und ist aus meiner Erfahrung auch deutlich ergiebiger.

Vorgehensweise

Der Trainer/Moderator erklärt die Denk-Hüte-Methode nach de Bono (siehe Flipchart). Er weist darauf hin, dass in Gruppenprozessen oft sehr ähnliche Perspektiven des Denkens gewählt werden, was wenig Mehrwert generiert. Durch diese Methode der unterschiedlichen Hüte, d.h. der unterschiedlichen Einstellungen und Perspektiven, kann man viele unterschiedliche Sichtweisen in den Raum bringen und damit viele unterschiedliche Aspekte bei Lösungsfindungen und dem Festlegen von Maßnahmen berücksichtigen. Entscheidungen werden qualitativ besser (de Bono selbst bezeichnet die 6 Denkhüte auch als Methode zur Verbesserung der Kommunikation in einer Gruppe).

Der Trainer liest den Teilnehmern die erste Reflexionsfrage vor und bittet dann die Teilnehmer, sich in ein bestimmtes Feld ihrer Wahl zu begeben, aus dessen Perspektive heraus sie sich die Reflexionsfrage anschauen bzw. beantworten wollen. Sobald sich alle Teilnehmer positioniert haben, fragt der Trainer die Teilnehmer nacheinander:

1. *„Warum stehen Sie hier?"*
2. *„Was ist jetzt aus Ihrer Sicht zu tun?"*

Die Antworten zu Frage 2 visualisiert der Trainer auf der Pinnwand mit. Wichtig ist, die Aussagen nicht zu stark zu verkürzen und möglichst nah an der Wortwahl der Teilnehmer zu bleiben (gerne auch umgangssprachlich – dies ist meist am aussagekräftigsten). Wenn alle Teilnehmer diese Fragen bearbeitet haben, kann man mit einer weiteren Reflexionsfrage fortfahren. Maximal machbar sind drei Fragen, ansonsten wird das Ganze überfrachtet.

Auswertung und weitere Verarbeitung der Ergebnisse

Je nachdem, um welche Fragestellungen und Themen es sich bei der Bearbeitung mit der de Bono-Methode handelt, wird mit den Ergebnissen anders verfahren werden müssen. Um zu einer Einigung bezüglich des weiteren Vorgehens zu kommen, könnte man beispielsweise eine erste Priorisierung der Vorschläge über Klebepunkte sichtbar machen.

Als sehr hilfreich hat sich auch erwiesen, mit den Teilnehmern an dieser Stelle (nochmals) über die bei den anstehenden Themen zu erreichenden Ziele zu sprechen. Diese Synchronisierung muss immer wieder gesucht werden (weil eben nie klar ist, was sowieso klar scheint) und bringt die Gruppe bezüglich einer Einigung am schnellsten voran.

Quellen/Literaturempfehlungen

- de Bono, E. (1990): Six Thinking Hats. London: Penguin Books.
- Luther, M. (2013): Das große Handbuch der Kreativitätsmethoden. Bonn: managerSeminare.

After Action Review

Orientierung

Ziele:

- Erkenntnisse aus den Veränderungsprozessen für alle transparent machen
- Lernprozesse beschleunigen
- Erfolgsorientierung und Motivation der Beteiligten ausbauen

Zeit:

45 Minuten

Material:

- Flipchart mit Instruktion zum After Action Review
- Pinnwand, Moderationskärtchen und Stifte

Überblick/Hinweise:

Die Teilnehmer reflektieren über die Ergebnisse und die Erkenntnisse, die im Veränderungsprozess gemacht wurden und fokussieren sich auf die „Erfolgsbringer".

Erläuterungen

Die Methode „After Action Review" (modifiziert nach D. Oelsnitz & M. W. Busch, 2006) ist ursprünglich ein von der US-Armee entwickeltes Lerninstrument. Es wurde im Umfeld des Themas „Lernende Organisation" von Peter Senge modifiziert und wird hier in einer lösungsorientierten Form (vgl. Solution Focus, P. Röhrig, 2008) eingesetzt. Die Aufarbeitung von Ergebnissen und Erfahrungen dient dazu, die Selbstreflexionsfähigkeit der Beteiligten zu stärken, Lernen zu beschleunigen und die gemeinsame Sinnstiftung voranzutreiben. Von Peter Senge wurde insbesondere auch die daraus entstehende Lerngeschwindigkeit betont. Er bezeichnet diese Form auch als „Double Loop Learning": Wenn Arbeitsprozesse im Team gemeinsam ausgewertet und visualisiert werden, lernen alle miteinander mehr und schneller, als dies jedem Einzelnen möglich wäre. Senge betont, dass um diese Effekte zu erzielen, unbedingt eine Visualisierung der Ergebnisse angestrebt werden sollte. Weitere wichtige Effekte sind, dass Erkenntnisse aus den Veränderungsprozessen für alle transparent gemacht und die Erfolgsorientierung und Motivation der Beteiligten gestärkt werden.

In vielen Unternehmen werden verschiedenste Formen („Lessons Learned") von After Action Reviews durchgeführt, unter anderem im Rahmen von Projekten. Häufig allerdings wird dabei aus meiner Sicht viel zu sehr auf die Ursachensuche oder die Probleme fokussiert. Dies ergibt meiner Erfahrung nach gerade da, wo es um Prozesse der Zusammenarbeit geht, wenig Sinn. Denn ein solches Vorgehen befördert stets die Suche nach Schuldigen, stellt Ursachenzusammenhänge als gesichert dar, die allenfalls als Hypothesen bezeichnet werden können und lässt Erfolgsbringer als selbstverständlich erscheinen. Erfolg ist aber niemals Zufall und die Fokussierung auf Erfolgsbringer macht diesen zukünftig wesentlich wahrscheinlicher, weil dies eine optimale Ressourcenaktivierung für zukünftiges Handeln auslöst. Jeder erfolgreiche Mentaltrainer im Sport kann dies bestätigen. Wenn der Trainer mag, kann er an dieser Stelle sicher eine spannende Diskussion führen.

Vorgehen

Bei der Durchführung des After Action Review sollten die folgenden Fragen der Reihe nach bearbeitet werden. Es ist wichtig, die Antworten durch den Trainer/Moderator mitzuvisualisieren oder jeweils eine verdeckte Kartenabfrage durchzuführen. Wenn der Trainer mitvisualisiert, sollten unterschiedliche Sichtweisen und Meinungen nicht diskutiert, sondern einfach nur mitgeschrieben werden. Der Trainer sollte dies als Spielregel vorab kundtun. Hierzu können folgende Begründungen herangezogen werden:

- Das Diskutieren würde den Prozess nur verlangsamen, nicht verbessern.
- Wenn man Dinge unterschiedlich erlebt, dann ist das erst einmal zu respektieren.
- Unterschiedliche Perspektiven schaffen Mehrwert. Nicht umsonst sagt der Volksmund: „Wenn zwei immer der gleichen Meinung sind, ist einer davon überflüssig!" Unterschiedliche Sichtweisen können wir auch im Nachhinein auswerten, wo uns dies als nützlich erscheint.

Tatsächlich werden selbstkritische Sichtweisen im positiven Sinn in dieser Form sehr viel stärker akzeptiert und nutzbar gemacht. Hier die Fragen zum After Action Review:

- Was waren unsere Zielsetzungen?
- Wieweit haben wir unsere Zielsetzungen erreicht?
- Was haben wir getan, um unsere Zielsetzungen zu erreichen?
- Was hätten wir noch tun können/müssen, um unsere Zielsetzungen zu erreichen?
- Was hätten wir weniger oder anders tun sollen?
- Fazit: Was werden wir in einer nächsten vergleichbaren Situation
  - Wieder tun?
  - Mehr tun?
  - Anders tun, und zwar ...?

Quellen/Literaturempfehlungen

- von der Oelsnitz, D. & Busch, M. W.(2006): Teamlernen durch After Action Review, in: Personalführung, 02/2006, S. 54-62.
- Röhrig, P. (2014): Solution Tools – die besten, sofort einsetzbaren Workshop-Interventionen mit dem Solution Fokus. Bonn: managerSeminare.

artTeaming

Orientierung

Ziele:

- Anhand des Gestaltens einer realen Plastik unter Anleitung eines Künstlers und eines Moderators/Beraters konkrete Erkenntnisse zum Thema „Veränderungsprozesse" gewinnen
- Einen dauerhaften gemeinsamen „Anker", nämlich die gemeinsam erstellte Plastik zum Thema Umgang mit Veränderungen erstellen bzw. vor Augen haben
- Motivation der Beteiligten für Veränderungsprozesse ausbauen

Zeit:

- 3-4 Stunden
- Co-Moderation/Unterstützung durch einen Künstler/Bildhauer (Kontakt siehe unten) und
- Entsprechendes Material zum Erstellen einer Plastik

Material:

- Flipchart mit Reflexionsfragen
- Ca. 6 Moderationswände, Moderationskärtchen und Stifte
- Wolken mit der Überschrift „Was konkret werde ich ab jetzt ... (verstärkt weiter/anders) tun" und „Was kann mir dieses Vorgehen/diese Erkenntnis im Alltag nutzen bzw. bringen?" und diese für 2-Felder-Chart nutzen
- Transfer-Journal (Notizbuch) für die Teilnehmer

Überblick/Hinweise:

Die Teilnehmer reflektieren während des konkreten Tuns anhand konkreter Friktionen und sammeln so Erkenntnisse rund um das Thema Veränderungsprozesse.

Erläuterungen

„Jeder Mensch ist ein Künstler!", stellte Joseph Beuys 1976 fest. Ihm ging es darum, deutlich zu machen, dass Menschen fortwährend Plastiken gestalten, zum Beispiel in Form von Teams und Unternehmen. Diese Entwicklung eines Umfelds bezeichnete Beuys als kunstvollen Akt, nämlich im Sinne einer Erstellung einer sozialen Plastik (J.

Beuys, 1976). In dem hier vorgeschlagenen Beispiel wird dies in der metaphorischen Umkehrung auf die Erstellung einer Grünholzplastik durch Führungskräfte eines Unternehmens projiziert. Jeder Teilnehmer erarbeitet(e) unter Anleitung eines Künstlers mithilfe eines Beils aus einem Holzblock die Form einer Acht. Als teambezogene Symbolik steht die Acht für effizientes Verbinden und ein perfektes Zusammenspiel. Nachdem die individuellen Objekte etwa zur Hälfte fertig gestellt waren, wurden die Teilnehmer gebeten, ihre eigene Holzplastik mit der des Kollegen zu tauschen und an dieser weiterzuarbeiten. Dieser Tausch erinnert an typische Kooperationsprozesse und Veränderungsprozesse im Team und weckt ähnliche Resonanzen. In der gemeinsamen, durch den Moderator begleiteten Reflexion wurden zum Beispiel Gefühle des „Aufgebenmüssens von eigenen Vorstellungen" und des „Identifikations- und Motivationsverlustes" besprochen. Entsprechend können Handlungsmöglichkeiten zur erfolgreichen Bewältigung solcher Situationen, auch in Form von gemeinsamen Spielregeln, herausgearbeitet werden. Die Einzelobjekte wurden vom Künstler zu einer Gesamtplastik (im vorliegenden Beispielsfall „ACHT-SAM") zusammengefügt. Die Plastik wurde auf dem Gelände des Unternehmens aufgestellt.

Um den Transfer von neu gewonnenen Einstellungen und entsprechenden Verhaltensweisen aus den Workshops in das Unternehmensumfeld möglichst zu maximieren, orientierten wir uns an folgenden Aspekten:

- **Persönlicher Nutzen:** Für die Veränderung von Verhalten und Einstellungen ist insbesondere das Wollen (M. Fishbein & J. Ajzen/M. Fishbein & T. J. Madden, 1996) der betreffenden Personen entscheidend. Um dieses zu aktivieren, müssen persönliche Werthaltungen, Annahmen und Einstellungen wahrgenommen und reflektiert werden. Wenn hierbei der persönliche Nutzen beziehungsweise die Vorteile für jeden Einzelnen erkennbar sind, so werden positive Annahmen wahrscheinlich und das Commitment der Personen wird gestärkt. Diese Aspekte werden während der Teamentwicklung von jedem Einzelnen und abschließend vom Team herausgearbeitet und visualisiert. Die Reflexionsfrage hierbei lautet: „Was kann mir diese Erkenntnis im Alltag nutzen?"
- **Affektive Komponenten:** Weiterhin sind positive Einstellungen umso wahrscheinlicher, je mehr affektive Komponenten (D. Frey, 1998) die kognitiv-rationalen Aspekte unterstützen („Herz und Verstand"). Wichtig ist es also, in entsprechenden Veranstaltungen dafür zu sorgen, dass erwünschte Einstellungen und entsprechende

Verhaltensweisen mit Erfolgserlebnissen und Spaß verknüpft werden. Das Format des artTeamings leistet dies in einzigartiger Weise.

- **Konkrete Handlungspläne:** Konkretes, praxisbezogenes Üben und konkrete Handlungspläne fördern die Umsetzung von Vorhaben (D. Frey, 1998). Die Betroffenen sollten jeweils möglichst exakt formulieren, was genau und wie sie dies umsetzen werden. Die Umsetzung wird in Form von Transferfragen im Transfer-Journal festgehalten: „Was konkret werde ich jetzt verstärkt weiter tun?“, „Was konkret werde ich ab jetzt anders tun?“
- **Reflexion:** Mitarbeiter sollen Techniken erlernen, mithilfe derer sie eigenes Verhalten fortlaufend reflektieren und optimieren können (W. C. Kriz & B. Nöbauer, 2003), wie etwa After Action Reviews. Feedback-Schleifen sorgen für den Ist/Soll-Abgleich und ermöglichen so Verbesserungen in den Prozessen der Zusammenarbeit (siehe Methode After Action Review, Seite 243 ff.).
- **Visualisierung:** Das gewünschte Verhalten wird von jedem Teilnehmer für sich visualisiert (W. C. Kriz & B. Nöbauer, 2003), aber auch die Erkenntnisse für alle werden in einem Fotoprotokoll festgehalten. Die Plastik dient als dauerhafter visueller Anker.
- **Lernpartnerschaften:** Je mehr Kollegen eines zusammenarbeitenden Teams oder Bereiches ähnliche Erfahrungen, ähnliche Erkenntnisse und Handlungsziele haben, umso wahrscheinlicher ist, dass Transfer stattfindet (G. Schmidt, 2010). Die Initiierung von Lernpartnerschaften im Workshop verstärkt die Transferleistungen. Die Lernpartner verabreden schon im Workshop einen Termin, bei dem sie sich über die Umsetzung der jeweiligen Vorhaben austauschen.

Vorgehen

Anhand des Gestaltens einer realen Plastik wird der Prozess initiiert. Die Teilnehmer erhalten beim Start der Arbeiten die Information vom Trainer, dass es um die Simulation von Prozessen der Zusammenarbeit und Veränderung geht, und dass eine gemeinsame Plastik entstehen wird, die als Erinnerungsanker bezüglich dieser Kooperationsprozesse im Unternehmen aufgestellt werden wird. Dann übergibt der Trainer an den Künstler.

In einem ersten Schritt werden den Teilnehmern das geplante Ergebnis, die Holzplastik, das Ausgangsmaterial und die groben Arbeitsschritte vorgestellt. In unserem Beispielsfall mussten die Teilnehmer einen Baumstamm in etwa 60 cm hohe Holzscheiben („Rugel“) zerteilen und diese wiederum in sechs Einzelscheite. Die Erstellung der Plastik sowie die Zerteilung des Stammes erschien den Teilnehmern nach den ersten Einzelversuchen relativ aussichtslos. Manche Teilnehmer sprachen dies auch deutlich aus.

Bei Schwierigkeiten und bei Erfolgen: Innehalten und Auswerten

Sobald besondere Aspekte des Handelns oder des Zusammenwirkens auftauchen, übergibt der Künstler wieder an den Trainer. Dies sind Stellen, an denen Reflexionsphasen durchgeführt werden. Dadurch wird als Sekundär-Effekt ein interessanter Lerntransfer auftauchen. Nämlich der, dass wenn es herausfordernd und schwierig ist oder besonders gut läuft, ein Innehalten und systematisches Auswerten der aktuellen Situation äußerst nützlich ist. Hier wird ein erster schneller After Action Review durchgeführt. Die Ausarbeitungen werden vom Trainer mitvisualisiert. Die daraus abgeleiteten Erkenntnisse helfen den Teilnehmern, voranzukommen. Die koordinierenden Aktivitäten und der gemeinsam abgestimmte Einsatz von Werkzeugen (Sägen, Spaltungswerkzeuge ...) verhelfen anschließend zum Erfolg.

Im zweiten Schritt erarbeitet jeder Teilnehmer unter professioneller Anleitung des Künstlers mit einem Beil seine eigene Grünholzplastik in Form der Acht. Während des Arbeitens an der individuellen Plastik werden weitere Reflexionsphasen eingelegt. Anhand der Bearbeitung von Astgabelungen oder Astlöchern diskutierten die Teilnehmer das Thema „Umgang mit Widerständen". An der Wuchsform des Holzes erklärt der Künstler, dass nicht gegen den Wuchs des Holzes gearbeitet werden kann. Hier kann gerne schon mal der Stiel des Beils abbrechen, wenn man versucht, Wuchsformen zu ignorieren. Wichtigste Erkenntnis: Widerstände weisen darauf hin, wo Energie liegt, wie sie freigesetzt und genutzt werden kann. Die Erkenntnisse werden mitvisualisiert.

Der Tausch der individuellen Plastiken

Den Höhepunkt des artTeamings stellt der Tausch der Plastiken dar. Nachdem die Teilnehmer ihre Objekte – hier die Acht – etwa zur Hälfte fertiggestellt haben, werden sie gebeten, an dem Objekt des rechts nebenstehenden Kollegen weiterzuarbeiten und ihre eigene Holzplastik dem Kollegen zur Linken zu überlassen. Dieser Tausch lehnt sich an typische Kooperationsprozesse an. Ähnliche Gefühle, wie man sie etwa durch das (weitere) Bearbeiten eigener Ideen durch andere Kollegen im Arbeitsalltag kennt, werden auch durch das Abgeben der eigenen Plastik wachgerufen. Dieser Tausch löst bei vielen Teilnehmern starke Emotionen aus. Manche führen ausführliche „Briefing-Gespräche", manche geben ihre Plastik nur widerwillig ab, andere sind begeistert, wenn die Plastik des Kollegen schon deutlich besser ausgearbeitet ist als die eigene, und manche stoßen Drohungen aus wie: „Mach ja nichts kaputt."

Nach einer kurzen Zeit des Weiterarbeitens an der Plastik des Kollegen wird wieder eine Reflexionsphase „Umgang mit Veränderungen“ eingeleitet. Gefühle des „Festhaltenwollens“, des „Identifikations- und Motivationsverlustes“, des „Aufgebenmüssens von eigenen Vorstellungen“ werden ausgesprochen und können sehr gut als Reflexionsbasis für die Zusammenarbeit nutzbar gemacht werden. Hier einige Beispiele: „Bei dem Entwurf eines Konzeptes war es so leicht, dieses zu zerreißen. Die Plastik des Kollegen konnte ich nicht einfach in den Mülleimer werfen. Zu klar stand mir vor Augen, wie viel Energie er investiert hatte. Ab jetzt werde ich Ideen oder konzeptionelle Arbeiten von Kollegen achtsam behandeln.“ Oder: „Ich hatte mich gewundert, wieso die Plastik des Kollegen noch so wenig weit gediehen war. Als ich an seiner Plastik arbeitete, stellte ich fest, dass sein Holz deutlich härter war als meines. Auf Nachfrage beim Künstler stellte sich heraus, dass dies ein Endstück gewesen war. Es war deutlich trockener und damit schwerer zu bearbeiten.“

Nach einer weiteren Arbeitszeit kann der Trainer die Teilnehmer bitten, nochmals zu tauschen, sollte dies dann aber nach wenigen Minuten bewusst abbrechen und erneut Eindrücke, Emotionen und Transferansätze („Umgang mit Veränderungen“) reflektieren lassen. Die Erkenntnisse sind spannend. Ein Teilnehmer formulierte das beispielsweise so: „Ich wollte nicht noch einmal tauschen. Das würde nicht mehr mein Werk sein. Ich hatte keine Lust mehr, weiterzuarbeiten. Nun ist mir klar, wie wichtig es ist, dass jeder seinen persönlichen Anteil an Ergebnissen erkennen kann und in ihm wertgeschätzt wird. Nur dann identifiziert man sich.“
Dieser zweite Tausch findet also nicht wirklich statt, sondern jeder der Teilnehmer arbeitet nach dieser Reflexionsphase wieder an seiner ursprünglichen Plastik und beendet sie so, wie er das möchte.

Für die Teilnehmer kann es interessant sein, auch noch einmal abschließend zu reflektieren („Umgang mit Veränderungsprozessen“), wie es ihnen dabei ging, wieder an ihrer ursprünglichen Plastik zu arbeiten. Einige zeigten sich beispielsweise enttäuscht darüber, wie wenig die Arbeit fortgeschritten war. Dazu erklärten manche Kollegen, dass sie einfach nicht den Mut gefunden hatten, „richtig“ an der Plastik des anderen weiterzuarbeiten. Andere berichteten von den emotionalen Schwierigkeiten, sich wieder mit ihrer Plastik „anzufreunden“, die ja nun auch anders geworden war. Sie hätten lieber die getauschte behalten. Solche Aussagen weisen erneut auf typische Identifikationsprobleme beim „Loslassen“ im Rahmen von Veränderungsprozessen hin. Sie zeigen zugleich, wie wichtig es ist, gemeinsame Ziele, aber auch klare eigene Arbeitsteile zu haben.

Nach dem Abschluss der Arbeit an der jeweiligen eigenen Plastik finden sich die Teilnehmer zu einer Gesamtreflexion im Plenum zusammen. Der Trainer stellt die Pinnwände mit seinen Visualisierungen der Erkenntnisse zu den drei Hauptthemen

- Systematisches Auswerten der aktuellen Situation: After Action Reviews
- Umgang mit Widerständen
- Umgang mit Veränderungen

den Teilnehmern nochmals vor. Nach dem Vorlesen der jeweiligen Erkenntnisse pro Thema bittet der Trainer die Teilnehmer, ihm

- konkrete Handlungsweisen zuzurufen, nach dem Motto: „Was konkret werde ich ab jetzt ... (verstärkt weiter/anders) tun?" Diese werden auf einem 2-Felder-Chart einer Pinnwand mitvisualisiert.
- Aussagen darüber zu machen, „Was kann mir dieses Vorgehen/diese Erkenntnis im Alltag bringen?" Diese werden ebenfalls auf der Pinnwand mitvisualisiert.

Der Trainer bittet die Teilnehmer, parallel die für sie persönlich wichtigen Erkenntnisse in ihrem Transfer-Journal festzuhalten. Dafür gibt er nochmals ein wenig Extrazeit. Dann fordert er die Teilnehmer auf, sich nun einen Lernpartner auszuwählen und mit diesem einen konkreten Termin zu vereinbaren, wann er sich mit im treffen und sich über seine Umsetzungserfolge und weiteren Erkenntnisse austauschen wird. Die Teilnehmer können sich auch zu dritt verabreden. Bei größeren Lerngruppen wird oft das Finden von gemeinsamen Terminen zum Problem, deswegen ist eine größere Anzahl von Gruppenmitgliedern nicht ratsam.

Die Abschlussrede des Trainers sollte sich auf die zentralen Erkenntnisse und Umsetzungsvorhaben der Gruppe beziehen und diese nochmals mit der Plastik in Verbindung bringen: *„Wenn Sie diese sehen, dann werden Sie denken an ... und an ..."*

Nach der Beendigung der Workshops werden die Einzelplastiken der Teilnehmer vom Künstler in der Gesamtplastik „ACHT-SAM“ zusammengefügt und im Unternehmen aufgestellt.

Abb.: Die Gesamtplastik „ACHT-SAM“

Quellen/Literaturempfehlungen

- Rappaport, T. (Holzbildhauer, Stuttgart): info@atelier-rappaport.de www.atelier-rappaport.de.
- Harlan, V. (1986): Was ist Kunst? Werkstattgespräch mit Joseph Beuys. Stuttgart: Urachhaus.
- Harlan, V., Rappmann, R. & Schata, P. (1976): Soziale Plastik – Materialien zu Joseph Beuys. Achberg: Achberger Verlagsanstalt.
- Ajzen, I. & Fishbein, M. (1980): Understanding the attitudes and predicting social behavior. Englewood Cliffs, New Jersey: Prentice-Hall Inc. Ajzen I., Madden T. J. (1986). Prediction of goal-directed behavior: attitudes, intentions and perceived behavior control. Journal of Experimental Social Psychology, 22, 453–474.
- Frey, D. (1996): Gute Vorsätze im Visier. Wie man den Willen, ein bestimmtes Verhalten zu ändern, in die Tat umsetzen kann. Süddeutsche Zeitung, 5./6. Oktober 1996.
- Kriz, W.C. & Nöbauer, B. (2002): Teamkompetenz. Konzepte, Trainingsmethoden.Praxis. Göttingen: Vandenhoeck&Ruprecht. (2. Auflage 2006).
- Schmidt, G., Dollinger, A. & Müller-Kalthoff, B. (2010): Gut beraten in der Krise. Konzepte und Werkzeuge für ganz alltägliche Ausnahmesituationen. Bonn: managerSeminare.

Motivationsmethoden auf strategischer Managementebene

Entwickeln einer klaren und emotionalen Vision/eines Leitbilds

Orientierung

Ziele:

- Die Teilnehmer entwickeln eine klare und emotionale Vision für einen Bereich bzw. ein Unternehmen
- Durch die gemeinsame Erarbeitung wirkt die Vision nachhaltiger und motivierender
- Anzahl der Teilnehmer: 12-80

Zeit:

Gesamt: ca. 6,5 Stunden

- Schritt 1 a+b: 30 Minuten
- Schritt 2 + 3: 120-180 Minuten
- Schritt 4: 10 Minuten pro Präsentation pro Gruppe (bei 8 Gruppen mit Teilnehmerzahl zwischen 3 und 10 etwa 80 Minuten)
- Schritt 5: 20 Minuten
- Schritt 6: 30 Minuten
- Schritt 7: 3 Minuten pro Text/Gruppe (z.B. bei 8 Gruppen ca. 30 Minuten)

Material:

- Generelle Schritte zur Entwicklung einer Vision auf Pinnwand oder in einer Teilnehmerunterlage visualisiert
- Teilnehmer-Unterlagen mit Platz für Notizen
- Eine Bühne (mindestens optisch markieren, z.B. durch Abkleben)
- Video-Kamera

- Wenn möglich Musik (z.B. einen wiederkehrenden Jingle, der vor jeder Inszenierung eingespielt wird)
- Moderationskärtchen, Stifte und Kugelschreiber
- Flipchart oder Teilnehmerunterlagen mit der Instruktion „Präsentieren der Inszenierung"

Überblick/Hinweise:

- Die Teilnehmer entwerfen schrittweise ihre eigene Vision
- Die Teilnehmer entwickeln ein tiefes Verständnis dafür, welche Elemente einer Visionsrede wichtig und zielführend sind und aus welchem Grund

Erläuterungen

Die Entwicklung einer emotionalen Vision ist eine nach Bryan Smith (2008) modifizierte Methode. Dass Mensch und Unternehmen Visionen und Sinn brauchen, darüber wird mittlerweile viel kommuniziert. Was genau eine Vision ist, wie und unter welchen Voraussetzungen sie wirkt und vor allem, wie man sie formuliert, darüber findet man weniger. Im Folgenden wird eine Vorgehensweise dargestellt, wie man dies tun kann.

Zunächst eine kurze Definition:

Eine Vision ist ein klares und plastisches Bild von der Zukunft, die man erschaffen möchte. Sie ist ein Ziel, das man sich mit seinem Vorstellungsvermögen so anschaulich ausgemalt hat, dass es einem deutlich vor Augen steht.
(Vgl. P. Senge, 1997)

Was sind die Kennzeichen einer Vision? Damit eine Vision die beschriebene Wirkung voll entfaltet, müssen fünf Voraussetzungen gegeben sein: Plastizität, Identifikation, Realisierbarkeit, Spitzenanspruch und Präsenz (nach Peter Eichhorn).

Plastizität

Es ist die Eigenart des Visionärs, dass er sich seine Zielvorstellung so plastisch wie möglich ausmalt. Martin Luther King tat dies beispielsweise in seiner berühmten Rede „I have a dream“ (siehe Zitat, Seite 256). Hierin zeichnete er sehr anschaulich das Bild von einer Gesellschaft, in der Schwarze und Weiße gleichberechtigt und friedlich miteinander leben. Diese Rede ist ein Musterbeispiel für eine Vision, denn King beschreibt seine Zukunftsvorstellung farbig, konkret und mit eindringlicher Symbolik. Nur wenn man eine Vision so plastisch vor Augen hat, wird sie emotional erlebt und mit Gefühlen aufgeladen. Nur dann entfaltet sie echte Anziehungskraft, bleibt im Gedächtnis haften und leitet tatsächlich das eigene Handeln.

Identifikation

Eine Vision kann nur eine solche Zielvorstellung sein, mit der man sich innerlich vollkommen identifiziert. Das bedeutet, dass sie den eigenen Neigungen und Wertvorstellungen voll und ganz entsprechen muss. Oder altmodisch ausgedrückt: Sie muss von Herzen kommen. Man kann nicht ein Ziel zu seiner Vision machen, das einem nur von außen eingeredet wurde und zu dem man sich nicht wirklich hingezogen fühlt. Folglich findet man nur zu einer Vision, wenn man „Soul Searching“ betreibt und sich über seine echten Wünsche, Hoffnungen und Werte klar wird. Es geht um eine Art inneren Auftrag, für sich und andere etwas zu leisten. Es ist ein Auftrag, der zugleich als Pflicht und Leidenschaft empfunden wird.

Realisierbarkeit

Eine Vision muss realisierbar sein, damit sie eine Wirkung ausübt. Es hat keinen Sinn, sich als Ziel etwas vorzustellen, das entweder grundsätzlich oder im gewünschten Zeitraum nicht machbar ist. Hier scheidet sich die Vision von der Utopie.

Spitzenanspruch

Anderseits ist eine Vision immer auch idealistisch, da der echte Visionär an sein Tun und sein Werk einen so hohen Qualitätsanspruch stellt, dass dieser zwar nahezu, aber niemals in Vollkommenheit erfüllt werden kann. Auch der bereits zitierte Martin Luther King hat zwar vieles für die Gleichberechtigung der Schwarzen erreicht (vieles davon hat er nicht mehr erleben können), doch in Vollkommenheit ist seine Vision auch heute noch nicht Wirklichkeit geworden. Ebenso wird der Manager bzw. das Unternehmen, das eine Vision von dem hohem Anspruch hat, immer um die Erfüllung dieses Anspruchs ringen. Daher ist eine Vision immer Ziel und Weg zugleich.

Präsenz

Die wichtigste Voraussetzung sei zuletzt genannt: Eine Vision entfaltet nur dann ihre volle Wirkung, wenn man sie sich immer wieder ins Bewusstsein ruft. Die Vision muss präsent sein. Und das erfordert, dass man sie in der Alltagsroutine (in der eine Vision nur allzu leicht durch einen Wust ablenkender Gedanken und täglicher Routine versinkt) bildhaft vergegenwärtigt. Auch im Sinne der Handlungsprioritäten: Was muss ich zur Realisierung der Vision tun? Im Idealfall hält man seine Vision permanent im Bewusstsein. Es findet dann unbewusst ein Abgleich zwischen der bildhaft gespeicherten Zielvorstellung und der bildhaft wahrgenommenen gegenwärtigen Realität statt. Und man handelt intuitiv und spontan so, dass man der eigenen Vision näher gebracht wird. Auch wenn das hier Beschriebene für den Alltag des Unternehmers oder Managers nicht einfach zu realisieren ist, so ist es doch eine Grundvoraussetzung dafür, dass Spitzenleistungen erzielt, begeisternde Zusammenarbeit geschaffen und erfolgreicher Wandel gestaltet wird.

Nachfolgend wird ein Beispiel dargestellt, welches den Anspruch an eine motivierende Vision in besonderer Weise erfüllt.

Ich habe einen Traum

... Ich sage euch heute, meine Freunde, dass ich trotz aller Schwierigkeiten und Enttäuschungen, die wir zurzeit durchleben, dennoch einen Traum habe. Es ist ein Traum, der tief im Denken Amerikas verwurzelt ist. Ich habe einen Traum, dass diese Nation eines Tages aufstehen und der wahren Bedeutung ihrer Verfassung gemäß leben wird: „Wir halten diese Wahrheit für selbstverständlich: Alle Menschen sind gleich geschaffen."

Ich habe einen Traum, dass eines Tages auf den roten Hügeln Georgias die Söhne früherer Sklaven und Söhne ehemaliger Sklavenhalter zusammen an dem Tisch der Brüderlichkeit sitzen können.

Ich habe einen Traum, dass eines Tages sogar der Staat Mississippi, ein Wüstenland, das in der Höllenhitze der Ungerechtigkeit und Unterdrückung schier verschmachtet, sich in eine Oase der Freiheit und Gerechtigkeit verwandeln wird.

Ich habe einen Traum, dass meine vier Kinder eines Tages in einem Land leben werden, in dem sie nicht aufgrund ihrer Hautfarbe, sondern aufgrund ihres Charakters beurteilt werden.

Heute habe ich einen Traum.

Ich habe einen Traum, dass eines Tages der Staat Alabama mit seinem Gouverneur von dessen Lippen ständig Worte wie „Vermittlung" und „Annullierung" triefen, sich in ein Land verwandeln wird, in dem kleine schwarze Jungen und Mädchen Hand in Hand mit kleinen weißen Jungen und Mädchen als Brüder und Schwestern zusammen gehen können.

Heute habe ich einen Traum.

Ich habe einen Traum, dass eines Tages jedes Tal erhöht, jeder Hügel und Berg erniedrigt werden wird. Das raue Land wird eben und das zerfurchte Land wird begradigt werden und alles Fleisch wird es schauen.

Das ist unsere Hoffnung

Das ist der Glaube, mit dem ich in den Süden zurückkehre.

Mit diesem Glauben werden wir fähig sein, die Disharmonie in unserer Nation in eine klangvolle Symphonie der Brüderlichkeit zu verwandeln. Mit diesem Glauben werden wir fähig sein, zusammen zu arbeiten, zusammen zu beten, zusammen zu kämpfen, zusammen ins Gefängnis zu gehen und zusammen für die Freiheit aufzustehen, in der Gewissheit, dass wir eines Tages frei sein werden.

(Aus der Rede von Martin Luther King, am 28. August 1963 in Washington D.C.)

Verwendungszweck

Auch Gruppen brauchen Visionen, wenn ihre Mitglieder gemeinsam etwas erreichen wollen. Dies gilt insbesondere für das Management eines Unternehmens. Auch bei einem Management-Team, in dem eine gemeinsame Vision vorhanden ist, treten die oben beschriebenen Effekte ein. Die Motivation steigt, vorher unüberwindbar erscheinende Widerstände werden als überwindbar angesehen, Prioritäten werden besser gesetzt ...

Doch darüber hinaus ergeben sich in einer Gruppe noch weitere Wirkungen einer gemeinsamen Vision:

- Das Management-Team zieht stärker am gleichen Strang (und wird dadurch überhaupt erst zu einem Team). Es entwickelt sich ein intensiveres Gefühl der Zusammengehörigkeit und der gemeinsamen Verantwortung. Konflikte werden zwar nicht beseitigt, doch sie lassen sich leichter und nachhaltiger bearbeiten. Der Einzelne ist eher bereit, um des gemeinsamen Zieles willen zurückzustecken. Es wächst das Bedürfnis, nicht nur das Wohl des eigenen Bereiches zu sehen, sondern auch anderen Teilen der Organisation zum Erfolg zu verhelfen.
- Die Kommunikation zwischen den Führungskräften verbessert sich. Man geht leichter aufeinander zu. Es werden mehr Informationen ausgetauscht und mehr Anregungen und Ideen weitergegeben. Dadurch werden neue Ideen stimuliert.
- Die Wahrnehmung der Führungskräfte wird auf das gleiche Ziel ausgerichtet. Es tastet nicht mehr jeder die Unternehmensumwelt und -innenwelt nur nach seinem eigenen Raster und seinen eigenen Interessen ab. Dadurch vervielfacht sich die Erkenntnisfähigkeit des Führungsteams.

Dem Management-Team, das zu einer gemeinsamen Vision finden will, stellen sich damit zwei Fragen:

- Wie finden wir eine gemeinsame Vision?
- Welche Inhalte soll unsere Vision haben?

Es sei gleich vorweggenommen, dass der Prozess der Visionsfindung das Wichtigere ist. Denn eine Vision trägt nicht dadurch, dass sie auf dem Papier steht, sondern dadurch, dass sie gemeinsam erarbeitet und von Zeit zu Zeit neu diskutiert und dadurch neu erlebt wird.

Schritte zur Entwicklung einer Vision/eines Leitbilds

Vorgehen

1. Schritt: Einzelarbeit

In Einzelarbeit werden die Wunschvorstellungen anhand folgender Fragen bearbeitet (Bearbeitungszeit gesamt: 30 Minuten):

a) Worauf bin ich/sind wir wirklich stolz in diesem Unternehmen (Bereich/Team), etwa im Bereich Zusammenarbeit, Produkte, Prozesse, Image, Innovationen, Kunden, Erfolge, Werte. Worauf würden wir diesbezüglich gerne sehr stolz sein?
b) Was wäre unsere absolute Wunschvorstellung über unser Unternehmen (Bereich/Team) in den genannten Themen? Was könnten wir, wenn diese Wunschvorstellung Realität wird,
   - sehen (bei den Menschen, Kunden, Dienstleistern, Dokumenten, Vorgehensweisen ...) = visueller Kanal
   - hören (was würden Mitarbeiter, Führungskräfte, Kunden, Lieferanten sagen, erzählen ...? Wie würde das klingen?) = auditiver Kanal
   - fühlen (was würden Mitarbeiter, Führungskräfte, Kunden, Lieferanten in der Arbeit miteinander empfinden?) = kinästhetischer Kanal

Den Schritt 1.b) kann man methodisch durch eine Zeitreise-Moderation unterstützen (siehe ab Seite 261, Details zur Anmoderation der einzelnen Schritte).

2. Schritt: Gruppenarbeit

In Gruppen von 3-8 Personen tauschen sich die Teilnehmer über die „Stolz-auf-Gegebenheiten" und die Wunschvorstellung aus. Sie visualisieren die gemeinsam getragenen Punkte mit (Bearbeitungszeit gesamt: ca. 30 Minuten).

3. Schritt: Inszenierung in der gleichen Gruppe

Die Gruppen inszenieren die „Stolz-auf-Gegebenheiten" und Wunschvorstellung auf kreative, spielerische Weise (Bearbeitungszeit gesamt: ca. 120-150 Minuten):

- Die positive Wunschvorstellung von der Zukunft wird in den Kleingruppen in einer Gestaltungsform nach Wunsch ausgearbeitet.
- Gestaltungsform kann z.B. sein: Theatersketch, Pressekonferenz, Interview, Zeitungsartikel, Bild, Collage, Märchen, Western, Skulptur, Talkshow ...

4. Schritt in der gleichen Gruppe: Präsentation

Die Gruppen präsentieren ihre kreativen Inszenierungen (Präsentationszeit max. 10 Minuten).

5. Schritt im Plenum: Gemeinsamkeiten sammeln

Die Zuschauer benennen die wahrgenommenen Gemeinsamkeiten aus den Präsentationen auf Zuruf (Arbeitszeit ca. 20 Minuten).

- Der Moderator/die Moderatoren schreiben möglichst ganze Sätze in handlungsorientierter und zukunftsbezogener Form auf: Jeweils eine Aussage/ein Satz wird auf ein Kärtchen geschrieben.
- Nach ca. 30 Aussagen wird die Aktion beendet.

6. Schritt: Gruppenarbeit

Die Gruppen entwickeln erste Entwürfe zur „Vision" (Arbeitszeit ca. 30 Minuten):

- Pro Gruppe werden ca. 3 Kärtchen vergeben.
- Die Gruppen formulieren zu den Aussagen auf den Kärtchen handlungsorientierte und zukunftsbezogen Aussagen in ganzen Sätzen.

7. Schritt: Entwürfe würdigen

Die Entwürfe zu den Visionstexten werden vorgelesen und gewürdigt (Präsentationszeit ca. 30 Minuten).

Nacharbeit

8. Schritt: Visionstext formulieren

Eine Einzelperson formuliert ein Extrakt, einen abschließenden Visionstext.

9. Schritt: Text ergänzen

Alle Teilnehmer erhalten den Visionstext mit Bitte um Anregungen und Ergänzungen.

10. Schritt: Text vervollständigen und veröffentlichen

Anregungen und Ergänzungen werden in den Text eingearbeitet.
Schließlich wird der Visionstext veröffentlicht.

Erfahrungsgemäß ist ein gemeinsames „Abschluss-Texten" sehr schwierig und auch nicht sinnvoll. Zum einen, weil der Aufwand, sich auf einen Text zu einigen, in Gruppen sehr hoch und damit ineffizient ist, zum anderen – und das gilt vor allem, wenn der Text auch öffentlich zugänglich gemacht werden soll – sollte auch auf eine handwerklich „State of the Art"-Ausarbeitung durch einen professionellen Texter geachtet werden. Das heißt auch, dass dieser die Vorlagen erhält mit dem Briefing, sich so weit und so dicht wie möglich an die Vorlagen zu halten. Zudem werden alle Teilnehmer in einer Nacharbeit und vor der Veröffentlichung nochmals gebeten, ihre abschließenden Anregungen und Ergänzungen einzubringen. All diese Informationen erhalten die Teilnehmer bereits vor der Ausarbeitung, sodass hier Transparenz gegeben ist.

Insgesamt kann man diese Form der Visionsarbeit mit ca. 70-80 Teilnehmern durchführen. Es hat sich bewährt, hier unbedingt ein Handout für die Teilnehmer zu erstellen, in dem Arbeitsschritte, Instruktionen und Arbeitszeiten enthalten sind. Als eine gute Gruppengröße haben sich 7 Teilnehmer bewährt. Die Präsentation oder auch einen Teil der Präsentation kann man zum Beispiel gut auf die Zeit nach dem Abendessen verlegen. Der Trainer sollte unbedingt darauf achten, dass für diese Gruppenarbeiten getrennte Gruppenräume vorhanden sind!

Die Anmoderation/Instruktion im Detail

Es hat sich bewährt, die oben als Ausgangssituation dargestellten Inhalte in einer ausführlichen Anmoderation darzustellen (gerne auch im Handout).

Anmoderation der Schritte 1.a) und 1.b):

Nach der generellen Anmoderation bittet der Trainer/Moderator seine Teilnehmer als Warm-up, erst einmal niederzuschreiben, was ihnen spontan zur Frage 1.a) einfällt. Es ergibt Sinn, die Instruktion langsam laut vorzulesen und Zeit für Fragen zu lassen. Wenn man möchte, kann man die Instruktion zu Schritt 1.b) über die Methode „Zeitreise" unterstützen. Wörtlich könnte sich das in etwa so anhören:

„Für den nächsten Teil der Ausarbeitungen lade ich Sie jetzt zu einem kleinen Experiment ein. Bei diesem Experiment werde ich Ihnen einen Text vorlesen und Fragen stellen: Bitte schreiben Sie Ihre ganz persönlichen Antworten sofort mit. Das kann gerne in Stichworten sein …

Bitte stellen Sie sich vor, wir durchlaufen jetzt eine Art Zeitreise. Eine Zeitreise über eine Zeitmaschine. Die Blätter unseres Kalenders fliegen in rasender Weise nach vorne, plus sechs Monate und weitere sechs Monate ... wir sind im Jahr 20xx (Monat und Jahr benennen), *plus zwölf Monate* (Monat und Jahr benennen) *und plus zwei Jahre* (oder was auch immer – drei bis fünf Jahre Vorausschau funktioniert auf jeden Fall, Monat und Jahr benennen) *und wir sind über die Monate ... im Jahr 20xx. Es ist das Jahr 20xx und der gleiche Monat wie heute: xx.xx.20xx. Und wir, das Unternehmen ‚xxx' haben Themen noch weiter verbessert und vorangetrieben ...* (Pause, ab jetzt sehr langsam lesen, viele Pausen machen, damit die Teilnehmer mitschreiben können). *Woran würden wir das als Erstes erkennen, wenn wir durch unser Unternehmen gehen ...? Und woran noch? Wenn Sie sich vorstellen, Sie kommen morgens in die Firma, am xx.xx.20xx, woran würden Sie das vor allem erkennen? Was könnten Sie sehen bei den Kollegen ..., bei Vorgesetzten ..., bei Kunden ..., Dienstleistern ..., unseren Dokumenten ..., Vorgehensweisen ... Was würden die (sich) über uns erzählen ...? Wer würde was sagen? Wenn Sie sich in Ihrem Büro ..., bei Besprechungen ...* (Szenarien durch den Tag ausführen, ausschmücken und immer wieder fragen ...). *Und wenn Sie sich vorstellen, wie es uns geht? Was würden Sie empfinden bei dieser Vorstellung?*

Was würden Mitarbeiter, Führungskräfte, Kunden, Lieferanten empfinden in der Arbeit miteinander ...? Und wenn Sie sich vorstellen ... während Sie noch am Schreiben sind, wie würde diese wunderbare Zukunft riechen? Nach was würde sie für Sie schmecken ...? Was würden Mitarbeiter, Führungskräfte, Kunden, Lieferanten hier schnuppern? Waldluft, Duft nach einem warmen Regen? Würden sie süße Früchte genießen und welche?

Bitte lassen Sie sich noch Zeit und schreiben Sie alles auf ... Dann blicken wir gemeinsam wieder auf unsere Kalenderblätter und diesmal geht die Reise umgekehrt. Die Blätter sausen wieder zurück – bis zum heutigen Tag (die Jahre, Monate von vorher nun rückwärtsgehen), *bis zum xx.xx.20xx um xx.xx Uhr ..."*

Danach muss der Trainer den Teilnehmern Zeit lassen, ihre Mitschriften zu Ende zu bringen.

Anmoderation/Instruktion zu den Schritten 2 und 3:

Zuerst sollte der Trainer die Gruppeneinteilungen bekannt geben und deutlich machen, dass die Gruppen nunmehr für die Schritte 2 bis 4 zusammenbleiben. Bei größeren Gruppen hat sich die „Schokoriegel-Gruppierung" bewährt. Das heißt, man legt auf den Stühlen verschiedene Schokoriegel aus und der Sitzplatzinhaber erhält so seine Gruppenzuordnung. Entsprechend formiert sich eine Twix-Gruppe, Mars-Gruppe, Bounty-Gruppe usw. Wenn man auch die Arbeitsräume so benennt, ist die Orientierung gesichert.

Anmoderation zu den Schritten 2 und 3 im Detail:

Der Trainer bittet die Gruppenmitglieder, sich gegenseitig die notierten „Stolz-auf-Gegebenheiten" und die Wunschvorstellung zu erzählen und die gemeinsam getragenen Punkte mitzuvisualisieren. Die Gruppe sollte sich dafür etwa 30 Minuten Zeit nehmen. Es hat sich aber bewährt, den Gruppen ein Gesamtzeitbudget zu geben und auch die Pauseneinteilung selbst vornehmen zu lassen. Für die kreative, spielerische Inszenierung der „Stolz-auf-Gegebenheiten" und Wunschvorstellung brauchen die Gruppen wenigstens 120 Minuten.

Der Trainer/Moderator macht deutlich, dass es ganz bei der Gruppe liegt, welche kreative Inszenierung der „Stolz-auf-Gegebenheiten" und Wunschvorstellung sie wählt. Dass es nur kreativ und emotional sein soll, damit die Inszenierung und Bilder in Erinnerung bleiben und als Grundlage für eine Vision wirken und dienen können.

Er ermutigt die Gruppe, sich einfach aus dem Erzählen heraus inspirieren zu lassen:

„... dann kommen die Ideen von ganz alleine. Schön locker bleiben, Spaß haben und ausprobieren. Alles ist erlaubt. Jede spielerische Inszenierung dessen, was Sie sich vorher ausgemalt haben. Diese kann in jeder beliebigen Gestaltungsform ausgearbeitet werden. Als Theatersketch, Pressekonferenz, Interview, Zeitungsartikel, Bild, Collage, Märchen, Western, Skulptur, Talkshow ... – was immer Ihnen einfällt. Sie dürfen an Materialien einsetzen, was immer Sie möchten und hier finden. Als Präsentations- oder Aufführungszeit haben Sie pro Gruppe dann 10 Minuten zur Verfügung."

Der Trainer sollte hier viel Vertrauen in die Gruppen haben: Die kriegen das hin! Alle auf diese Weise bisher moderierten Gruppenarbeiten hatten Hand und Fuß, waren zum Teil hoch kreativ und sehr humorvoll.

Anmoderation „Präsentation der Inszenierungen", Schritt 4 im Detail:

In den Pausen kann man absprechen, welche der Gruppen mit den Präsentationen beginnen möchte. Es ist angenehm, wenn sich bei den Präsentationen verschiedene Formate abwechseln, also wenn eine Collage nach einem Sketch kommt und danach zum Beispiel wieder ein Sketch. Der Trainer sollte vorab erforschen, wer was macht, und hier ein wenig steuern. Er sollte die Reihenfolge, warum wer wann präsentiert, transparent machen.

Es hat sich als sehr nützlich und motivierend erwiesen, wenn die Inszenierungen gefilmt werden. Diese Aufzeichnungen können als Erinnerung für die Teilnehmer dienen, um emotionale Begeisterung wieder aufzuladen, sie können auf weiteren Workshops zur Einstimmung genutzt oder auch ins Intranet gestellt werden, als Dokumentation und um die Kollegen für die Themen zu gewinnen.

Vorbereitung:

- Bühne mindestens optisch markieren (Boden abkleben ...)
- Einen guten Kameraplatz sichern (vorne, dicht an der Bühne, aber so, dass die Teilnehmer trotzdem etwas sehen können)
- Stühle fürs Publikum aufstellen
- Ggf. Musik vorbereiten: Schön ist, wenn es einen bestimmten wiederkehrenden Jingle oder Change Song gibt, der vor jeder Inszenierung eingespielt wird.
- Kärtchen, Stifte und Kugelschreiber auslegen, damit sich die Teilnehmer Notizen machen können
- Instruktion „Präsentieren der Inszenierungen" auf Flipchart schreiben

Anmoderation:

„Nun lassen Sie uns das Eintauchen in die Zukunft genießen. Lassen Sie uns sehen, hören und fühlen, wie sich die Zukunft darstellt ... Bitte halten Sie während der Aufführungen oder kurz danach in Stichworten fest, welches die für Sie wichtigen Themen und Aussagen in den jeweiligen Inszenierungen waren. Diese Themen werden wir anschließend verdichten und in Visions-Texte gießen ... Also jetzt ... Bühne frei für die erste Inszenierung. Es eröffnet die Gruppe „xy" (Twix, was auch immer) mit den Teilnehmern ..., weil diese Gruppe sich das sehr gewünscht hat, zu starten. Wir bitten um Ihren Eröffnungsapplaus ..."

Zwischen den Aufführungen sollte der Trainer immer noch mal an die Stichworte zu den Themenschwerpunkten erinnern.

Anmoderation „Die wahrgenommenen Gemeinsamkeiten visualisieren", Schritt 5 im Detail (das dauert ca. 20 Minuten):

Zum Abschluss werden nochmals alle Präsentationen gewürdigt, dann steigt der Trainer in die Moderation ein und visualisiert die Gemeinsamkeiten. Entsprechend stellt der Trainer eine Pinnwand bereit und verteilt unter den Teilnehmern Kärtchen und Moderationsstifte.

„Nun bitte ich Sie, auf Ihre Mitschriften zu schauen und in einem ersten Schritt zu markieren, was für Sie die drei bis fünf wichtigsten Themen waren, die in den Inszenierungen vorkamen ... Dann bitte ich Sie, sich zu melden und diese Punkte vorzustellen. Wir können diese für Sie mitschreiben oder aber Sie haben die Kärtchen schon parat ... Bitte formulieren Sie möglichst handlungs- und zukunftsorientierte Aussagen. Wenn Sie Ihre Moderationskarten an uns weiterreichen, werden wir diese dann an der Pinnwand sichtbar aufhängen. Und los geht es ..."

Wenn ca. 30 unterschiedliche Kärtchen-Aussagen oder auch mehr vorhanden sind, bedankt sich der Trainer und empfiehlt erst mal eine Pause. In dieser Pause clustert er die Kärtchen und verschafft sich eine Übersicht. Ziel ist es, ca. 15-20 zentrale Aussagen zu haben, sodass anschließend jeweils etwa drei Aussagen an eine Gruppe zum „Feinschliff" gegeben werden. Die Teilnehmer werden vor der Pause noch mal darüber informiert, wie es nach der Pause weitergeht und was der Trainer in der Pause tut.

Falls aus den verschiedenen Inszenierungen noch Metaphern, Bilder, Grafiken oder Symbole präsent sind, werden diese ebenfalls auf ein Kärtchen notiert bzw. gezeichnet. Diese kann die Gruppe später an entsprechende Profis weiterreichen, um Logos, Key Visuals oder Ähnliches für ihre Vision daraus zu entwickeln.

Anmoderation „Formulieren von Visionstexten", Schritt 6 im Detail (30 Minuten Arbeitszeit):

Vorbereitung:

- Gruppenräume analog Gruppenzahl finden (die Gruppen finden sich freiwillig und spontan, nur die Teilnehmerzahl wird begrenzt. Jedem werden jeweils 3 Kärtchen in die Hand gedrückt)
- Pinnwände, Kärtchen, Stifte
- Flipchart „Regeln, um Texte zu erstellen"

Regeln zur Erstellung von klaren, attraktiven und motivierenden Texten

- Bauen Sie kurze Sätze (max. zwölf Wörter)
- Verwenden Sie Adjektive so sparsam wie möglich, sie machen Texte langweilig, nicht farbig
- Verwenden Sie so viele Verben, wie möglich: wenn es geht, aktive und kraftvolle Verben
- Stellen Sie Subjekt und Prädikat nebeneinander
- Verben statt Substantive! Endungen auf „ung“ wirken steif und bürokratisch

Der Trainer stellt zuerst die Regeln zum Texten vor. Dann bittet er die Teilnehmer, sich zu Gruppen von 7 (oder weniger) Teilnehmern zusammenzufinden und sich jeweils 3 Kärtchen-Aussagen vom Moderator abzuholen. Diese Aussagen sollen dann in schön formulierten Sätzen analog der Regeln zum Texten „übersetzt“ werden.

Vorschlag zur Formulierung der Anmoderation

„Nun geht es also an das Formulieren von Visionstext-Entwürfen. Ziel für unsere Profitexter, an die wir unsere Arbeit weiterreichen, ist es, Grundlagen zu schaffen, die inspirieren. Bitte denken Sie nicht, dass Sie jetzt schon eine druckreife Vorlage schaffen müssen. Auch Profis reformulieren ihre Texte wieder und wieder. Das heute ist eine erste Skulptur: Die kann schon sehr aussagestark sein, sie muss aber nicht. Und je mehr Sie mit den Texten, Wörtern und Themenschwerpunkten spielen, umso besser. Das ist die beste Ausgangslage.

Bitte nutzen Sie die definierten Themenschwerpunkte und packen Sie diese in Aussagen. Zum Texten bitten wir Sie, folgende Regeln im Blick zu haben (nun die Regeln vorstellen)*:*

Zu Punkt 1: Kurze Sätze bauen! Bitte nutzen Sie für Ihre Sätze maximal zwölf Wörter. Leserbeobachtungen zeigen, dass ab 14 Wörtern die Leser dazu neigen, zum nächsten Satz zu springen.
Zu Punkt 2: Bitte Adjektive so sparsam wie möglich verwenden. Adjektive machen Texte langweilig, sie lassen sie häufig werblich und unglaubhaft klingen.
Zu Punkt 3: Verwenden Sie bitte stattdessen so viele Verben wie möglich. Aktive Verben wie ‚entwickeln‘ oder ‚ausbauen‘ wirken dynamischer als passive wie ‚sein‘ oder ‚haben‘.

Der vierte Punkt lautet: Stellen Sie Subjekt und Prädikat nebeneinander. Komplizierte, geschachtelte Sätze lehnt man innerlich ab. Halten Sie sich an die KISS-Formel: Keep it small and simple!
Die fünfte Regel: Verben statt Substantive nutzen! Substantivierte Sätze mit Endungen auf ‚ung' wirken steif und bürokratisch. Ein Beispiel: Statt ‚Die Beendigung der Besprechung ist für 16.00 Uhr angesetzt' lieber sagen ‚Wir werden die Besprechung um 16.00 Uhr beenden'.

Bitte halten Sie Ihre Entwürfe auf einer Pinnwand fest. Nun bin ich gespannt und freue mich auf Ihre Ergebnisse ... Als Arbeitszeit stehen Ihnen 30 Minuten zur Verfügung. Präsentationszeit ist anschließend 3 Minuten pro Gruppe. Bitte schließen Sie sich jetzt spontan zu Gruppen von X Personen zusammen und holen Sie sich Ihre Aussagen-Kärtchen, die Sie entsprechend zu Visionsbausteinen umarbeiten werden, beim mir hier ab."

Anmoderation „Vorlesen der Visionstext-Entwürfe", Schritt 7 im Detail (30 Minuten Präsentationszeit):

Zum Abschluss des Moduls werden die entworfenen Texte vorgelesen und angemessen gewürdigt! Der Trainer weist abschließend darauf hin, dass diese wunderbaren Grundlagen jetzt von Profis zu einem Text zusammengeführt und den Teilnehmern dann nochmals zum Abrunden vorgelegt werden.

Quellen/Literaturempfehlungen

- Smith, B. (1994): Der Aufbau einer gemeinsamen Vision: Wie man anfängt, in: Senge, P. M., Kleiner, A., Smith, B., Roberts, C. & Ross, R. (1997). Das Fieldbook zur Fünften Disziplin. (2. Aufl.). Stuttgart: Klett-Cotta.
- Senge, P. M., Kleiner, A., Smith, B., Roberts, C. & Ross, R. (1997): Das Fieldbook zur Fünften Disziplin. (2. Aufl.). Stuttgart: Klett-Cotta.
- zur Bonsen, M. (1987): Erfolgsfaktor Vision. Marketing Journal 6/1987, S. 570-576.
- Schmidt, G., Dollinger, A. & Müller-Kalthoff, B. (2010): Gut beraten in der Krise. Konzepte und Werkzeuge für ganz alltägliche Ausnahmesituationen. Bonn: managerSeminare.
- Luther King, M. (1963): I have a dream. Rede anlässlich des Marsches auf Washington für Arbeit und Freiheit, in Washington, D.C. vor dem Lincoln Memorial.

Puls-Check

Orientierung

Ziele:

- Eine schnelle Rückmeldung von vielen Mitarbeitern/Betroffenen zu einer bestimmten Fragestellung (oder sehr wenigen Fragen) bekommen (Kurzbefragung!)
- Zeigen, dass dem Unternehmen/Bereich die Meinung der Mitarbeiter bzw. Betroffenen wichtig ist
- Grundlage für ein bestimmtes Vorgehen oder eine bestimmte Entscheidung gewinnen
- Anzahl der Teilnehmer: 20 + x (liegt die Anzahl der Teilnehmer darunter, kann man besser persönlich befragen)

Zeit:

- Zum Erstellen des Puls-Checks: 2 bis 3 Stunden
- Zum Beantworten der Fragen: max. 5 Minuten
- Zum Auswerten: Je nach vorhandenem System
- Zum Aufarbeiten und Umsetzen der Ergebnisse: 2 bis 3 Tage
- Um eine Ergebnis-Mail zu erstellen: 2 bis 3 Stunden

Material:

- Fragebogen
- Auswertungsschema (siehe Download-Link)

Überblick/Hinweise:

Die Teilnehmer beantworten maximal 5 Fragen zu einem bestimmten Thema. Die Antworten geben Auskunft über das Meinungs-/Stimmungsbild der vom Veränderungsprozess Betroffenen.

Erläuterungen

Der Puls-Check ist ein Instrument, um von möglichst vielen/allen von einer Veränderung Betroffenen ein Meinungs- bzw. Stimmungsbild zu erhalten. Es ist eine Kurzbefragung, die den Befragten wenig Zeit kostet. Die Befragung zeigt, dass dem Unternehmen oder Bereich, in dem die Veränderung durchgeführt wird, die Sichtweisen der Betroffenen wichtig sind. Der Puls-Check drückt Wertschätzung aus!

Ein solcher Puls-Check kann durchaus mehrmals während eines Veränderungsprozesses durchgeführt werden. Nach dem Abschluss des Change-Projekts ist sein Einsatz nicht mehr sinnvoll, weil dann ja nicht mehr auf die Aussagen und Antworten eingegangen oder reagiert werden kann. Wichtig ist zu bedenken, dass jede Befragung eine Intervention ist, die die Aufmerksamkeit der Befragten auf ein bestimmtes Thema hin verstärkt und schärft. Je häufiger also zu einem bestimmten Thema gefragt wird, umso genauer schauen die Beteiligten auf dieses Thema! Deswegen ist es wichtig nicht nur zu fragen, sondern auch Antworten zurückzuspielen und aufzuzeigen, wo entsprechend der Aussagen der Teilnehmer was wie entschieden oder gehandhabt wurde.

Vorgehen

Erster Schritt: Die Situation auswählen und die Zielstellung klären

Das Change-Team überlegt sich:

- zu welcher Situation/welchen Situationen es einen Puls-Check durchführen möchte,
- was konkret das angestrebte Ziel ist, das mit der Befragung erreicht werden soll (Hier kann es sehr hilfreich sein, die progressive Abstraktion zu nutzen und immer, wenn man ein Ziel benannt hat, weiter zu fragen „Und was ist das Ziel darüber? Worum geht es uns eigentlich?“ – so lange, bis man hier kein „darüber liegendes Ziel“ mehr entdeckt. Dann hat man die Zielstellung erfahrungsgemäß umfassend durchdacht.)

Zweiter Schritt: Die Fragen auswählen und einen Fragebogen erstellen

Wenn man offene Fragen stellt, sollte man sich im Klaren sein, dass man diese auswerten, also in eine Handlung überführen und auch darstellen bzw. zurückspiegeln muss. Entsprechend sollte man mit offenen Fragen sehr sparsam umgehen (eine im Puls-Check ist genug).

- Im Weiteren geschlossene Fragen zum relevanten Themenbereich formulieren.
- Die Fragen sollen auf einer Skala von 0 oder 0% = trifft überhaupt nicht zu bis 10 oder 100% = trifft voll zu (alternativ: stimme voll zu/stimme ganz und gar nicht zu) beantwortet werden können.
- Bitte achten Sie darauf, dass alle Fragen in eine Richtung gepolt sind; zum Beispiel so, dass der höhere Skalenwert immer auch der „Stimme Zu-Wert“ ist.

Das Ganze sollte in einen wertschätzenden Gesamttext eingeflochten sein, der ein „Danke schön für Ihre Zeit und Ihre Antworten", ein „Ihre Meinung ist uns wichtig" und ein „Was mit Ihren Antworten geschieht und bis wann Sie eine Rückmeldung bzgl. der Antworten bekommen" enthält.

Dritter Schritt: Die Befragung durchführen

Auswertungsschema als Download-Link in der Buchklappe

Vierter Schritt: Die Befragung auswerten und entsprechende Maßnahmen einleiten

Fünfter Schritt: Die Befragungsergebnisse und die eingeleiteten Maßnahmen an die Befragten zurückspielen

- Das Change-Team sollte sich nochmals für die die Zeit und die Antworten bedanken.
- Es sollte aufzeigen, wo und wie die Antworten in Maßnahmen eingeflossen sind.
- Die implizit bei den Teilnehmern der Befragung immer vorhandene Frage „Warum genau diese Maßnahmen und keine anderen?" sollte das Team mit viel Sinnstiftung hinterlegen.

III. Business Cases

Schnellfinder

III. Business Cases

Business Case: IT-Solutions

Orientierung

Ziele:

- Sich mit einer Veränderungsarchitektur kritisch auseinandersetzen
- Erkennen, wie eine Veränderungsarchitektur aufgebaut werden kann
- Impulse für den Entwurf einer eigenen Veränderungsarchitektur gewinnen

Zeit:

(für 8-14 Teilnehmer)

- Einführungsrede: 15 Minuten
- Kommunikationsübersicht durchsprechen: 15 Minuten
- Kommunikationsübersicht im Plenum erstellen: 30 Minuten
- Gruppenarbeit „Kritische Diskussion einer Veränderungsarchitektur": 60 Minuten
- Präsentation der Diskussionsergebnisse und vergleichendes Fazit: 30 Minuten

Material:

- Unterlagen Business Case „IT-Solutions"
- Pinnwand vorskizziert „Übersicht verschiedenster Kommunikationsmedien"
- Flipchart „Leitfragen für das Feedback zum Entwurf der Change-Architektur"
- Flipchart „Vergleichendes Fazit: Kritische Diskussion einer Change-Architektur"

Überblick/Hinweise:

Die Teilnehmer diskutieren anhand eines Business Case eine Veränderungsarchitektur. Der Business Case spielt im IT-Umfeld und ist nicht hochkomplex. Erfahrungsgemäß können verschiedenste Teilnehmergruppen die Situation gut nachvollziehen und haben auch Spaß daran, die Architektur kritisch zu hinterfragen.

Erläuterungen

Eine „Königskompetenz" im Change-Management dreht sich um das Thema „Veränderungsarchitekturen entwerfen". Es geht um die planvolle Gestaltung der Entwicklung und/oder Implementierung „des Neuen" – und zwar so, dass diese Prozesse zu tragfähigen, nachhaltigen und gleichzeitig ausbaubaren Ergebnissen im Sinne einer Strategie führen. Der Prozess sollte so aufgebaut sein, dass die Betroffenen das Neue sinnvoll finden, es leben und aktiv weiterentwickeln. Wo die Veränderungsarchitektur beginnt, bereits bei der (Weiter-)Entwicklung der Strategie oder beim Strategieausbau, liegt in der Sichtweise und Hand der Gestalter. Alle diagnostischen und analytischen Verfahren wie etwa die „Analyse der Unternehmenshistorie" und „Hypothesenbildung" (vgl. Seite 197 ff.) können bereits als Teil einer Veränderungsarchitektur betrachtet werden. Aufgabe der Gestalter ist es, geeignete Elemente eines Gesamtkonzepts beziehungsweise Vorgehens zu definieren, die der Erreichung der definierten Ziele dienen. Letztlich bleibt diese zu einem bestimmten Zeitpunkt definierte Veränderungsarchitektur immer ein „Work in Progress"-Konzept, dessen Wirksamkeit fortlaufend evaluiert sowie dessen Elemente kontinuierlich angepasst und gegebenenfalls ergänzt werden müssen (vgl. R. Königswieser, 2008).

Eine Veränderungsarchitektur entwerfen, die einen Unterschied macht

Wieso sprechen wir von der „Architektur" von Veränderungsprozessen? So, wie Architekten Räume planen, in denen sich Unterschiedlichstes ereignen kann, entwerfen wir als Veränderungsmanager eine Struktur, in die soziale, zeitliche, räumliche sowie inhaltliche Gestaltungselemente diese Prozesse vorstrukturieren (vgl. R. Königswieser & A. Exner, 2008), sodass sich Erwünschtes entwickeln kann. Diese Struktur beinhaltet auch Elemente des Projektmanagements sowie des Workshop-Designs. Das Workshop-Design zu entwickeln könnte man, um bei der Architektur-Metapher zu bleiben, entsprechend mit der Arbeit eines Innenarchitekten vergleichen.

Alle diese Gestaltungselemente sind Interventionen in komplexen Systemen. Es kann also nicht vorhergesagt werden, was diese Interventionen bewirken. Wir können nur Annahmen anhand von Hypothesen treffen und überprüfen, wieweit die auf Basis dieser Hypothesen definierten Maßnahmen (Workshops, Befragungen, Trainings, Coachings, kommunikative Maßnahmen ...) die gesetzten Ziele erreicht haben. Das bedeutet, dass wir unsere Hypothesen fortlaufend im Beratungssystem (also mit den Klienten gemeinsam) transparent machen, gegebenenfalls gemeinsam modifizieren und hinsichtlich der erwarteten Ergebnisse überprüfen. Das bedeutet zudem, dass es sehr wahrscheinlich ist, dass im Laufe der Umsetzung des Veränderungsprozesses die Veränderungsarchitektur entsprechend der erreichten Zwischenergebnisse modifiziert wird.

Die Veränderungsarchitektur beschreibt also anhand von verschiedensten Methoden, Verfahren, Vorgehensweisen, dass etwas stattfindet und was stattfinden soll (vgl. R. Königswieser & A. Exner, 2008), nach dem Motto: „Wann interagiert wer mit wem zu welchem Zweck bzw. mit welchen Ergebnissen?" Gute Architekturen ermöglichen den Betroffenen, sich in vielfältiger Weise einzubringen, eröffnen zahlreiche Perspektiven und führen Veränderungen ein, die einen Unterschied machen (vgl. G. Schmidt, 2010)! Sie schaffen Brücken und Sprungbretter, die Musterunterbrechungen erleichtern, die ermutigen und den Zugang zu eigenen Ressourcen fördern. Hierbei genügen die klassischen Kommunikations- und Interaktionsformen zur Erreichung der gewünschten Ziele oft nicht. Symbolisch-analytische und metaphorische Formen des Austauschs sollten unbedingt auch genutzt werden (siehe die Ausführungen zu Arbeit mit Metaphern, ab Seite 169), weil sie andere, nachhaltig wirksamere Ebenen unseres Verstehens und Erlebens ansprechen. Die Wahl der einzelnen Stilelemente der Veränderungsarchitektur erfolgt passend zum Unternehmensklima, Produktcharakter und zu den kollektiven Werten beziehungsweise Bedürfnissen einflussstarker Interessengruppen im Unternehmen. So entstehen verschiedene Baustile je nach Unternehmenstyp, Entwicklungsphase und Marktumfeld, in dem das Unternehmen agiert. Man kann in bestimmten Branchen und Zeiten eine Art der „Vorliebe" für bestimmte Architekturelemente erkennen. Beispielsweise finden in global agierenden, multikulturell geprägten Unternehmen Großgruppenveranstaltungen mit digital geprägten Informationsforen größere Akzeptanz als in einem traditionell geführten Familienunternehmen. In einem hart umkämpften Marktsegment kann man leichter provokative Interventionen platzieren als in einem monopolgeprägten Umfeld.

Wann dürfen wir von einer Veränderungsarchitektur sprechen? Reicht es, wenn eine Reihe von Strategieklausuren mit dem Vorstand, mit einer Mitarbeiterbefragung und einigen Workshops sowie einer Start-Veranstaltung „Open-Space" kombiniert wird? Einen wegweisenden Vergleich finden wir vielleicht bei Nikolaus Pevsner (1957), einem Architekturhistoriker, der sagte: „Ein Fahrradschuppen ist ein Gebäude; die Lincoln Kathedrale ist Architektur." Für eine Veränderungsarchitektur reicht es nicht aus, einfach mehrere Interventionen aneinanderzureihen. Eine Veränderungsarchitektur verlangt nach Sinn und Bedeutungsgebung, die nachvollziehbar auf einer Hypothesenbildung sowie auf den Zielsetzungen der jeweiligen Organisation basiert. Dabei ist es eben nicht erfolgsdienlich, wenn es eine Stelle im Unternehmen gibt, die wie ein Bauherr entscheidet, was wie umgesetzt wird. Denn im Fall von Veränderungsprozessen werden im Unternehmen über Monate viele „(Hand-)Werker" mitgestalten, für deren Metrik es keine eindeutigen Messkriterien gibt.

Gleichwohl lässt sich nicht von „der falschen" oder „der richtigen" Veränderungsarchitektur sprechen. Pro Business Case gibt es denkbar viele verschiedene Architekturen, die, wenn sie fortlaufend weiterentwickelt und evaluiert werden, zweifellos in Richtung der gewünschten Ergebnisse tragen können. Sie werden sich unter anderem stets in einem Spannungsfeld von „Komplexität eröffnen" und „Komplexität reduzieren", Einbindung möglichst aller Betroffenen beziehungsweise Verankerung und machtvolle Promotion durch das Topmanagement bewegen. Die Regel „Keine Maßnahme ohne Nebenwirkungen" gilt auch hier! Welche Nebenwirkungen es geben mag, welche man bereit ist zu akzeptieren – solche Überlegungen sind im Rahmen der Hypothesenbildung zu verorten.

Vorgehen

Teil 1
Plenumsarbeit „Übersicht mögliche Bausteine einer Veränderungsarchitektur"

Die dargestellten Erläuterungen können als Hinführung zum Thema „Eine Veränderungsarchitektur entwerfen" genutzt werden. Anschließend wird im Plenum gemeinsam das Chart „Übersicht: mögliche Bausteine einer Veränderungsarchitektur" (siehe Abbildung unten) erarbeitet, mit dem Ziel, den Teilnehmern einen Überblick möglicher Interventionen in Erinnerung zu rufen.

Der Trainer/Moderator erklärt zuerst die Achsen dieses Charts. Beginnend am besten mit der horizontalen Achse: Sie weist darauf hin, dass es Bausteine gibt, die eher auf Information (Einweg-Kommunikation) beruhen und Bausteine, die eher auf den Dialog (Zweiweg-Kommunikation) setzen. Als Kommunikationsbausteine, die Zweiweg-Kommunikation beinhalten, gelten alle jene, bei denen Interaktion stattfindet: Vom Gespräch über den Workshop bis hin zum Seminar. Der Trainer sollte einige Möglichkeiten für Einweg- und Zweiweg-Kommunikation auf Kärtchen parat haben und diese beispielhaft einbringen.

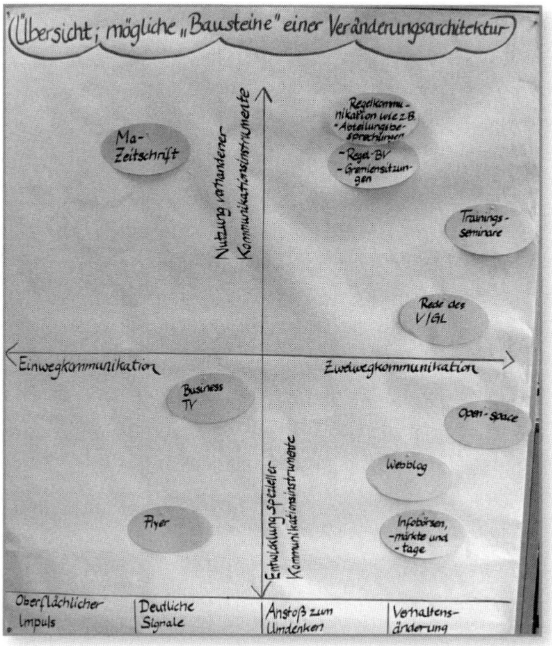

Abb.: Flipchart – Mögliche Bausteine einer Veränderungsarchitektur

Dabei verdeutlicht er (und dies ist auf der zweiten horizontalen Achse unten dargestellt), dass Bausteine aus der Reihe der Einweg-Kommunikation eben nur mehr oder weniger oberflächliche Impulse setzen können, aber kaum Anstöße zur Veränderung einer Einstellung (Veränderung des Mind Sets) leisten. Diese Anstöße bringen eher Gestaltungselemente, die für einen Dialog stehen, wie etwa Workshops, Open-Space-Foren und ähnliche Formate. Dann beginnt er mit den Teilnehmern gemeinsam zu sammeln, welche in ihren jeweiligen Unternehmen bereits vorhandenen etablierten Kommunikationsinstrumente (siehe vertikale Achse) es gibt. Hier werden sowohl Einweg- als auch Zweiweg-Medien gesammelt. Schließlich bittet der Trainer die Teilnehmer noch um die Nennung von Einweg- sowie Zweiweg-Medien, die sie sich als mögliche weitere, speziell für den Veränderungsprozess vorstellbare Bausteine erdenken könnten. (*„Dies dürfen auch solche sein, von denen Sie einfach nur gehört, die Sie noch nicht selbst ausprobiert haben oder auch aktuell selbst erfundene Formate."*)

Der Trainer weist darauf hin, dass diese Sammlung keinen Anspruch auf Vollständigkeit hat. Ziel ist, sie als Inspirationsquelle zu nutzen, wenn man etwa eine Veränderungsarchitektur bewertet oder selbst eine entwirft.

Teil 2
Gruppenarbeit „Kritische Diskussion einer Veränderungsarchitektur"

Der Trainer weist vor dem Start des Business Cases „IT-Solutions" zur kritischen Diskussion der vorgelegten Veränderungsarchitektur darauf hin, dass es sicherlich nützlich sein könnte, noch mehr Informationen über die Situation des Unternehmens bzw. des Bereichs IT zu haben, dass diese Komplexität aber zugleich den zeitlichen Rahmen für die Arbeit am Business Case sprengen würde. Die Teilnehmer möchten daher bezüglich unklarer, aber aus ihrer Sicht wichtiger Gegebenheiten einfach Annahmen treffen und diese entsprechend darstellen.

Die Teilnehmer werden gebeten, die kritische Diskussion der Veränderungsarchitektur in zwei Gruppen durchzuführen. Dies wirkt anspornend und zeigt zudem auf, dass es durchaus höchst unterschiedliche Sichtweisen auf die Architekturen geben kann, die alle ihre Berechtigung haben. Dass es eben „die falsche" oder „die richtige" Veränderungsarchitektur nicht gibt, aber immer „Risiken und Nebenwirkungen" oder vielleicht auch „keine Wirkung": Was schnellstens zu einer Veränderung von Hypothesen und einer Überarbeitung der Maßnahmen/Bausteine der Architektur führen müsste.

Arbeitsunterlagen zum Business Case IT-Solutions

Der Auftraggeber für diese Veränderungsarchitektur war der Vorstand eines Industrie-Unternehmens. Ziel war es, eine konkrete Veränderung in den Einstellungen insbesondere der Führungskräfte des IT-Bereichs zu erreichen. Der IT-Bereich zählt etwa 4.000 Mitarbeiter weltweit.

Folgende Zielsetzungen waren für den Veränderungsprozess formuliert:

- Die Zufriedenheit der internen Kunden mit den Leistungen der internen IT muss deutlich gesteigert werden (konkrete Kennzahlen und Zeitachse wurden definiert).
- Die Zufriedenheit der Mitarbeiter, insbesondere auch in Bezug auf die Führungsarbeit muss deutlich gesteigert werden (konkrete Kennzahlen und Zeitachse wurden definiert).
- Der IT-Bereich muss aktiver Trendsetter sein und mehr aktive Impulse ins Unternehmen bringen: Die sich in der IT-Techno-

logie anbietenden Neuerungen müssen frühzeitig aufgegriffen werden; die Nutzungs- und Umsetzungsmöglichkeiten müssen frühzeitigst überprüft und entschieden werden. Hierbei soll stark auf das Empowerment der Mitarbeiter gesetzt werden.
- Die internationale Zusammenarbeit im Bereich IT muss deutlich verbessert werden: Es muss ein wesentlich verbesserter Austausch hinsichtlich Wissen und Erfahrungen sowohl zwischen den Mitarbeitern als auch den Führungskräften stattfinden.

Auftragsklärung und Hypothesenbildung

Zur Auftragsklärung wurden verschiedene Interviews mit Stakeholdern verschiedenster Hierarchie-Ebenen durchgeführt. Die Auswertung der Interviews führte zu folgenden Hypothesen:

Hypothesen zur aktuellen Situation

- Der Leiter des Bereiches IT sieht nur eine geringe Notwendigkeit, in seinem Bereich etwas zu ändern („es ist normal, dass unsere internen Kunden unzufrieden sind: privat nutzt jeder die neueste Technologie und dann sind die Menschen natürlich unzufrieden, wenn im Unternehmen nicht das Gleiche möglich ist").
- Die Führungsleitlinien des Unternehmens (vor zwei Jahren überarbeitet) beschreiben konkret und klar, was die Erwartungen an die Führungskräfte sind und sie sind in Bezug auf die für den IT-Bereich formulierten Ziele hilfreich (decken sich).
- Die Führungskräfte haben den Eindruck, dass sie viel zu viele Aufgaben haben und zu wenige Ressourcen; dass sie mit „Verwaltungskram" („Unmengen von E-Mails") zugeschüttet werden und keine Zeit für Führung haben („und die Mitarbeiter dürfen ja auch sehr frei und eigenständig arbeiten").
- Die Führungskräfte sind der Meinung, dass sie „führen können" („wir haben viele Führungskräftetrainings besucht"). Spezifische Hypothesen:
  - Führung hat keine Priorität und wird als Aufgabe nicht hochgeschätzt.
  - Der Nutzen von Führungsarbeit wird nicht gesehen.
  - Führung ist lästige „Zusatzaufgabe".
  - Es wird ein „Laisser-faire-Führungsstil" gepflegt.
  - Es gibt keine Feedback-Kultur.

- Die Mitarbeiter bleiben beim Unternehmen, weil es gut bezahlt und sehr viele Vorteile für Mitarbeiter bietet (in den Interviews konkret mehrfach geäußert).
- Junge Mitarbeiter verlassen das Unternehmen, weil es „staubig und altbacken ist", „sehr politisch" und „wenig innovativ"; „Entscheidungen dauern ewig".

Aufgabe:
„Bitte lesen Sie sich nun in die nachfolgend dargestellte Veränderungsarchitektur ein und diskutieren Sie diese kritisch hinsichtlich der zu erreichenden Ziele und der formulierten Hypothesen."

Download-Link in der Buchklappe

Projektskizze

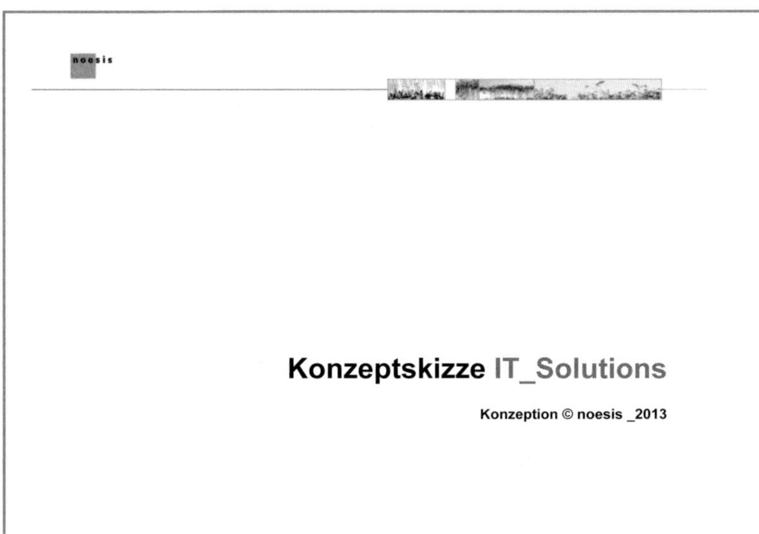

noesis

Inhaltsübersicht

Seite 2

noesis

Übersicht Projektablauf: IT_Solutions

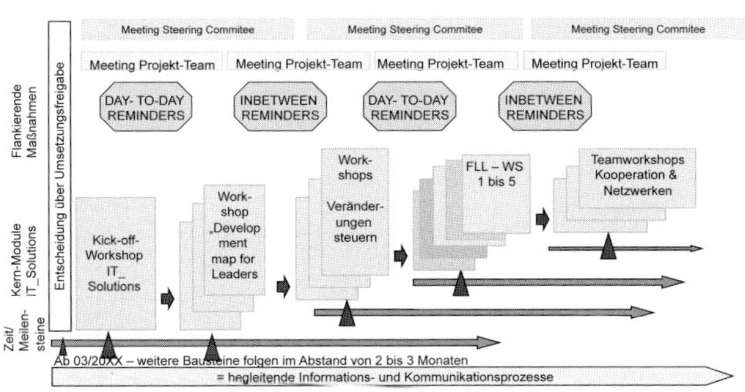

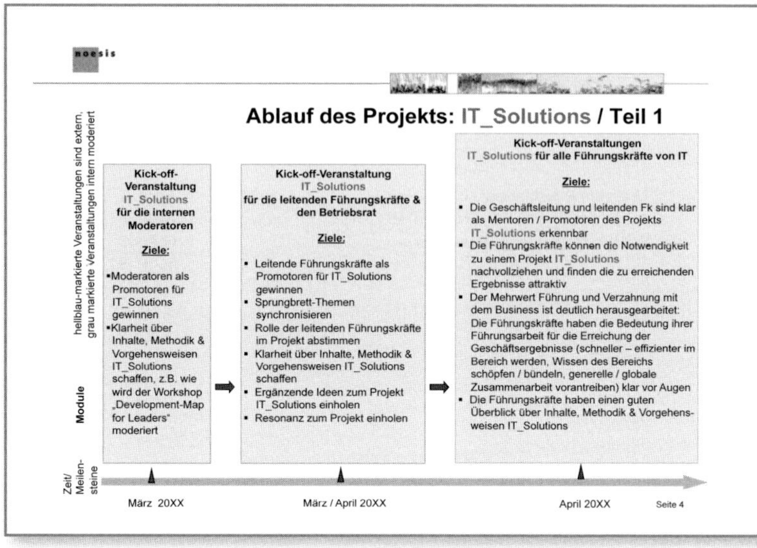
noesis
Ablauf des Projekts: IT_Solutions / Teil 1
hellblau-markierte Veranstaltungen sind extern,
grau markierte Veranstaltungen intern moderiert
Module
Kick-off-Veranstaltung IT_Solutions für die internen Moderatoren
Ziele:
•Moderatoren als Promotoren für IT_Solutions gewinnen
•Klarheit über Inhalte, Methodik & Vorgehensweisen IT_Solutions schaffen, z.B. wie wird der Workshop „Development-Map for Leaders" moderiert
Kick-off-Veranstaltung IT_Solutions für die leitenden Führungskräfte & den Betriebsrat
Ziele:
▪ Leitende Führungskräfte als Promotoren für IT_Solutions gewinnen
▪ Sprungbrett-Themen synchronisieren
▪ Rolle der leitenden Führungskräfte im Projekt abstimmen
▪ Klarheit über Inhalte, Methodik & Vorgehensweisen IT_Solutions schaffen
▪ Ergänzende Ideen zum Projekt IT_Solutions einholen
▪ Resonanz zum Projekt einholen
Kick-off-Veranstaltungen IT_Solutions für alle Führungskräfte von IT
Ziele:
▪ Die Geschäftsleitung und leitenden Fk sind klar als Mentoren / Promotoren des Projekts IT_Solutions erkennbar
▪ Die Führungskräfte können die Notwendigkeit zu einem Projekt IT_Solutions nachvollziehen und finden die zu erreichenden Ergebnisse attraktiv
▪ Der Mehrwert Führung und Verzahnung mit dem Business ist deutlich herausgearbeitet: Die Führungskräfte haben die Bedeutung ihrer Führungsarbeit für die Erreichung der Geschäftsergebnisse (schneller – effizienter im Bereich werden, Wissen des Bereichs schöpfen / bündeln, generelle / globale Zusammenarbeit vorantreiben) klar vor Augen
▪ Die Führungskräfte haben einen guten Überblick über Inhalte, Methodik & Vorgehensweisen IT_Solutions
Zeit/ Meilen-steine
März 20XX
März / April 20XX
April 20XX
Seite 4

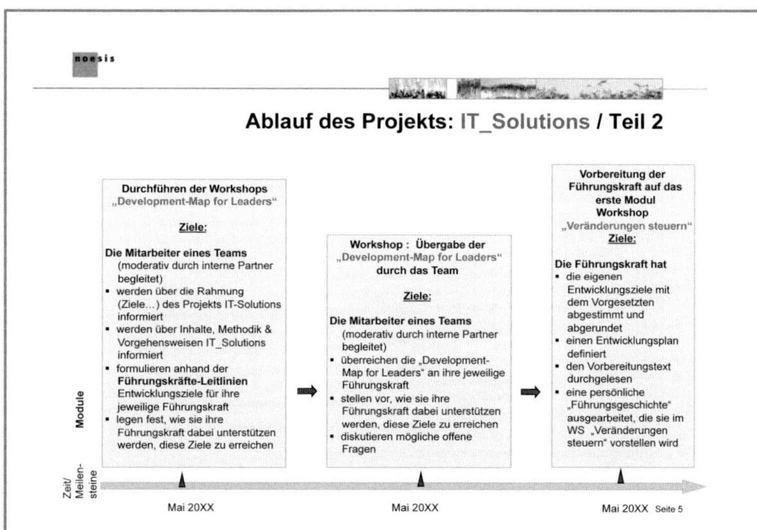
noesis
Ablauf des Projekts: IT_Solutions / Teil 2
Module
Durchführen der Workshops „Development-Map for Leaders"
Ziele:
Die Mitarbeiter eines Teams (moderativ durch interne Partner begleitet)
▪ werden über die Rahmung (Ziele…) des Projekts IT-Solutions informiert
▪ werden über Inhalte, Methodik & Vorgehensweisen IT_Solutions informiert
▪ formulieren anhand der Führungskräfte-Leitlinien Entwicklungsziele für ihre jeweilige Führungskraft
▪ legen fest, wie sie ihre Führungskraft dabei unterstützen werden, diese Ziele zu erreichen
Workshop : Übergabe der „Development-Map for Leaders" durch das Team
Ziele:
Die Mitarbeiter eines Teams (moderativ durch interne Partner begleitet)
▪ überreichen die „Development-Map for Leaders" an ihre jeweilige Führungskraft
▪ stellen vor, wie sie ihre Führungskraft dabei unterstützen werden, diese Ziele zu erreichen
▪ diskutieren mögliche offene Fragen
Vorbereitung der Führungskraft auf das erste Modul Workshop „Veränderungen steuern"
Ziele:
Die Führungskraft hat
▪ die eigenen Entwicklungsziele mit dem Vorgesetzten abgestimmt und abgerundet
▪ einen Entwicklungsplan definiert
▪ den Vorbereitungstext durchgelesen
▪ eine persönliche „Führungsgeschichte" ausgearbeitet, die sie im WS „Veränderungen steuern" vorstellen wird
Zeit/ Meilen-steine
Mai 20XX
Mai 20XX
Mai 20XX
Seite 5

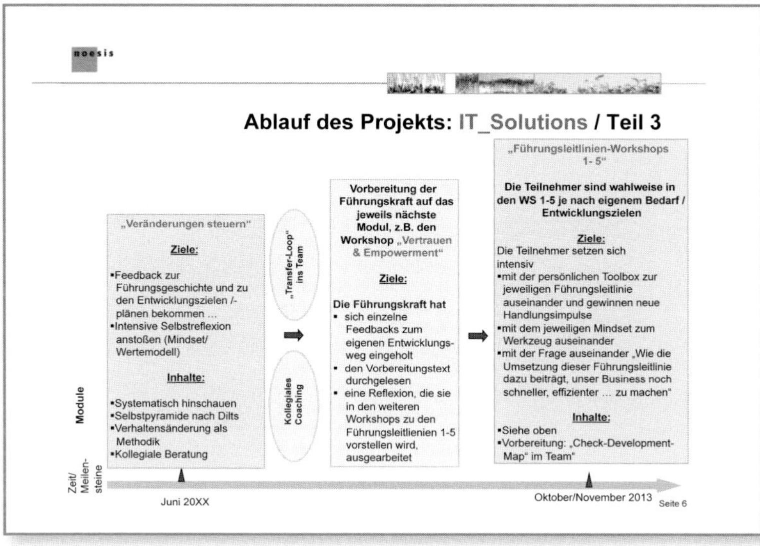
noesis
Ablauf des Projekts: IT_Solutions / Teil 3
„Veränderungen steuern"
Ziele:
•Feedback zur Führungsgeschichte und zu den Entwicklungszielen /-plänen bekommen …
•Intensive Selbstreflexion anstoßen (Mindset/ Wertemodell)
Inhalte:
•Systematisch hinschauen
•Selbstpyramide nach Dilts
•Verhaltensänderung als Methodik
•Kollegiale Beratung
„Transfer-Loop" ins Team
Kollegiales Coaching
Vorbereitung der Führungskraft auf das jeweils nächste Modul, z.B. den Workshop „Vertrauen & Empowerment"
Ziele:
Die Führungskraft hat
▪ sich einzelne Feedbacks zum eigenen Entwicklungsweg eingeholt
▪ den Vorbereitungstext durchgelesen
▪ eine Reflexion, die sie in den weiteren Workshops zu den Führungsleitlienien 1-5 vorstellen wird, ausgearbeitet
„Führungsleitlinien-Workshops 1- 5"
Die Teilnehmer sind wahlweise in den WS 1-5 je nach eigenem Bedarf / Entwicklungszielen
Ziele:
Die Teilnehmer setzen sich intensiv
•mit der persönlichen Toolbox zur jeweiligen Führungsleitlinie auseinander und gewinnen neue Handlungsimpulse
•mit dem jeweiligen Mindset zum Werkzeug auseinander
•mit der Frage auseinander „Wie die Umsetzung dieser Führungsleitlinie dazu beiträgt, unser Business noch schneller, effizienter … zu machen"
Inhalte:
•Siehe oben
•Vorbereitung: „Check-Development-Map" im Team"
Module
Zeit/ Meilen-steine
Juni 20XX
Oktober/November 2013
Seite 6

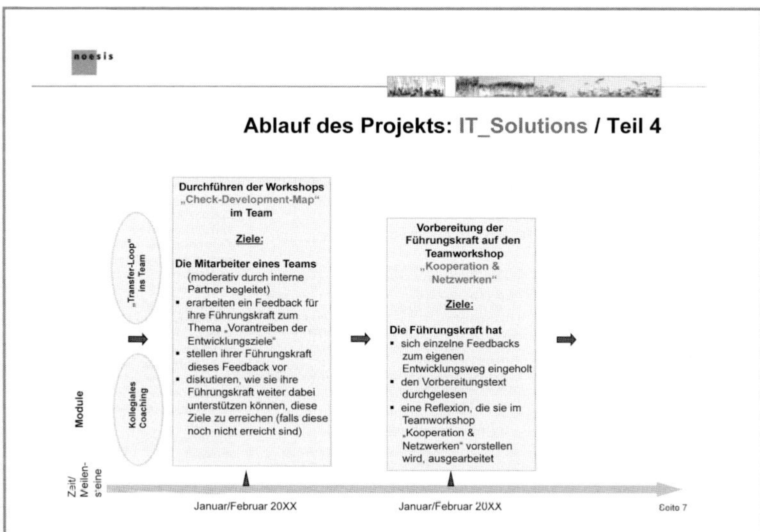
noesis
Ablauf des Projekts: IT_Solutions / Teil 4
„Transfer-Loop" ins Team
Kollegiales Coaching
Durchführen der Workshops „Check-Development-Map" im Team
Ziele:
Die Mitarbeiter eines Teams (moderativ durch interne Partner begleitet)
▪ erarbeiten ein Feedback für ihre Führungskraft zum Thema „Vorantreiben der Entwicklungsziele"
▪ stellen ihrer Führungskraft dieses Feedback vor
▪ diskutieren, wie sie ihre Führungskraft weiter dabei unterstützen können, diese Ziele zu erreichen (falls diese noch nicht erreicht sind)
Vorbereitung der Führungskraft auf den Teamworkshop „Kooperation & Netzwerken"
Ziele:
Die Führungskraft hat
▪ sich einzelne Feedbacks zum eigenen Entwicklungsweg eingeholt
▪ den Vorbereitungstext durchgelesen
▪ eine Reflexion, die sie im Teamworkshop „Kooperation & Netzwerken" vorstellen wird, ausgearbeitet
Module
Zeit/ Meilen-steine
Januar/Februar 20XX
Januar/Februar 20XX
Seite 7

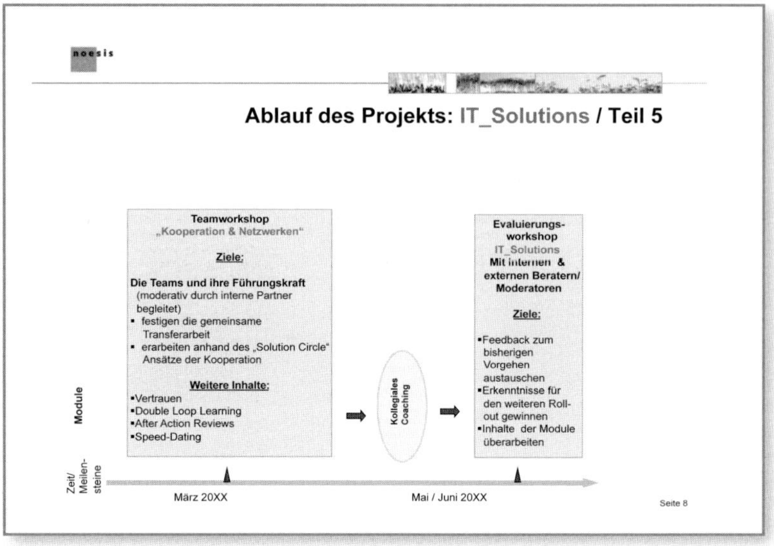

noesis

Weitere Methoden im Detail

Methode	Inhalte	Zielsetzungen
Development-Map Beteiligte: **Machen die jeweiligen Teammitglieder gemeinsam für ihre Führungskraft** Dauer: ca. ½ Tag Häufigkeit: zum Start des Projekts „IT Solutions“	**Die Teammitglieder bearbeiten folgende Fragen** Mit Blick auf die Führungsleitlinien... ▪ **Welche / was sind aktuell die größten Herausforderungen im Alltag Ihrer Führungskraft?** ▪ **Mit Blick auf die Führungsleitlinien, welche / was sind aktuell die größten Herausforderungen für Ihre Führungskraft?** ▪ **Welche Entwicklungsziele können Sie daher formulieren, bei denen Ihre Führungskraft vorankommen sollte?** ▪ **Wenn Ihre Führungskraft sich hier weiterentwickelt, was ist dann ein möglicher Nutzen für** ➢ **Sie als Team?** ➢ **IT?** ➢ **das Unternehmen als solches?** ▪ **Wie können / wollen Sie Ihre Führungskraft bei der Erreichung der Entwicklungsziele unterstützen?** ▪ **Was müssen Sie / das Team ggfs. ändern, um Ihre Führungskraft voranzubringen?**	▪ **Die Teammitglieder dabei stärken, die Entwicklung ihrer Führungskraft (des gesamten Systems) zu unterstützen und zu stärken** ▪ **Den Transfer und die Veränderung im Team (des Systems) als solches voranzubringen, in dem das „System“ stark einbezogen wird** ▪ **Das gesamt „System „IT“ zu Veränderungen einladen**

noesis

Weitere Methoden im Detail

Methode	Inhalte	Zielsetzungen
Transfer-Loop... Beteiligte: **Die jeweiligen Teammitglieder der teilnehmenden Führungskräfte** Dauer: ca. ½ Stunde Häufigkeit: nach den jeweiligen Workshops	▪ **Definierte Inhalte aus den Workshops werden von den Führungskräften, die an den jeweiligen Modulen teilgenommen haben, an ihre Teammitglieder weitergegeben** ▪ **Dies kann anhand von definierten Präsentationen oder der Fotoprotokolle geschehen**	▪ **Die Führungskräfte, die an den jeweiligen Modulen teilgenommen haben, vertiefen die diskutierten / gelernten Inhalte** ▪ **Der Transfer wird deutlich erhöht** ▪ **Die Verantwortlichkeit des gesamten Teams, Themen voranzutreiben, wird erhöht** ▪ **Transparenz steigert Veränderungsbereitschaft und Motivation auf allen Seiten**

Seite 10

noesis

Einige weitere Methoden im Detail

Methode	Inhalte	Zielsetzungen

After Action Review...
(ein day to day reminder)
 	
▪ **macht jede Führungskraft zum Abschluss des Tages**
▪ **wird automatisch beim Herunterfahren des Rechners gestartet**
▪ **wird genutzt, um den Tag gut und ressourcenorientiert abschließen zu können**
▪ Dauer pro Sequenz: **3 Minuten**
	▪ **Automatisch wird jeweils eine Führungsleitlinie bzw. eine Operationalisierung generiert und als Frage eingespielt; weitere Fragen runden ab**
	  ▪ **Wieweit ist es mir heute gelungen, diese Führungsleitlinie zu leben?**
	  ▪ **Worauf kann ich heute stolz sein?**
	  ▪ **Was habe ich heute gelernt?**
	  ▪ **Woran werde ich morgen besonders arbeiten?**
		▪ **Ein „Abends-loslass-Ritual installieren“**
		▪ **Den Tag gut und ressourcenorientiert abschließen können**
		▪ **Erkennen, dass die Führungsleitlinien das eigene Business voranbringen**
		▪ **die eigene Entwicklungsgeschwindig-keit steigern**
		▪ **Sich mental und ergebnisorientiert auf den nächsten Tag einstellen**

Seite 11

Leitfragen zum kritischen Bearbeiten des Entwurfs einer Change-Architektur

- Wieweit sind die einzelnen Zielsetzungen der Strategie „Bereich Produktion" in der Change-Architektur nachvollziehbar berücksichtigt?
- Wieweit sehen Sie die Veränderungsarchitektur als geeignet dafür an, die vorgegebenen Ziele zu realisieren?
- Was konkret finden Sie stimmig? Was nicht? Was ist jeweils Ihre Begründung hierfür? Zur Anregung mögen folgende Überlegungen dienen:
  - Die Betroffenen können sich in vielfältiger Weise einbringen.
  - Neue und vielfältige Perspektiven werden eröffnet, die wirklich einen Unterschied machen.
  - Es gibt Musterunterbrechungen, die ermutigen und den Zugang zu eigenen Ressourcen fördern.
  - Es gibt auch symbolisch-analytische und metaphorische Formen des Austauschs.
- Wieweit sind die Hypothesen bezüglich der aktuellen Situation in der Produktion in der Change-Architektur nachvollziehbar berücksichtigt?
- Welche Risiken oder Nebenwirkungen könnten sich aus den Maßnahmen ergeben?
- Wie könnte die Architektur auf die betroffenen Interessengruppen wirken?
- Anhand welcher konkreten sichtbaren Ergebnisse könnten wir nach der Durchführung der einzelnen Module feststellen, dass das Modul seine Ziele erreicht hat? (Woran soll dies jeweils konkret „gemessen" werden?)

Das Debriefing

Das Debriefing nach den Präsentationen erfolgt anhand der nachfolgend aufgeführten Steuerungsfragen plenar. Ziel ist es, die wichtigsten Erkenntnisse und „Lessons Learned" zur Methodik herauszuarbeiten. Insbesondere auch zu zeigen, dass es nicht den einzigen richtigen Weg gibt, dass jedoch ein kritisches Hinterfragen äußerst hilfreich ist.

Auf Flipchart darstellen (Steuerungsfragen für das Debriefing):

Vergleichendes Fazit: Kritische Diskussion einer Change-Architektur"

- Was sind die wichtigsten Erkenntnisse, die wir zum Thema „Eine Veränderungsarchitektur entwerfen" gewinnen konnten?
- Welche Überlegungen haben sich als zieldienlich und nützlich erwiesen?
- Welche Fragen sollte man sich beim kritischen Auseinandersetzen mit einer Veränderungsarchitektur stellen?

Die Antworten auf die Steuerungsfragen mitvisualisieren.

Quellen/Literaturempfehlungen

- Dieser Business Case war eine Auftragsarbeit von noesis.
- Königswieser, R. & Exner, A. (2008): Systemische Interventionen. Architekturen und Designs für Berater und Veränderungsmanager. Stuttgart: Schäffer-Poeschel, 9. Aufl.
- Schmidt, G., Dollinger, A. & Müller-Kalthoff, B. (2010): Gut beraten in der Krise. Konzepte und Werkzeuge für ganz alltägliche Ausnahmesituationen. Bonn: managerSeminare.
- Pevsner, N. (1957): Europäische Architektur von an Anfängen bis zur Gegenwart. München: Prestel Verlag.

Business Case: Kompetenzfabrik 2020

Orientierung

Ziele:

- Ausprobieren und lernen, Veränderungsarchitekturen zu entwerfen
- Definierte Veränderungsarchitekturen hinsichtlich ihrer Unterschiedlichkeit diskutieren
- Mögliche Stärken und Risiken der jeweils vorgeschlagenen Veränderungsarchitekturen ausleuchten

Zeit:

(für 8-14 Teilnehmer)

- Einführungsrede: 15 Minuten
- Kommunikationsübersicht durchsprechen: 15 Minuten. Oder alternativ
- Kommunikationsübersicht im Plenum erstellen: dann 30 Minuten
- Einarbeitung in den Business Case (Einzelarbeit): 10 Minuten
- Gruppenarbeit „Entwurf einer Veränderungsarchitektur": 60 Minuten
- Präsentation und Diskussion der Gruppenarbeiten: 60 Minuten

Material:

- Unterlagen Business Case „Kompetenzfabrik 2020"
- Chart oder Pinnwand „Übersicht verschiedenster Kommunikationsmedien"
- Flipchart „Leitfragen für das Feedback zum Entwurf der Change-Architektur"
- Flipchart „Steuerungsfragen Debriefing"

Überblick/Hinweise:

Die Teilnehmer entwerfen anhand eines Beispielfalls eine Veränderungsarchitektur. Der Fall ist recht übersichtlich und kommt in ähnlicher Weise in der Praxis aus unserer Erfahrung durchaus häufig vor. Entsprechend können sich die Teilnehmer im Allgemeinen gut einfinden und haben Spaß dabei, eine entsprechende Architektur zu entwickeln.

Vorgehen

Die im Business Case IT-Solutions (Seite 273 ff.) dargestellten Erläuterungen können als Hinführung zum Thema „Eine Veränderungsarchitektur entwerfen – Kompetenzfabrik 2020" hier sehr gut genutzt werden.

Anschließend wird das Chart „Auswahl verschiedenster Kommunikationsmedien" (siehe unten) erklärt mit dem Ziel, den Teilnehmern einen Überblick möglicher Interventionen in Erinnerung zu rufen. Diese Auswahl möglicher Gestaltungselemente für den Veränderungsprozess hat keinen Anspruch auf Vollständigkeit. Sie kann auch auf einer Pinnwand vorskizziert und dann plenar gemeinsam mit den Teilnehmern ergänzt werden (siehe Business Case IT-Solutions). Diese Vorgehensweise hat den Charme, dass man sich mit den Teilnehmern gemeinsam all jene Gestaltungselemente vor Augen führt, die die Teilnehmer wirklich kennen und daher anschließend bei der Gestaltung der Veränderungsarchitektur auch wirklich nutzen werden.

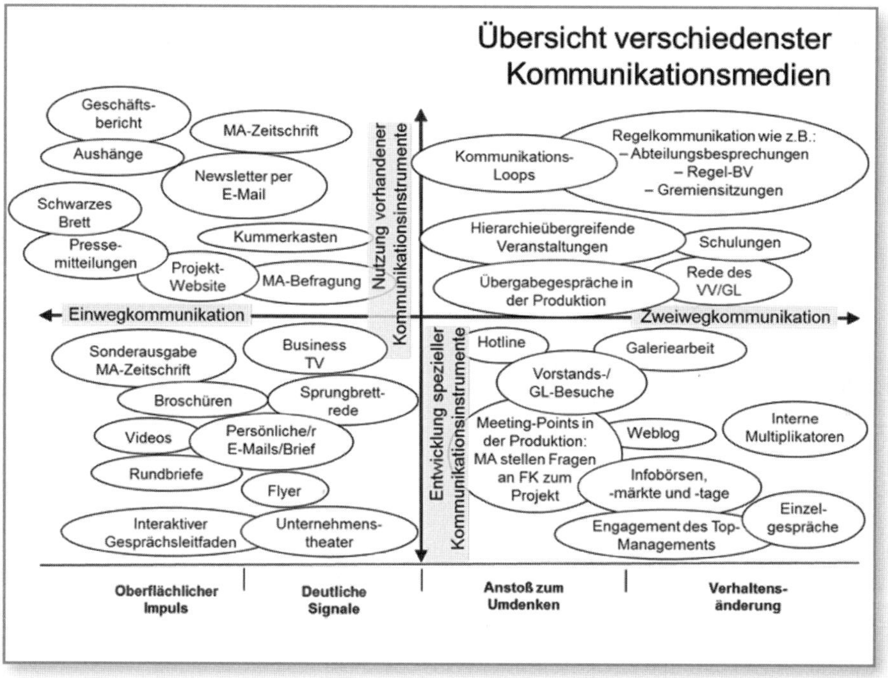

Abb.: Chart – Übersicht Kommunikationsmedien

Der Trainer/Moderator weist vor dem Start des Business Case „Kompetenzfabrik 2020" zum Entwurf einer Veränderungsarchitektur darauf hin, dass es sicherlich nützlich sein könnte, noch mehr Informationen über die Situation des Unternehmens bzw. der Produktion zu haben, dass diese Komplexität allerdings zugleich den Rahmen dieses Business

Case sprengen würde. Die Teilnehmer werden ermuntert, bezüglich unklarer, aber aus ihrer Sicht wichtigen Gegebenheiten einfach Annahmen zu treffen und diese entsprechend darzustellen.

Der Trainer bildet zwei Gruppen, die parallel jeweils eine Architektur entwerfen. Dies wirkt anspornend und zeigt zudem auf, dass es durchaus höchst unterschiedliche Vorgehensweisen geben kann, die beide Erfolgs versprechend sein können, gleichwohl auch jeweils „Risiken und Nebenwirkungen" haben werden.

Deswegen lautet die Teilaufgabe: *„Bitte präsentieren Sie anschließend den ersten Entwurf Ihrer Change-Architekturen vor dem Vorstand Produktion und dem Produktionsleiter international. Diese werden Ihnen ein kurzes Feedback geben, wieweit Ihre Ideen als zielführend, inspirierend und oder kritisch gesehen werden."*

Die Rolle des Produktionsvorstands kann der Berater/Moderator übernehmen, die Rolle des Produktionsleiters international ein Mitglied der jeweils anderen Gruppe. Das Feedback sollte den vorgegebenen Fragen folgen, damit es sich auf vergleichbare Sachverhalte bezieht.

Aufgabenstellung Kompetenzfabrik 2020

Gruppenarbeit: „Entwurf einer Veränderungsarchitektur"

„Bitte lesen Sie die nachfolgend dargestellten Ausführungen kritisch durch. Stellen Sie sich vor, Sie sind eine Gruppe von (internen oder externen) Beratern und Sie hätten den nachfolgend dargestellten Auftrag erhalten. Zudem hätten Sie die aktuell vorliegenenden Ergebnisse (Hypothesen, Ziele für den Entwurf einer Veränderungsarchitektur) bereits erarbeitet und gehen nun daran, eine Veränderungsarchitektur zu entwerfen ..."

Arbeitsunterlagen zum Business Case Kompetenzfabrik 2020

Ihr Auftraggeber, der Produktionsleiter international des Industrieunternehmens HYPE X, hat die nachfolgend dargestellten Ziele als Auftrag von seinem Vorstand erhalten und Sie als seine Berater engagiert. Sie sollen eine Veränderungsarchitektur entwerfen, die die unten aufgeführten Zielsetzungen für die Produktion, welche aus der Unternehmensstrategie abgeleitet wurden, in die Realisierung bringt. Die konkret abgeleiteten quantitativen Ziele sollen vorerst nicht in den Vordergrund gestellt werden. Die Veränderungsarchitektur soll sich für die nächsten zwei Jahre erst einmal (in einer Art Pilot-Prozess) auf die beiden Werke in den USA und in Deutschland fokussieren. Hier sollen sogenannte Kompetenz-Zentren entstehen, die für die anderen Produktionsstandorte eine Art Vorreiterfunktion übernehmen.

Die Unternehmensstrategie 2020 für den Bereich Produktion umsetzen

Für die Zielsetzungen der Produktionen bedeutet dies:

- Zwei Werke (jeweils 500 Mitarbeiter USA und 800 Mitarbeiter Deutschland sowie davon jeweils ca. 50 und 70 Führungskräfte) sollen in ihrer Funktion als Kompetenz-Zentren ausgebaut werden.
- Die Innovationsorientierung/-leistung sowohl hinsichtlich von Prozessen als auch von Produkten soll in den beiden Werken vorangetrieben bzw. messbar erhöht werden.

- Die Produktionen sollen sich mit der Entwicklung vernetzen und hier nachhaltige Impulse aus der Produktion setzen.
- Die Produktionen sollen einen gezielten Beitrag zur Realisierung „Nummer 1 der Kundenorientierung im Markt" leisten.

Auftragsklärung und Hypothesenbildung

Zur Auftragsklärung wurden verschiedene Interviews mit Stakeholdern verschiedenster Hierarchie-Ebenen durchgeführt. Die Auswertung der Interviews führte zu folgenden Hypothesen:

Hypothesen zur aktuellen Situation

- Der Produktionsleiter will seinen Fabrikleitern keine weiteren Forderungen aufbürden, da diese zeitlich und von den Anforderungen her bereits stark belastet sind.
- Die betroffenen Fabrikleiter sehen keine Notwendigkeit darin, von der Produktion her (weitere, über die aktuellen Verbesserungsvorschläge hinausgehenden) Impulse für die Entwicklung zu setzen, da
  - bereits Impulse gegeben werden;
  - die aktuelle Qualität ebenso wie die Kundenzufriedenheit hoch ist;
  - weitere Impulse bzgl. der „Nummer 1 der Kundenorientierung im Markt" von anderen Bereichen kommen müssten.
- Die meisten betroffenen Fabrikleiter sehen keine Möglichkeit, die Prozesse weiter zu optimieren, da bereits seit Jahren optimiert wird.
- Die Fabrikleiter arbeiten „bis zum Anschlag": Sie haben keinerlei Freiräume, um über wirkliche Innovationen in Bezug auf Prozesse und Produkte nachzudenken.
- Die Fabrikleiter sind extrem operativ eingebunden (und befinden sich somit in einem Teufelskreis).
- Produktionsleiter, Fabrikleiter und Mitarbeiter „drehen sich zu sehr im eigenen Saft" und bekommen zu wenig Impulse von außen.
- Die Mitarbeiter wissen/erkennen viele Zusammenhänge und könnten durchaus noch Impulse für Verbesserungen geben.

Entsprechend der Hypothesen waren Zielsetzungen für den Entwurf einer Veränderungsarchitektur:

Zielsetzungen der Veränderungsarchitektur

Wir sollten ...

- sowohl Produktionsleiter als auch Fabrikleiter und Mitarbeiter in den Veränderungsprozess einbeziehen, damit gemeinsam neue Denkweisen und neue Ideen entwickelt werden.
- danach streben, den Teufelskreis zu durchbrechen, denn es müssen Zeiträume für die Fabrikleiter geschaffen werden. Maßnahmen:
  - Foren schaffen, in denen sie sich mehr austauschen, voneinander lernen und inspirieren können.
  - Austausch und Inspiration mit anderen Industrieunternehmen initiieren.
  - Kundengespräche und Sichtweisen von Kunden ermöglichen.
- dafür sorgen, dass die Fabrikleiter ihre operativen Aufgaben stärker delegieren und damit Freiräume für strategische und Innovationsaufgaben gewinnen.

„Bitte diskutieren Sie nun in Ihrer Gruppe, welche Möglichkeiten von Interventionen Sie sehen, um entsprechend der Zielsetzungen für den Produktionsleiter international, entsprechend der Hypothesen sowie der für die Gestaltung der Veränderungsarchitektur definierten Ziele voranzukommen. Sie haben hierfür 60 Minuten Zeit. In dieser Zeit ist ein erster Entwurf zu realisieren, keine Detailausarbeitung und auch kein Workshop-Design: nur eine zeitliche Übersicht von aufeinanderfolgenden möglichen beziehungsweise sinnvollen Interventionen.

Bitte präsentieren Sie anschließend den ersten Entwurf Ihrer Change-Architektur vor dem Produktionsvorstand und dem Produktionsleiter international. Diese werden Ihnen ein kurzes Feedback geben, wieweit Ihre Ideen als zielführend, inspirierend und oder kritisch gesehen werden. Für die Präsentation haben Sie max. 10 Minuten Zeit."

Während der Präsentation der Gruppen soll nicht nachgefragt werden, damit die Gruppen in Ruhe ihre Ausarbeitungen darstellen und erklären können. Es soll aber klar sein, wer die Rollen „Produktionsvorstand" und „Leiter der Produktion" übernimmt und die Präsentation soll klar an diese Personen gerichtet sein. Nach der jeweiligen Präsentation der Gruppe (10 Minuten) findet direkt das jeweilige Feedback statt. Für das Feedback selbst sollen ebenfalls maximal 10 Minuten zur Verfügung stehen. Die beiden Partner „Produktionsvorstand" und „Leiter der Produktion" haben also jeweils 5 Minuten zur Verfügung. Es versteht sich von selbst, dass man in dieser Rolle besonders auf Vergleichbarkeit der Feedbacks achten soll. Es hat sich als nützlich erwiesen, wenn die Fragen und Aussagen der Rollen „Produktionsvorstand" und „Leiter der Produktion" sowie die Antworten der jeweiligen Gruppen in Mind Maps mitgeschrieben werden. Die Leitfragen zum Feedback sollen sichtbar auf ein Flipchart geschrieben sein, damit die Rollenspieler diese stets vor Augen haben.

Leitfragen für das Feedback zum Entwurf der Change-Architektur

Aus der Sicht von „Produktionsvorstand" und „Leiter der Produktion"

- Welche Verständnisfragen gibt es?
- Wieweit sind die einzelnen Zielsetzungen der Strategie „Bereich Produktion" in der Change-Architektur nachvollziehbar berücksichtigt?
- Wieweit sind die Hypothesen bezüglich der aktuellen Situation in der Produktion in der Change-Architektur nachvollziehbar berücksichtigt?
- Welche Risiken oder Nebenwirkungen könnten sich aus den Maßnahmen ergeben?
- Wieweit tauchen starke Metaphern und nachhaltige Bilder auf?
- Wie könnte die Architektur auf die betroffenen Interessengruppen wirken?
- Welche konkreten sichtbaren Ergebnisse können wir nach der Durchführung der einzelnen Module erwarten? (Woran soll jeweils konkret „gemessen" werden, dass das Modul seine Ziele erreicht hat?)

Debriefing

Nach den beiden Präsentationen und Feedbacks (die mitgeschrieben wurden und nun bestenfalls gut sichtbar aufgehängt sind) sollten die Teilnehmer plenar nochmals ein Fazit zum Thema „Veränderungsarchitekturen entwerfen" ziehen. Ziel ist es, die wichtigsten Erkenntnisse und „Lessons Learned" zur Methodik herauszuarbeiten. Insbesondere auch zu zeigen, dass es nicht den einzigen richtigen Weg gibt, dass aber ein kritisches Hinterfragen, wie dies durch das Rollenspiel „Feedback des „Produktionsvorstands" und des „Leiters der Produktion" gegeben war, äußerst hilfreich ist. Für das Debriefing eigenen sich folgende Steuerungsfragen, die ebenfalls auf Flipchart bereitstehen:

Fazit zum Thema „Veränderungsarchitekturen entwerfen"

- Was sind die wichtigsten Erkenntnisse, die wir zum Thema „Eine Veränderungsarchitektur entwerfen" gewinnen konnten?
- Welche Überlegungen haben sich als zieldienlich und nützlich erwiesen?
- Welche Fragen sollte man sich beim kritischen Auseinandersetzen mit einer Veränderungsarchitektur stellen?

Die Antworten auf die Steuerungsfragen mitvisualisieren.

Alternative Vorgehensweise

Ein eher schrittweises Annähern an das Thema „Veränderungsarchitekturen entwerfen" kann sein, eine bereits vorliegende Change-Architektur kritisch zu hinterfragen, so, wie das in der vorgeschlagenen Weise über die Rollen des „Produktionsvorstands" und des „Leiters der Produktion" vorgenommen wurde. Dies würde bedeuten, dass man den genannten Business Case „Entwurf einer Veränderungsarchitektur" in einer etwas modifizierten Vorgehensweise wie folgt durchführt.

Gruppenarbeit „Kritisches Hinterfragen einer Veränderungsarchitektur"

„Bitte lesen Sie die nachfolgend dargestellten Ausführungen kritisch durch. Stellen Sie sich vor, Sie sind eine Gruppe von leitenden Führungskräften des Unternehmens HYPE X. Sie haben einer Gruppe von (internen oder externen) Beratern den Auftrag gegeben, eine Veränderungsarchitektur für die nachfolgend dargestellte Situation zu entwerfen. Diese soll die unten aufgeführten Zielsetzungen für die Produktion, welche aus der Unternehmensstrategie abgeleitet wurden, durch eine entsprechende Change-Architektur in die Realisierung bringen. Die konkret abgeleiteten

quantitativen Ziele sollen vorerst nicht in den Vordergrund gestellt werden. Die Veränderungsarchitektur soll sich für die nächsten zwei Jahre erst einmal (in einer Art Pilot-Prozess) auf die beiden Werke in den USA und in Deutschland fokussieren. Hier sollen sogenannte Kompetenz-Zentren entstehen, die für die anderen Produktionsstandorte eine Art Vorreiterfunktion übernehmen.

Derzeit liegen Ihnen die Hypothesen zur aktuellen Situation in der Produktion und die Ziele für den Entwurf einer Veränderungsarchitektur vor (siehe unten). Diese sind von den Beratern erarbeitet und von Ihnen freigegeben worden."

Die Unternehmensstrategie 2020 für den Bereich Produktion umsetzen

Für die Zielsetzungen der Produktionen bedeutet dies:

- Zwei Werke (jeweils 500 Mitarbeiter USA und 800 Mitarbeiter Deutschland sowie davon jeweils ca. 50 und 70 Führungskräfte) sollen in ihrer Funktion als Kompetenz-Zentren ausgebaut werden.
- Die Innovationsorientierung/-leistung sowohl hinsichtlich von Prozessen als auch von Produkten soll in den beiden Werken vorangetrieben bzw. messbar erhöht werden.
- Die Produktionen sollen sich mit der Entwicklung vernetzen und hier nachhaltige Impulse aus der Produktion setzen.
- Die Produktionen sollen einen gezielten Beitrag zur Realisierung „Nummer 1 der Kundenorientierung im Markt" leisten.

Auftragsklärung und Hypothesenbildung

Zur Auftragsklärung wurden verschiedene Interviews mit Stakeholdern verschiedenster Hierarchie-Ebenen durchgeführt. Die Auswertung der Interviews führte zu folgenden Hypothesen:

Hypothesen zur aktuellen Situation

- Der Produktionsleiter will seinen Fabrikleitern keine weiteren Forderungen aufbürden, da diese zeitlich und von den Anforderungen her bereits stark belastet sind.

- Die betroffenen Fabrikleiter sehen keine Notwendigkeit darin, von der Produktion her (weitere, über die aktuellen Verbesserungsvorschläge hinausgehenden) Impulse für die Entwicklung zu setzen, da
  - bereits Impulse gegeben werden;
  - die aktuelle Qualität ebenso wie die Kundenzufriedenheit hoch ist;
  - weitere Impulse bzgl. der „Nummer 1 der Kundenorientierung im Markt“ von anderen Bereichen kommen müssten.
- Die meisten betroffenen Fabrikleiter sehen keine Möglichkeit, die Prozesse weiter zu optimieren, da bereits seit Jahren optimiert wird.
- Die Fabrikleiter arbeiten „bis zum Anschlag“: Sie haben keinerlei Freiräume, um über wirkliche Innovationen in Bezug auf Prozesse und Produkte nachzudenken.
- Die Fabrikleiter sind extrem operativ eingebunden (und befinden sich somit in einem Teufelskreis).
- Produktionsleiter, Fabrikleiter und Mitarbeiter „drehen sich zu sehr im eigenen Saft“ und bekommen zu wenig Impulse von außen.
- Die Mitarbeiter wissen/erkennen viele Zusammenhänge und könnten durchaus noch Impulse für Verbesserungen geben.

Entsprechend der Hypothesen waren Zielsetzungen für den Entwurf einer Veränderungsarchitektur wie folgt formuliert:

Zielsetzungen der Veränderungsarchitektur

Wir sollten ...

- sowohl Produktionsleiter als auch Fabrikleiter und Mitarbeiter in den Veränderungsprozess einbeziehen, damit gemeinsam neue Denkweisen und neue Ideen entwickelt werden.
- danach streben, den Teufelskreis zu durchbrechen, denn es müssen Zeiträume geschaffen werden für die Fabrikleiter. Maßnahmen:
  - Foren schaffen, in denen sie sich mehr austauschen, voneinander lernen und inspirieren können.
  - Austausch und Inspiration mit anderen Industrieunternehmen initiieren.

- Kundengespräche und Sichtweisen von Kunden ermöglichen.
- dafür sorgen, dass die Fabrikleiter ihre operativen Aufgaben stärker delegieren und damit Freiräume für strategische und Innovationsaufgaben gewinnen.

„Nun haben Sie von Ihren Beratern nachfolgenden Vorschlag/Entwurf für die Veränderungsarchitektur erhalten. Bitte diskutieren Sie in Ihrer Gruppe diesen ersten Entwurf der Change-Architektur „Kompetenzfabrik 2020“ anhand der nachfolgend aufgeführten Fragen. Visualisieren Sie das Ergebnis Ihrer Diskussion. Hierfür haben Sie insgesamt 90 Minuten Zeit. Bitte präsentieren Sie anschließend Ihre Ergebnisse im Plenum, um diese mit den Ergebnissen der anderen Gruppe zu vergleichen (Präsentationszeit 10 Minuten).“

Fragen zum kritischen Hinterfragen des Entwurfs einer Change-Architektur

- Wieweit sind die einzelnen Zielsetzungen der Strategie „Bereich Produktion“ in der Change-Architektur nachvollziehbar berücksichtigt?
- Wieweit sehen Sie die Veränderungsarchitektur als geeignet dafür an, die vorgegebenen Ziele zu realisieren?
- Was konkret finden Sie stimmig? Was nicht? Was ist jeweils Ihre Begründung hierfür? Zur Anregung mögen folgende Überlegungen dienen:
  - Die Betroffenen können sich in vielfältiger Weise einbringen.
  - Neue und vielfältige Perspektiven werden eröffnet, die wirklich einen Unterschied machen.
  - Es gibt Musterunterbrechungen, die ermutigen und den Zugang zu eigenen Ressourcen fördern.
  - Es gibt auch symbolisch-analytische und metaphorische Formen des Austauschs.
- Wieweit sind die Hypothesen bezüglich der aktuellen Situation in der Produktion in der Change-Architektur nachvollziehbar berücksichtigt?
- Welche Risiken oder Nebenwirkungen könnten sich aus den Maßnahmen ergeben?
- Wie könnte die Architektur auf die betroffenen Interessengruppen wirken?

- Anhand welcher konkreten sichtbaren Ergebnisse könnten wir nach der Durchführung der einzelnen Module feststellen (messen), dass das Modul seine Ziele erreicht hat?

Die Präsentation „Kompetenzfabrik 2020" – Entwurf einer Veränderungsarchitektur

Download-Link in der Buchklappe

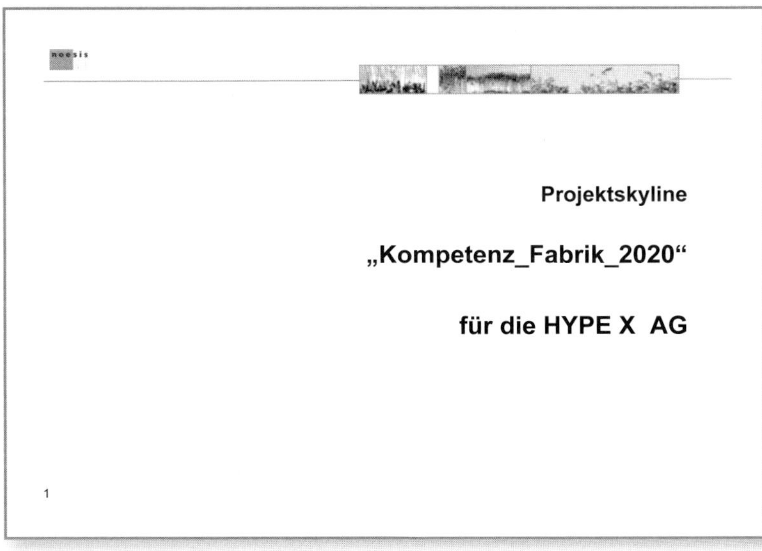

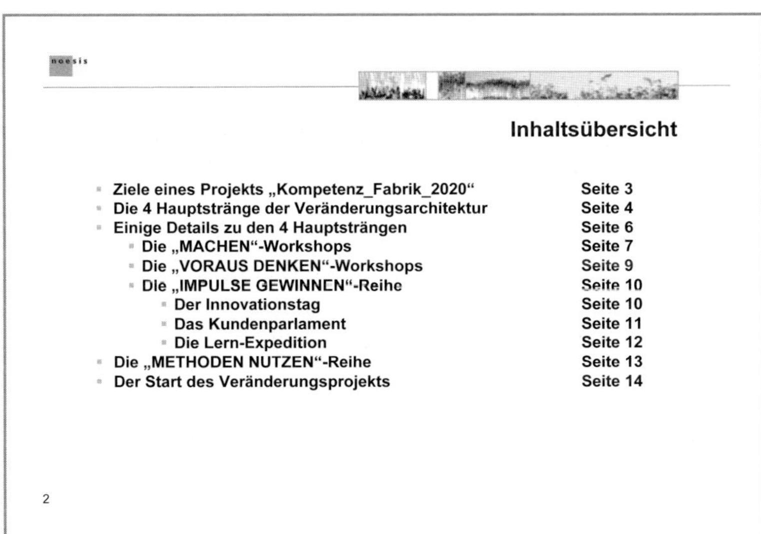

noesis

Ziele eines Projekts „Kompetenz_Fabrik_2020“

Zielsetzungen der Produktionen:

- Zwei Werke (jeweils 500 Mitarbeiter USA und 800 Mitarbeiter Deutschland sowie davon jeweils ca. 50 und 70 Führungskräfte) in ihrer Funktion als Kompetenz-Zentren ausbauen.
- Die Innovationsorientierung / -leistung sowohl hinsichtlich von Prozessen als auch von Produkten soll in den beiden Werken vorangetrieben bzw. bzw. messbar erhöht werden.
- Die Produktionen sollen sich mit der Entwicklung vernetzen und hier nachhaltige Impulse aus der Produktion setzen.
- Die Produktionen sollen einen gezielten Beitrag zur Realisierung „Nummer 1 bzgl. der Kundenorientierung“ in unserem Markt leisten.

3

noesis

Die 4 Hauptstränge der Veränderungsarchitektur: „Kompetenz_Fabrik_2020“

4

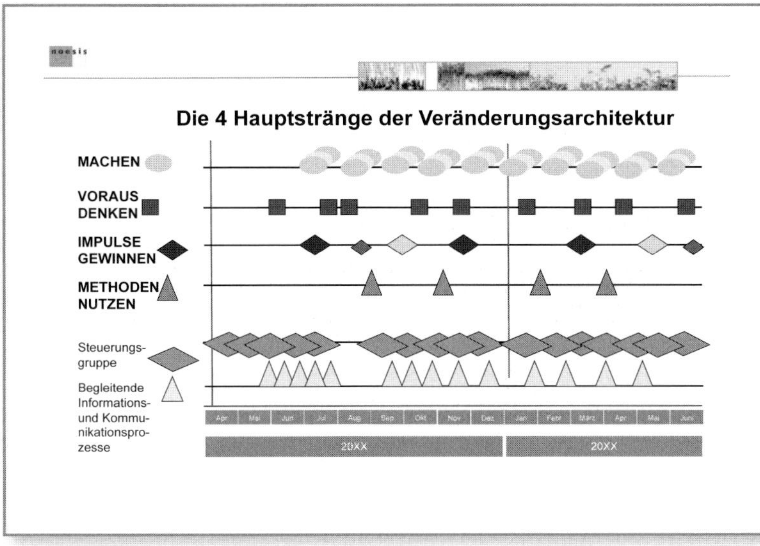
noesis
Die 4 Hauptstränge der Veränderungsarchitektur
MACHEN
VORAUS DENKEN
IMPULSE GEWINNEN
METHODEN NUTZEN
Steuerungs-gruppe
Begleitende Informations- und Kommunikationsprozesse
Apr
Mai
Jun
Jul
Aug
Sep
Okt
Nov
Dez
Jan
Febr
März
Apr
Mai
Juni
20XX
20XX

noesis
Einige Details zu den 4 Hauptsträngen des Change-Projekts
„Kompetenz_Fabrik_2020"
6

noesis

Die „MACHEN"-Workshops

Zielgruppe, Rhythmus & Dauer	Inhalte / Methoden	Zielsetzungen
Teilnehmer der „MACHEN"-Workshops sind die Mitarbeiter in den Werken; diese (ca. 8) werden auf freiwilliger Basis oder auf Auswahl des Werk- bzw. Gruppenleiters hin zu dem Workshop vor Ort eingeladen **Rhythmus:** alle 4 Wochen **Dauer des Workshops:** ca. 4 Stunden	**Inhalte:** Die Teilnehmer bekommen bestimmte Themen, zu denen sie Lösungsideen entwickeln (es können auch ergänzend eigene Themen der Teilnehmer eingebracht werden) **Methoden:** Die Workshops werden mit verschiedenen Kreativitätstechniken begleitet und moderiert; nach etwa 2,5 Stunden stößt der *Werkleiter gesamt* hinzu und bekommt die Ideen vorgestellt; der Werkleiter bewertet die Ideen (Nuggets, Nüsse, Notgroschen); Nuggets werden sofort umgesetzt; die Themen und Ideen werden kommuniziert; die Workshops laufen jeweils parallel in allen Werken;	▪ Ideen der Mitarbeiter aktiv schöpfen ▪ Deutlich machen, dass es mit der Innovation „ernst" gemeint ist ▪ Zeigen, dass wirklich etwas voran geht ▪ Auf Serien- und Wiki-Effekt setzen

7

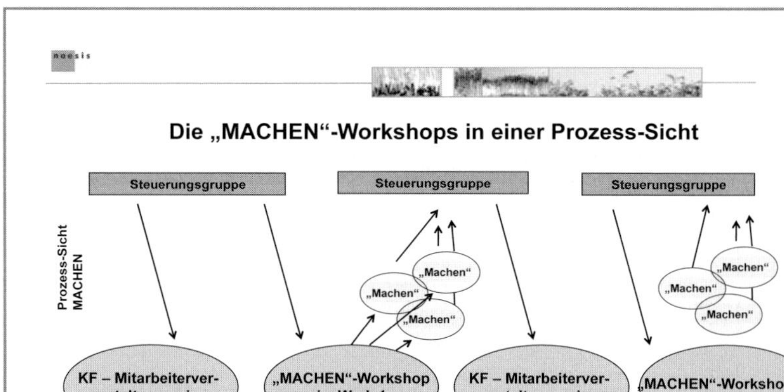

noesis

Die „VORAUS DENKEN“-Workshops

Zielgruppe, Rhythmus & Dauer	Inhalte / Methoden	Zielsetzungen
Teilnehmer der „VORAUS DENKEN“-Workshops sind die Führungskräfte der jeweiligen Produktion und der Produktionsleiter. **Rhythmus:** diese treffen sich alle 8 Wochen, um Zukunftsthemen unter der Perspektive KF 2020 zu bearbeiten **Dauer des Workshops:** 1 Tag / extern	**Inhalte:** Die Teilnehmer arbeiten systematisch Themen rund um die Perspektive Kompetenz_Fabrik_2020 ab. Diese können vom Lenkungskreis, von der Steuerungsgruppe oder von jedem TN der „VORAUS DENKEN“-WS eingebracht bzw. aus den „IMPULSE GEWINNEN“-Reihe generiert werden. Themen können zum Beispiel sein: „Die Rolle & Selbstverständnis des Werkleiters“, „Was kann die Kompetenz-Fabrik_2020 kennzeichnen“, „Zusammenarbeit mit der Entwicklung“, „Wie können wir die Impulse aus der ´Impulse gewinnen´-Reihe für uns umsetzen“ usw. … **Methoden:** Die Workshops werden systematisch mit Agenda vorbereitet, moderiert bzw. mit verschiedenen Kreativitätstechniken begleitet. Das Ergebnis liefert sowohl Input für die „MACHEN“-Workshops, als auch für die begleitenden Kommunikations- und Informationsprozesse.	▪ Freiräume für Nachdenken und Ideenfindung schaffen (Think Tank) ▪ Raum für die Umsetzung der Ideen aus IMPULSE GEWINNEN schaffen ▪ Innovationsideen systematisch erarbeiten ▪ Erfahrung und Wissen der Teilnehmer wirklich nutzen

9

noesis

Die „IMPULSE-GEWINNEN“-REIHE

Zielgruppe, Rhythmus & Dauer	Inhalte / Methoden	Zielsetzungen
Teilnehmer des “IMPULSE GEWINNEN“ - Innovationstags sollten die Mitglieder des Steuerungskreises sowie die Teilnehmer/ Mitarbeiter der „MACHEN“-Workshops sein. **Rhythmus:** 1-2 mal jährlich **Dauer:** ½ Tag	**Die “IMPULSE GEWINNEN“-Reihe besteht aus 3 verschiedenen Bausteinen:** **1) Der Innovationstag** **Inhalte & Methoden sollten entsprechend der anderen “IMPULSE GEWINNEN“-Bausteine abgestimmt werden**	▪ Anregungen sowohl für Prozess- als auch für Produktinnovationen gewinnen ▪ Eigene Fragestellungen einbringen können ▪ Auch aus fachfremden Themenbereichen Ideen gewinnen

10

Die „IMPULSE-GEWINNEN"-REIHE

Zielgruppe, Rhythmus & Dauer	Inhalte / Methoden	Zielsetzungen
Teilnehmer des "IMPULSE GEWINNEN" - Kundenparlaments sollten auch die Mitglieder des Steuerungskreises sowie die Teilnehmer/ Mitarbeiter der „MACHEN"-Workshops sein. **Rhythmus:** 2 mal jährlich **Dauer:** ½ Tag	Die "IMPULSE GEWINNEN"-Reihe besteht aus 3 verschiedenen Bausteinen: 2) Das Kundenparlament **Inhalte:** sowohl die Kunden als auch das Unternehmen bringen Themenvorschläge ein; **Methoden:** Aus den wichtigsten Zielgruppen werden Kundenvertreter in ein Forum eingeladen. Zudem nehmen „Reporter" und „Beobachter" teil. Die Kunden tauschen sich (auch in „Ausschüssen") darüber aus, wo Verbesserungspotenziale liegen, die „Reporter" gestalten hierzu Interview-Runden; die Interview-Runden werden gefilmt; die Ergebnisse des Kundenparlaments fließen in Form einer Zeitung, eines Films und eines Protokolls ins Unternehmen ein.	▪ Anregungen sowohl für Prozess- als auch für Produktinnovationen gewinnen ▪ Unterschiedliche Außenperspektiven in die eigene Arbeit einfließen lassen ▪ Eigene Perspektiven und Werthaltungen kritisch hinterfragen

11

Die „IMPULSE-GEWINNEN"-REIHE

Zielgruppe, Rhythmus & Dauer	Inhalte / Methoden	Zielsetzungen
Teilnehmer des "IMPULSE GEWINNEN" - die Lern-Expedition - sollten die Mitglieder des Steuerungskreises sein. **Rhythmus:** 3 bis 4 mal jährlich **Dauer: 1** Tag	Die "IMPULSE GEWINNEN"-Reihe besteht aus 3 verschiedenen Bausteinen: 3) Die Lern-Expedition **Inhalte:** Werden in der Steuerungsgruppe & im Lenkungskreis abgestimmt **Methoden:** Entsprechend der zu bearbeitenden Themen werden interessante Produktionen anderer, auch branchenfremder Unternehmen ausgewählt, die besucht werden. Die Expeditionsteilnehmer bereiten konkrete Fragestellungen vor und senden diese vorab an das zu besuchende Unternehmen. Nach der Expedition werden Antworten auf Einsatzmöglichkeiten hin systematisch überprüft. Sie können auch in die „MACHEN"-WS eingespielt werden.	▪ Anregungen sowohl für Prozess- als auch für Produktinnovationen gewinnen ▪ Eigene Fragestellungen einbringen können ▪ Auch aus fachfremden Themenbereichen Ideen gewinnen

12

noesis

Die „METHODEN NUTZEN“-REIHE

Zielgruppe, Rhythmus & Dauer	Inhalte / Methoden	Zielsetzungen
Teilnehmer der „METHODEN NUTZEN“-Reihe sollten die Mitglieder des Steuerungskreises sowie die Führungskräfte der Produktion sein. **Rhythmus:** zu Beginn des Change-Prozesses etwa alle 2 bis 3 Monate; nach etwa 1 ½ bis 2 Jahren können diese auslaufen **Dauer:** 2 Tage	**Themen für nützliche Methodenseminare könnten sein:** ▪ Selbst- und zielbewusst seine Zeit managen ▪ Werkzeuge für Prozess- und Produktinnovationen ▪ Veränderungsprozesse gezielt steuern ▪ Die Mentaltechniken der Spitzensportler nutzen: Stressreaktionen gezielt steuern **Transfer:** In den „VORAUS DENKEN“-WORKSHOPS sollte jeweils am Transfer der Methoden in den Alltag gearbeitet werden: Entweder direkt im Ausprobieren der Innovationstechniken oder indirekt in der Reflexion von Best Practice.	▪ Anregungen sowohl für Prozess- als auch für Produktinnova-tionen gewinnen ▪ Eigene Fragestellungen einbringen können ▪ Systematisch den eigenen Werkzeugkasten ausbauen

13

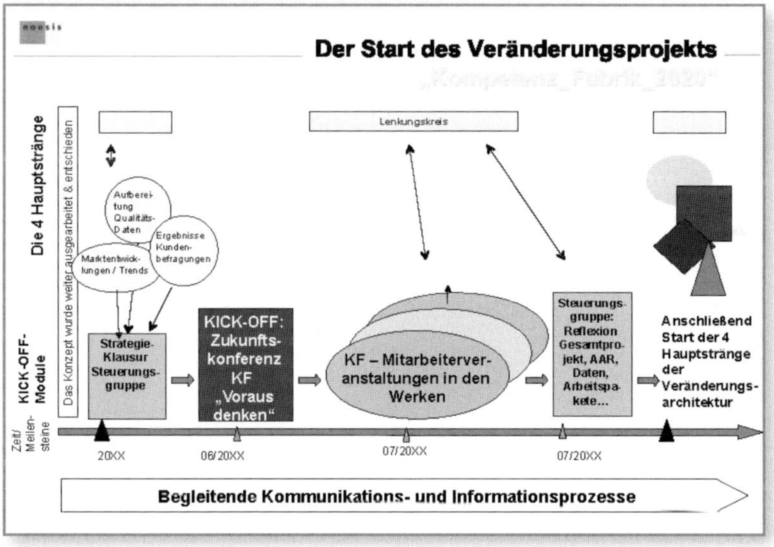

Das Debriefing

Das Debriefing nach den Präsentationen kann anhand derselben Steuerungsfragen wie oben plenar erfolgen. Ziel ist es auch hier, die wichtigsten Erkenntnisse und „Lessons Learned" zur Methodik herauszuarbeiten. Insbesondere auch zu zeigen (siehe oben), dass es nicht den einzigen richtigen Weg gibt, dass jedoch ein kritisches Hinterfragen äußerst hilfreich ist.

Steuerungsfragen für das Debriefing:

- Fazit zum Thema „Veränderungsarchitekturen entwerfen"
- Was sind die wichtigsten Erkenntnisse, die wir zum Thema „Eine Veränderungsarchitektur entwerfen" gewinnen konnten?
- Welche Überlegungen haben sich als zieldienlich und nützlich erwiesen?
- Welche Fragen sollte man sich beim kritischen Auseinandersetzen mit einer Veränderungsarchitektur stellen?

Die Antworten auf die Steuerungsfragen sollte der Moderator mitvisualisieren.

Quellen/Literaturempfehlungen

- Dieser Business Case war eine Auftragsarbeit von noesis.
- Königswieser, R. & Exner, A. (2008): Systemische Interventionen. Architekturen und Designs für Berater und Veränderungsmanager. Stuttgart: Schäffer-Poeschel, 9. Aufl.

IV. Einstreu-Geschichten

Schnellfinder

IV. Einstreu-Geschichten

Das funktioniert doch nicht 1: Das Wasserglas

Orientierung

Ziele:

- Ein Experiment rund um das Thema Veränderungskompetenz, zum Beispiel nach einer Pause oder zum Auftakt eines neuen Themas
- Insbesondere: den Glaubenssatz „Das funktioniert doch nicht" auf ermutigende Weise hinterfragen

Zeit:

2 Minuten

Material:

- Trinkglas (glatte Wände, gleichmäßig zylindrisch) ziemlich voll mit Wasser gefüllt
- Stück Papier (ca. DIN-A6-Größe) oder eine runde große Moderationskarte

Überblick/Hinweise:

- Ohne Garantie ;-)
- Vorab mal ausprobieren

Vorgehen

Der Trainer/Moderator bezieht sich auf einen Hinweis oder eine Diskussion aus der Gruppe, bei der es darum geht, dass etwas Bestimmtes nicht funktionieren wird. Er erklärt weiter, dass er die Gruppe gerne ermutigen würde, darüber zu diskutieren, wie das Vorhaben eventuell doch realisiert werden könnte bzw. das doch auszuprobieren. Dann lädt er die Gruppe zum nachfolgenden Experiment ein ...

Der Trainer füllt ein Trinkglas ziemlich voll mit Wasser und legt ein Stück Papier oder eine Moderationskarte auf den Rand des Wasserglases. Dann legt er eine Hand auf das Papier und stellt mit der anderen Hand das Glas auf den Kopf. Er fragt die Teilnehmer, was passieren wird, wenn er nun seine Hand wegzieht ... Anschließend entfernt er vorsichtig seine Hand von dem Stück Papier, das die Öffnung des Glases „verschließt". Es passiert nichts.

Erklärung und Auswertung des Experiments

Meist nehmen die Teilnehmer an, dass das Wasser sich auf die Erde ergießt. Allerdings übt die Luft, die sich unter dem Stück Papier befindet, so viel Druck aus, dass dies nicht geschieht. Das Papier bleibt fest am Glas.

Der Trainer kann, bevor er das Experiment erklärt, nachfragen, welche Assoziationen die Teilnehmerrunde zu dem Experiment in Bezug auf das Thema „Veränderungen" hat. Hier kommen oft Hinweise dazu, dass

- uns manchmal vielleicht nicht bewusst ist, wie viel Kraft wir tatsächlich haben.
- es oft weitere, vielleicht auf den ersten Blick nicht sichtbare Kräfte gibt, auf die wir setzen könnten, um den gewünschten Wandel zu erreichen.
- wir versuchen könnten, darüber nachzudenken, wie wir bestimmte Kräfte mehr oder besser für uns nutzen können.
- Glaubenssätze wie „Das funktioniert nicht" auch „Luft" sind – nichts wirklich Festes und trotzdem sehr viel Kraft haben (unabhängig davon, ob wir etwas glauben oder auch nicht).

Wie funktioniert das Experiment? Normalerweise ist uns die „Schwere" der Luft nicht bewusst, da wir hier keine entsprechenden Alltagserfahrungen vor Augen haben. Aber Luft, obwohl nicht sichtbar, hat Schwere, hat Druck, trägt Wasser, Vögel und Flugzeuge.

Das funktioniert doch nicht 2: Der Apfel

Orientierung

Ziele:

- Ein Experiment rund um das Thema Veränderungskompetenz, zum Beispiel nach einer Pause oder zum Auftakt eines neuen Themas
- Insbesondere: den Glaubenssatz „Das funktioniert doch nicht" auf ermutigende Weise hinterfragen

Zeit:

2 Minuten

Material:

- Apfel
- 2 Messer

Überblick/Hinweise:

- Ohne Garantie ;-)
- Vorab mal ausprobieren

Vorgehen

Der Trainer/Moderator schneidet mit einem Messer von oben in einen Apfel und zwar so, als ob er ihn in der Mitte teilen wollte. Sobald der Apfeleinschnitt ca. 3 cm tief ist, dreht er Apfel und Messer so, dass der Apfel oben auf dem Messer sitzt (und die Klinge gerade tief genug sitzt, dass sie im Apfel stecken bleibt). Nun kann der Trainer seine Teilnehmer fragen, was passieren wird, wenn er gegen die Klinge klopft. Die meisten Teilnehmer sind der Überzeugung, dass der Apfel von der Klinge fallen wird. Dann klopft er mit dem Rücken eines zweiten Messers gegen das erste Messer, dessen Klinge im Apfel steckt. Der Apfel schiebt sich langsam über die Klinge bis er zerteilt ist. Der Apfel hat sich somit selbst halbiert.

Erklärung und Auswertung des Experiments

Meist nehmen die Teilnehmer an, dass der Apfel herunterfällt. Das passiert allerdings nicht: Die „Trägheit der Masse" hindert den Apfel daran, die ruckartigen Bewegungen des Messers mitzumachen und herunterzufallen.

Der Trainer kann, bevor er das Experiment erklärt, nachfragen, welche Assoziationen die Teilnehmerrunde zu dem Experiment in Bezug auf das Thema „Veränderungen" hat. Hier kommen oft Hinweise dazu, dass

- es manchmal eben anders kommt, als man denkt.
- es interessant sein könnte zu überlegen, was wir tun können, damit das Gewünschte wie von selbst passiert (und wir eben dabei nicht direkt eingreifen).
- wir versuchen könnten, darüber nachzudenken, wie wir bestimmte Kräfte mehr oder besser für uns nutzen können, um den gewünschten Wandel zu erreichen.

Wie funktioniert das Experiment? Jede Masse, jeder Körper besitzt eine sogenannte Trägheit. Somit wird also jeder Veränderung einer Lage oder Bewegung Widerstand entgegengebracht. Widerstand kann entsprechend als etwas recht „Selbstverständliches" gesehen werden. Und dieser Widerstand kann möglicherweise im Sinne und entsprechend der Ziele für die Veränderung genutzt werden.

Das funktioniert doch nicht 3: Die Einschnitte

Orientierung

Ziele:

- Ein Experiment rund um das Thema Veränderungskompetenz, zum Beispiel nach einer Pause oder zum Auftakt eines neuen Themas
- Insbesondere: den Glaubenssatz „Das funktioniert doch nicht" auf ermutigende Weise hinterfragen
- Zeigen, dass manches, was unmöglich scheint, doch möglich ist

Zeit:

5 bis 10 Minuten

Material:

- Moderationskarten
- Scheren

Überblick/Hinweise:

- Mit Garantie ;-)
- Ganz einfach

Vorgehen

Der Trainer/Moderator faltet eine Moderationskarte in der Mitte und schneidet diese an drei Stellen ein (siehe Abb. 1) ein. Dann biegt er die Moderationskarte auf der Faltachse mit der einen Hälfte der Karte um 180 Grad weiter und stellt diese auf dem Tisch auf (siehe Abb. 2).

Wichtig ist, dass die Teilnehmer nicht sehen, wie die Moderationskarte eingeschnitten und aufgestellt wird, da sie sonst die Lösung erkennen. Nun bittet der Trainer die Teilnehmer, sich die gefaltete Moderationskarte anzuschauen (die Karte darf nicht berührt werden) und entsprechend nachzubauen. Häufig fragen die Teilnehmer, ob sie einen Klebestift bekommen können, um zwei Moderationskarten miteinander verkleben zu können. An dieser Stelle sollte der Trainer darauf hinweisen, dass die Lösung mit einer einzigen Karte und einer Schere möglich ist.

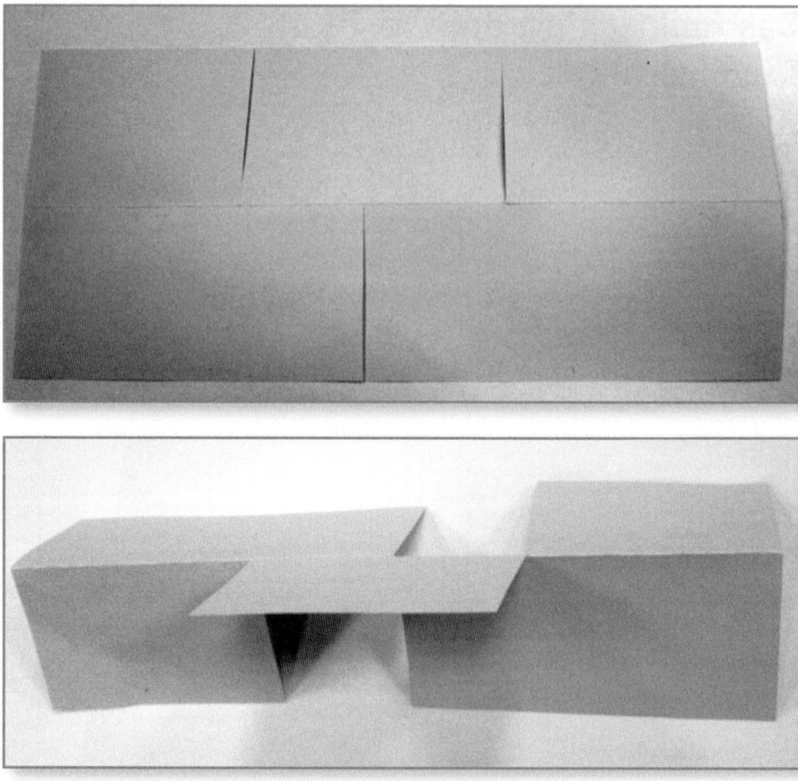

Abb. 1+2: Schnitt- und Falzanleitung

Erklärung und Auswertung des Experiments

Meist nehmen die Teilnehmer an, dass der Trainer irgendwie getrickst hat und das Ganze nicht funktioniert. Selbst wenn man Hinweise wie „Um die Ecke denken" gibt oder beim Hin- und Herdrehen ermutigt, dass dies schon ein richtiger Schritt sei. Nach spätestens 10 Minuten löst man das Ganze auf und zeigt, wie es funktioniert.

Nun fragt der Trainer nach, welche Assoziationen die Teilnehmerrunde zu dem Experiment in Bezug auf das Thema „Veränderungen" hat. Hier kommen oft Hinweise dazu, dass

- wenn man nicht wüsste, dass es geht, man es nicht glauben würde.
- Zauberer ja auch nicht zaubern können und die Hauptfrage immer ist „Wie könnte es denn gehen?", um die gewünschten Veränderungen zu erzielen.
- man nicht alles selbst „erfinden muss", man einfach mal häufiger andere fragen sollte, wie es denn gehen könnte.

Dakota tribal wisdom says ...

Orientierung

Ziele:

Eine Geschichte rund um das Thema Veränderungskompetenz erzählen, zum Beispiel nach einer Pause oder zum Auftakt einer Veranstaltung

Zeit:

2 Minuten

Material:

Man könnte die Geschichte mit Bildern von Lucky Luke hinterlegen

Überblick/Hinweise:

Ohne Garantie ;-)

Vorgehen

... that when you discover you are riding a dead horse, the best strategy is to dismount. However, in businesses sometimes try different strategies with dead horses, including the following:

1. Buying a stronger whip.
2. Changing riders.
3. Saying things like: "This is the way we always have ridden this horse."
4. Appointing a committee to study the horse.
5. Arranging to visit other sites to see how they ride dead horses.
6. Increasing the standards to ride dead horses.
7. Appointing a tiger team to revive dead horses.
8. Creating a training session to increase our riding ability.
9. Comparing the state of dead horses in today´s environment.
10. Change the requirements declaring that "This horse is not dead".
11. Hire contractors to ride the dead horse.
12. Harnessing several dead horses together for increased speed.
13. Declaring that "No horse is too dead to beat".
14. Providing additional funding to increase the horse´s performance.

15. Do a CA Study to see if contractors can ride it cheaper.
16. Purchase a product to make dead horses run faster.
17. Declare the horse is "better, faster and cheaper" dead.
18. Form a quality circle to find uses for dead horses.
19. Revisit the performance requirements for horses.
20. Say this horse was procured with cost as an independent variable.
21. Promote the dead horse to a supervisory position.

Quellen/Literaturempfehlungen

- Vgl. the North American Dakota Indians, Quelle unbekannt.

Von Futurophobikern und Zukunftsgleitern

Orientierung

Ziele:

Eine Geschichte rund um das Thema Veränderungskompetenz zum Abschluss eines Seminartages, eines Workshops oder einer Rede erzählen, die in Erinnerung bleibt

Zeit:

2 Minuten

Material:

Keines

Überblick/Hinweise:

Ohne Garantie ;-)

Vorgehen

Leider gibt es keinen „archimedischen Punkt", kein gesichertes Wissensfundament, das Auskunft über das richtige Maß an Kontinuität und Wandel gibt. Es gibt nur die Sicherheit, dass es beides braucht. Kontinuität und Wandel. Jeder muss hier für sich sorgen und darauf achten, dass diese Proportionen passen. Wobei ein guter Schuss Zukunftsoptimismus hilft ...

In der Psychologie benennt man drei „Zukunftstypen".

- Typ 1 wird als der „Futurophobiker" bezeichnet: Ein Typ, der in der Zukunft stets das Schrecklichste und Katastrophalste sieht: „Ihr werdet schon sehen, wie das endet ...", „Das ist erst der Anfang, es wird noch viel schlimmer ..." sind typische Aussagen des Futurophobikers. Er malt die Zukunft in den schwärzesten Farben, sieht weder Lichtblicke noch Chancen und wird mit großer Wahrscheinlichkeit auch die zweite Anzeige von Richard Wiseman nicht sehen (siehe Seite 80).
- Typ 2 ist der „Zukunftsmelancholiker". Dieser Typ hängt in seinen Gedanken fest in der Vergangenheit verankert, in der, wie er fin-

det, alles schöner, besser und leichter war, nach dem Motto „Ach, wisst Ihr noch, damals ...“ und „Ach, wie war das doch noch gut und richtig, aber heute ...“. Zukunftsmelancholiker beklagen stets die Gegenwart und sehnen sich nach dem vermeintlich so einfachen und beglückenden Gestern, das in der Erinnerung der Zukunftsmelancholiker rosig verklärt wird (vermutlich, weil er es überlebt hat).

- Typ 3 ist der „Zukunftsgleiter“: Dieser ist stets am Suchen und Lesen der Zeitspuren. Er nimmt die kleinen Signale der Veränderung frühzeitig wahr und findet Nutzungsmöglichkeiten für Kräfte und Bewegungen, um genau das für sie Best-Vorstellbare zu erstreben. Zukunftsgleiter sehen Chancen vor anderen und füllen ihre Handlungsspielräume aus. Den Typ Zukunftsgleiter habe ich hier vielmals gesehen.

Entscheiden Sie sich, welcher Typ Sie sein wollen. Machen Sie den Zukunftsgleiter zu einer Seite Ihrer Wunsch-Ich-Person! Diese Investition zahlt sich mit Sicherheit aus!

Noch mal Feedback: Body Talk

Orientierung

Ziele:

- Feedback zum Abschluss eines Seminartages bekommen
- Auf Wünsche, Fragen und Erwartungen der Teilnehmer am folgenden Tag besser eingehen können

Zeit:

20 Minuten

Material:

- Flipchart mit Instruktion
- Es wird kein Zusatzmaterial benötigt; für die Übung sollten aber Stühle vorhanden sein, auf die sich die Teilnehmer stellen dürfen

Überblick/Hinweise:

Die Teilnehmer geben per Körpersprache ein erstes Feedback. Anschließend sollte der Trainer auf das Feedback jedes Teilnehmers kurz eingehen. Das Feedback ist dann geeignet, wenn die Teilnehmer insgesamt etwas mehr aktiviert werden sollen; es eignet sich nicht zum Abschluss eines Seminars.

Vorgehen

Der Trainer stellt die Ziele und die Instruktionsfragen, die am Flipchart visualisiert sind, vor.

Bitte antworten Sie auf die Frage „Wie zufrieden bin ich mit dem Seminartag?" mit einer klaren Körpersprache wie folgt:

- Auf den Stuhl stellen = Ich bin äußerst zufrieden
- Aufstehen, stehen bleiben = Ich bin sehr zufrieden
- Auf dem Stuhl sitzen = Ich bin mittel zufrieden
- Aufstehen und sich umdrehen = Ich bin nicht zufrieden
- Sich auf den Boden setzen = Ich bin ganz und gar unzufrieden

Anschließend fragt der Trainer jeden Teilnehmer, der ...
- steht oder auf dem Stuhl steht: *„Was brauchen Sie, um weiterhin so zufrieden zu bleiben?"*
- auf dem Stuhl sitzt: *„Was muss passieren, damit Sie in Richtung sehr zufrieden kommen?"*
- umgedreht steht oder auf dem Boden sitzt: *„Was muss passieren, damit Sie wenigstens etwas zufriedener werden?"*

Weitere Anwendungen

Das Feedback kann auch sehr gut in folgenden Situationen verwendet werden:
- Frage nach der Zufriedenheit mit einer Besprechung
- Frage nach der Zufriedenheit mit Umsetzungsergebnissen (Maßnahmenplan)
- Frage nach der Zufriedenheit mit dem Projektfortschritt
- Frage nach der Zufriedenheit mit den Antworten von Befragten (Change-Agents, Hierarchen, Vorgesetzten, Projektleitern)

Anschließend kann mit den gleichen weiterführenden Fragen durch den Moderator fortgesetzt werden.

Das Ganze kann auch sehr gut in Großgruppenveranstaltungen genutzt werden, wobei der Moderator weiterführende Fragen dann nur stichprobenartig an einzelne Personen stellen kann (dies sollte er aber trotzdem unbedingt tun).

Oder alternativ: Der Trainer kann die Gruppen, die den gleichen Blickwinkel auf eine Situation haben, bitten, sich zusammenzutun und folgende weiterführende Fragen zu bearbeiten:

- Womit genau sind wir zufrieden ...?
  Was genau muss passieren, damit wir sehr zufrieden bleiben ...?
- Womit genau sind wir nicht zufrieden ...?
  Was muss passieren, damit wir in Richtung sehr zufrieden kommen?
- Womit genau sind wir sehr unzufrieden ...?
  Was muss passieren, damit wir in Richtung zufrieden kommen?
- Und natürlich muss dann auch etwas „passieren“ ...

Stichwortverzeichnis